모든 교재 정보와 다양한 이벤트가 가득!
EBS 교재사이트 book.ebs.co.kr

본 교재는 EBS 교재사이트에서
eBook으로도 구입하실 수 있습니다.

50일 수학 상

기획 및 개발
이소민
최다인
이은영(개발총괄위원)

집필 및 검토
김민정(관악고)
노창균(서울과학고)
윤기원(용문고)
홍창섭(경희고)

검토
박성복
양윤정
이현구
정 란

편집 검토
배혜영
정미란
조정임
한해윤

본 교재의 강의는 TV와 모바일 APP, EBS*i* 사이트(www.ebsi.co.kr)에서 무료로 제공됩니다.

발행일 2016. 12. 15. **30쇄 인쇄일** 2024. 7. 31.
신고번호 제2017-000193호 **펴낸곳** 한국교육방송공사 경기도 고양시 일산동구 한류월드로 281
표지디자인 ㈜무닉 **인쇄** ㈜타라티피에스 **편집디자인** ㈜동국문화 **편집** ㈜동국문화
인쇄 과정 중 잘못된 교재는 구입하신 곳에서 교환하여 드립니다. 신규 사업 및 교재 광고 문의 pub@ebs.co.kr

정답과 풀이는 EBS*i* 사이트(www.ebs*i*.co.kr)에서 다운로드 받으실 수 있습니다.
EBS*i* 사이트에서 본 교재의 문항별 해설 강의 검색 서비스를 제공하고 있습니다.

교재 내용 문의 교재 및 강의 내용 문의는 EBS*i* 사이트(www.ebs*i*.co.kr)의 학습 Q&A 서비스를 활용하시기 바랍니다.
교재 정오표 공지 발행 이후 발견된 정오 사항을 EBS*i* 사이트 정오표 코너에서 알려 드립니다. 교재 → 교재 자료실 → 교재 정오표
교재 정정 신청 공지된 정오 내용 외에 발견된 정오 사항이 있다면 EBS*i* 사이트를 통해 알려 주세요. 교재 → 교재 정정 신청

50일 수학 상

CONTENTS

EBS 50일 수학 ㊤

THEME 01 다항식

CONTENTS

CONTENTS

THEME 03 방정식

THEME 04 부등식

STRUTURE

50일 수학이란

"50일만에 초·중·고 수학의 맥을 잡다."

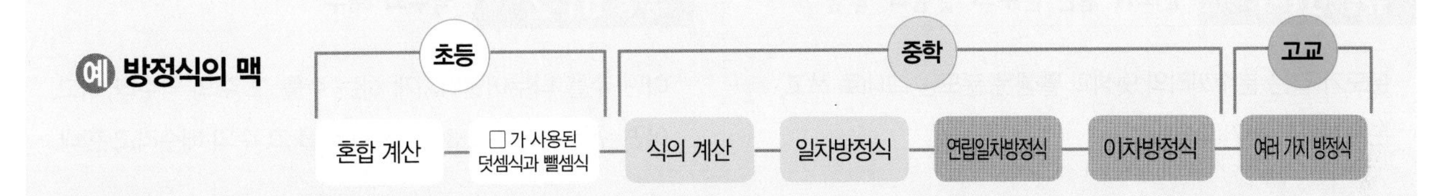

초등, 중학교 때 방정식을 못했어도 이제 잘할 수 있다.

고등학교에서 배우는 수학은 초등, 중학교의 내용을 기초로 하고 있습니다. 그래서 초등, 중학교의 수학 개념에 대한 이해가 부족하면 고등학교 수학을 제대로 공부할 수 없습니다. 그러나 50일 수학은 중학교 때 일차방정식과 이차방정식을 이해하지 못했어도 고등학교 여러 가지 방정식을 배울 수 있게 해줍니다.

취약점을 파악하여 선택적으로 학습한다.

수학을 공부하면서 어려웠던 단원을 생각해 보고, 그 단원에 맞는 주제를 선택하여 그 주제부터 공부해 봅시다. 예를 들어 다항식 단원을 공부하면서 어려웠다면 중학교 때의 곱셈 공식, 인수분해 공식 뿐만 아니라 초등학교 때의 분수의 사칙연산까지도 개념 이해가 부족한 것일 수 있습니다. 이때 50일 수학의 'THEME 01 다항식'을 선택하여 학습한다면 다항식에 대한 모든 것을 알 수 있습니다.

방학 특강, 방과 후 수업 등 특강용 교재로 활용한다.

방정식 특강, 함수 특강, 도형 특강 등 영역별로 특강을 통해 바탕부터 확실히 기본기를 다질 수 있습니다. 방학이나 방과 후 수업 등 보충 특강용 교재로 활용하면 부족한 수학 개념을 단기간에 보충할 수 있습니다.

중학교 때 못했어도 50일만에 수학의 맥을 잡다.

50일 수학은 주제별로 초등부터 고 1까지의 수학 개념을 하나의 맥으로 연결시켜주는 개념 유형 문제집입니다. 고등학교 교과서에 수록된 기본적인 수학 문제에 요구되는 초등, 중학교 수학 개념을 되짚어 보고 유형 유제를 통해 원리를 연습하여 주제별로 개념을 마스터 할 수 있습니다. 중학교 때 수학을 못했어도 50일만에 수학의 맥을 잡아봅시다. 그동안 수학의 기초가 부족해서 어떻게 공부해야 할 지 몰라서 답답했다면 이제부터 50일 수학과 함께 수학을 다시 시작해 봅시다.

문항별 해설 강의 검색 안내

EBS에서 제공하고 있는 해설 강의를 문항 코드로 빠르게 확인할 수 있는 검색 서비스입니다.
문항 코드 서비스와 본 교재의 프로그램은 EBS*i* PC 모바일 사이트 및 APP에서 더 자세한 내용을 확인할 수 있습니다.

① 교재에서
문항별 고유 코드를 교재에서 확인하세요.

001 다음을 계산하여라. 7880-0001

7880-0001

② PC/스마트폰에서
문항 코드를 검색창에 입력하세요.

EBS*i* 7880-0001

③ 해설 강의를 수강합니다.

THEME 01

다항식

유형 01-1 분모가 같은 분수의 덧셈과 뺄셈

분모가 같은 분수끼리의 덧셈과 뺄셈은 분모는 그대로 쓰고, 분자끼리 더하거나 뺀다.

| 예 | (1) $\frac{3}{7}+\frac{2}{7}=\frac{3+2}{7}=\frac{5}{7}$ (분자끼리 더한다. / 분모는 그대로)

(2) $\frac{3}{4}-\frac{2}{4}=\frac{3-2}{4}=\frac{1}{4}$ (분자끼리 뺀다. / 분모는 그대로)

001

7880-0001

다음을 계산하여라.

(1) $\frac{3}{9}+\frac{1}{9}$

(2) $\frac{5}{7}+\frac{6}{7}$

(3) $\frac{5}{8}-\frac{2}{8}$

(4) $\frac{4}{9}-\frac{3}{9}$

002

7880-0002

다음 중 옳은 것은?

① $\frac{4}{5}+\frac{3}{5}=\frac{3}{5}$

② $\frac{5}{7}+\frac{1}{7}=\frac{1}{7}$

③ $\frac{7}{9}-\frac{6}{9}=\frac{2}{9}$

④ $\frac{11}{19}-\frac{5}{19}=\frac{5}{19}$

⑤ $\frac{21}{24}-\frac{16}{24}=\frac{5}{24}$

유형 01-2 약수와 배수

어떤 수를 나누어떨어지게 하는 수를 그 수의 약수라 하고, 어떤 수를 1배, 2배, 3배, … 한 수를 그 수의 배수라고 한다.

| 예 1 | 8의 약수를 구하는 방법

[방법 1] 어떤 수를 나누었을 때 나누어떨어지게 하는 수를 구한다.

$8\div1=8$ $8\div2=4$ $8\div3=2\cdots2$

$8\div4=2$ $8\div5=1\cdots3$ $8\div6=1\cdots2$

$8\div7=1\cdots1$ $8\div8=1$

⇨ 8의 약수 : 1, 2, 4, 8

[방법 2] 두 수의 곱으로 나타내어 구한다.

$1\times8=8$, $2\times4=8$

⇨ 8의 약수 : 1, 2, 4, 8

| 예 2 | 2의 배수 구하기

2를 1배한 수 : $2\times1=2$

2를 2배한 수 : $2\times2=4$

2를 3배한 수 : $2\times3=6$

2를 4배한 수 : $2\times4=8$

⋮

⇨ 2의 배수 : 2, 4, 6, 8, …

003

7880-0003

다음 수의 약수를 모두 구하여라.

(1) 9의 약수

(2) 12의 약수

(3) 20의 약수

004

➲7880-0004

다음 중 48의 약수가 아닌 것은?

① 6　② 12　③ 24
④ 36　⑤ 48

005

➲7880-0005

다음 중 약수가 4개인 수는?

① 12　② 30　③ 49
④ 52　⑤ 65

006

➲7880-0006

12의 배수 중에서 가장 큰 두 자리 수를 구하여라.

007

➲7880-0007

다음을 만족하는 수는 모두 몇 개인지 구하여라.

50부터 90까지의 자연수 중에서 6의 배수

008

➲7880-0008

다음 중 옳지 않은 것은?

① 2는 42의 약수이다.
② 42는 2×7의 배수이다.
③ 42의 약수는 2, 3, 7뿐이다.
④ 2×3과 3×7은 42의 약수이다.
⑤ 42는 $2\times3\times7$의 배수이다.

유형 01-3 공약수와 최대공약수 (1)

1. **공약수** : 두 수의 공통인 약수
2. **최대공약수** : 두 수의 공약수 중 가장 큰 수

| 참고 | 두 수의 공약수는 두 수의 최대공약수의 약수이다.

| 예 1 | 12와 16의 공약수와 최대공약수

12의 약수 : 1, 2, 3, 4, 6, 12
16의 약수 : 1, 2, 4, 8, 16
⇨ 공약수 : 1, 2, 4
⇨ 최대공약수 : 4 (→ 공약수 중에서 가장 큰 수)

| 예 2 | 12와 16의 최대공약수를 구하는 방법
—두 수의 공약수로 나누어 구하기

12와 16의 공약수 → 2) 12　16
6과 8의 공약수 → 2) 6　8
　　　3　4

⇨ 최대공약수 : $2\times2=4$

→ 1 이외의 공약수가 없을 때까지 두 수의 공약수로 나누어 구한다.

009

➲7880-0009

다음 두 수의 최대공약수를 구하여라.

(1) 4, 12
(2) 7, 63
(3) 24, 60

010

➲7880-0010

30과 45의 공약수의 개수를 구하여라.

011

➲7880-0011

다음 중 36과 48의 공약수가 아닌 것은?

① 3　② 4　③ 6
④ 8　⑤ 12

유형 01-4 공배수와 최소공배수 (1)

1. **공배수** : 두 수의 공통인 배수
2. **최소공배수** : 두 수의 공배수 중 가장 작은 수

| 참고 | 두 수의 공배수는 두 수의 최소공배수의 배수이다.

| 예 1 | 6과 8의 공배수와 최소공배수

6의 배수 : 6, 12, 18, 24, 30, 36, 42, 48, ⋯

8의 배수 : 8, 16, 24, 32, 40, 48, 56, 64, ⋯

⇨ 공배수 : 24, 48, 72, ⋯

⇨ 최소공배수 : 24 → 공배수 중에서 가장 작은 수

| 예 2 | 6과 8의 최소공배수를 구하는 방법

2) 6 8 → 두 수의 공약수로 나누어 구한다.

    3 4

⇨ 최소공배수 : $2 \times 3 \times 4 = 24$

→ 공통으로 나온 소인수에 마지막 몫을 모두 곱한다.

012

⊃7880-0012

다음 두 수의 최소공배수를 구하여라.

(1) 4, 6

(2) 6, 10

(3) 8, 12

013

⊃7880-0013

4와 5의 공배수 중에서 두 자리 수의 개수를 구하여라.

014

⊃7880-0014

다음 중 8과 16의 공배수가 아닌 것을 모두 고르면? (정답 2개)

① 16　② 24　③ 32　④ 48　⑤ 56

유형 01-5 약분

1. **약분** : 분모와 분자를 그들의 공약수로 나누어 간단히 하는 것
2. **기약분수** : 분모와 분자의 공약수가 1뿐인 분수

| 예 | $\frac{18}{30}$을 약분하기

18과 30의 공약수는 1, 2, 3, 6이므로 2, 3, 6으로 분모와 분자를 나눈다.

$\frac{18}{30}=\frac{18\div2}{30\div2}=\frac{9}{15}$, $\frac{18}{30}=\frac{18\div3}{30\div3}=\frac{6}{10}$,

$\frac{18}{30}=\frac{18\div6}{30\div6}=\frac{3}{5}$ → 분모와 분자의 공약수가 1뿐이므로 기약분수

→ 한 번만 약분하여 기약분수로 나타낼 때에는 분모와 분자의 최대공약수로 분모와 분자를 나누면 된다.

015

⊃7880-0015

$\frac{32}{56}$를 약분하여 나타낼 수 있는 분수를 모두 구하여라.

016

⊃7880-0016

다음 **보기** 중에서 기약분수를 모두 골라라.

| 보기 |

$\frac{7}{12}$　$\frac{8}{10}$　$\frac{14}{35}$　$\frac{19}{28}$　$\frac{6}{18}$

017

⊃7880-0017

다음 중 기약분수로 나타낸 수가 나머지 넷과 다른 것은?

① $\frac{12}{15}$　② $\frac{20}{25}$　③ $\frac{21}{30}$　④ $\frac{32}{40}$　⑤ $\frac{36}{45}$

유형 01-6 통분

1. **통분** : 분수의 분모를 같게 하는 것. 이때 통분한 분모를 공통분모라고 한다.
2. 분수를 통분할 때 공통분모가 될 수 있는 수는 두 분모의 공배수이다.

| 예 | $\frac{3}{4}$과 $\frac{1}{6}$을 통분하기

$\frac{3}{4}=\frac{6}{8}=\frac{9}{12}=\frac{12}{16}=\frac{15}{20}=\frac{18}{24}=\frac{21}{28}=\frac{24}{32}=\frac{27}{36}\cdots$

$\frac{1}{6}=\frac{2}{12}=\frac{3}{18}=\frac{4}{24}=\frac{5}{30}=\frac{6}{36}=\cdots$

$\left(\frac{3}{4}, \frac{1}{6}\right)$을 통분하면 $\left(\frac{9}{12}, \frac{2}{12}\right)$, $\left(\frac{18}{24}, \frac{4}{24}\right)$, $\left(\frac{27}{36}, \frac{6}{36}\right)$, …이다.

→ 두 분수를 통분할 때에는 분모의 곱이나 분모의 최소공배수를 공통분모로 하면 편리하다.

018
7880-0018

두 분수 $\frac{9}{10}$, $\frac{1}{3}$을 분모의 곱을 공통분모로 하여 통분하여라.

019
7880-0019

두 분수 $\frac{12}{25}$, $\frac{7}{10}$을 분모의 최소공배수를 공통분모로 하여 통분하여라.

020
7880-0020

다음 중 분모의 최소공배수를 공통분모로 하여 통분할 때 공통분모가 가장 작은 것은?

① $\frac{1}{4}$, $\frac{1}{9}$ ② $\frac{2}{5}$, $\frac{7}{8}$ ③ $\frac{3}{10}$, $\frac{7}{15}$
④ $\frac{4}{11}$, $\frac{4}{5}$ ⑤ $\frac{5}{14}$, $\frac{2}{21}$

유형 01-7 분모가 서로 다른 분수의 덧셈과 뺄셈

두 분수를 통분한 다음 통분한 분모는 그대로 두고, 분자끼리 더하거나 뺀다.

| 예 | $\frac{1}{6}+\frac{3}{8}$의 계산

[방법 1] 두 분모의 곱을 공통분모로 하여 통분한 후 계산한다.

$\frac{1}{6}+\frac{3}{8}=\frac{1\times8}{6\times8}+\frac{3\times6}{8\times6}$ ← 공통분모를 구하기가 간편하다.

$=\frac{8}{48}+\frac{18}{48}=\frac{26}{48}=\frac{13}{24}$ (약분)

[방법 2] 두 분모의 최소공배수를 공통분모로 하여 통분한 후 계산한다.

$\frac{1}{6}+\frac{3}{8}=\frac{1\times4}{6\times4}+\frac{3\times3}{8\times3}$ ← 분자끼리의 덧셈이 간편하다.

$=\frac{4}{24}+\frac{9}{24}=\frac{13}{24}$ ← 일반적으로 계산 결과는 기약분수로 나타낸다.

021
7880-0021

다음을 계산하여라.

(1) $\frac{5}{6}+\frac{3}{8}$ (2) $\frac{5}{12}+\frac{3}{8}$
(3) $\frac{5}{6}-\frac{3}{4}$ (4) $\frac{7}{9}-\frac{5}{12}$

022
7880-0022

다음 중 계산 결과가 옳지 않은 것은?

① $\frac{1}{2}+\frac{1}{8}=\frac{5}{8}$ ② $\frac{2}{5}-\frac{7}{20}=\frac{1}{20}$
③ $\frac{3}{10}+\frac{1}{4}=\frac{11}{20}$ ④ $\frac{5}{8}-\frac{3}{10}=\frac{13}{40}$
⑤ $\frac{2}{3}-\frac{3}{8}=\frac{1}{4}$

유형 01-8 분수의 곱셈

1. (분수)×(자연수) 또는 (자연수)×(분수)

분수의 분자와 자연수를 곱하여 계산한다.

$\frac{○}{□}×△=\frac{○×△}{□}$

| 예 | $\frac{3}{8}×12$의 계산

[방법 1] $\frac{3}{8}×12=\frac{3×12}{8}=\frac{\overset{9}{\cancel{36}}}{\underset{2}{\cancel{8}}}=\frac{9}{2}$ → 곱을 구한 후 약분하여 계산한다.

[방법 2] $\frac{3}{\underset{2}{\cancel{8}}}×\overset{3}{\cancel{12}}=\frac{3×3}{2}=\frac{9}{2}$ → 약분을 먼저하고 계산한다.

2. (분수)×(분수)

분모는 분모끼리, 분자는 분자끼리 곱한다.

$\frac{△}{□}×\frac{○}{♡}=\frac{△×○}{□×♡}$

| 예 | $\frac{3}{5}×\frac{4}{9}$의 계산

[방법 1] $\frac{3}{5}×\frac{4}{9}=\frac{3×4}{5×9}=\frac{\overset{4}{\cancel{12}}}{\underset{15}{\cancel{45}}}=\frac{4}{15}$ → 곱을 구한 후 약분하여 계산한다.

[방법 2] $\frac{\overset{1}{\cancel{3}}}{5}×\frac{4}{\underset{3}{\cancel{9}}}=\frac{4}{15}$ → 약분을 먼저하고 계산한다.

023

7880-0023

다음을 계산하여라.

(1) $\frac{3}{4}×10$ (2) $8×\frac{7}{12}$

(3) $\frac{1}{2}×\frac{1}{5}$ (4) $\frac{5}{8}×\frac{7}{10}$

024

7880-0024

$\frac{5}{9}×\frac{11}{8}×\frac{16}{5}$을 계산하여라.

유형 01-9 분수의 나눗셈

1. 나눗셈을 곱셈으로 나타내기

(1) $1÷□=1×\frac{1}{□}$

(2) $▲÷□=▲×\frac{1}{□}$

| 예 | $1÷3=1×\frac{1}{3}=\frac{1}{3}$, $2÷3=2×\frac{1}{3}=\frac{2}{3}$

2. (수)÷(자연수) → (수)×$\frac{1}{(자연수)}$

나눗셈을 곱셈으로 나타내어 계산한다.

| 예 | $\frac{5}{4}÷2=\frac{5}{4}×\frac{1}{2}=\frac{5}{8}$

025

7880-0025

다음 중 $\frac{6}{11}÷3$을 곱셈식으로 바르게 나타낸 것은?

① $\frac{6}{11}×3$ ② $\frac{11}{6}×3$ ③ $\frac{3}{11}×6$

④ $\frac{11}{6}×\frac{1}{3}$ ⑤ $\frac{6}{11}×\frac{1}{3}$

026

7880-0026

다음을 계산하여라.

(1) $\frac{2}{3}÷8$ (2) $\frac{10}{9}÷5$

(3) $\frac{8}{9}÷\frac{1}{9}$ (4) $\frac{14}{15}÷\frac{6}{9}$

027

7880-0027

다음 중 계산 결과가 옳지 않은 것은?

① $1÷5=\frac{1}{5}$ ② $\frac{1}{5}÷3=\frac{1}{15}$

③ $\frac{4}{5}÷3=\frac{4}{15}$ ④ $\frac{5}{6}÷\frac{2}{3}=\frac{5}{9}$

⑤ $\frac{14}{15}÷\frac{7}{30}=4$

유형 01-10 소수의 덧셈

받아올림을 생각하여 소수점의 자리를 맞추어 자연수의 덧셈과 같은 방법으로 계산하고 소수점을 그대로 내려 찍는다.

| 예 | $0.7+0.6=1.3$ $\qquad$ $2.462+3.72=6.182$

$$\begin{array}{r} 0.7 \\ +\ 0.6 \\ \hline 1.3 \end{array} \qquad \begin{array}{r} 2.462 \\ +\ 3.72\bigcirc \\ \hline 6.182 \end{array}$$

← 숫자가 비어 있는 부분은 0을 써서 계산한다.

028

➲7880-0028

다음을 계산하여라.

(1) $0.4+0.7$

(2) $0.8+0.69$

(3) $10.47+6.578$

(4) $6.34+1.91$

029

➲7880-0029

다음 중 가장 큰 수와 가장 작은 수의 합을 구하여라.

0.6, 0.12, 0.9, 0.69, 0.23, 1.1

030

➲7880-0030

다음 중 계산 결과가 가장 큰 것은?

① $0.23+0.59$ ② $0.12+0.89$

③ $0.14+0.95$ ④ $0.53+0.42$

⑤ $0.61+0.31$

유형 01-11 소수의 뺄셈

받아내림을 생각하여 소수점의 자리를 맞추어 자연수의 뺄셈과 같은 방법으로 계산하고 소수점을 그대로 내려 찍는다.

| 예 | $1.5-0.7=0.8$ $\qquad$ $7.63-2.84=4.79$

$$\begin{array}{r} 1.5 \\ -\ 0.7 \\ \hline 0.8 \end{array} \qquad \begin{array}{r} 7.63 \\ -\ 2.84 \\ \hline 4.79 \end{array}$$

031

➲7880-0031

다음을 계산하여라.

(1) $1.3-0.5$

(2) $0.7-0.38$

(3) $7.26-6.391$

(4) $12.36-0.49$

032

➲7880-0032

다음 식을 계산한 값은?

$23.41-17.48$

① 4.93 ② 5.43 ③ 5.93

④ 6.43 ⑤ 6.93

033

➲7880-0033

다음 중 계산 결과가 가장 작은 것은?

① $7.41-4.19$ ② $12.58-9.75$

③ $4.53-2.04$ ④ $9.12-6.23$

⑤ $15.78-12.91$

유형 01-12 소수의 곱셈

[방법 1] 분수의 곱셈으로 고쳐서 계산한다.

| 예 | $0.4\times0.8=\frac{4}{10}\times\frac{8}{10}=\frac{32}{100}=0.32$

(소수를 분수로 / 소수를 분수로 / 분수를 소수로)

[방법 2] 자연수의 곱셈을 이용하여 계산한다.

| 예 | $4\times8=32 \Rightarrow 0.4\times0.8=0.32$

→ 곱의 소수점의 위치는 곱하는 수나 곱해지는 수의 소수점의 위치와 같다.

| 참고 | 곱의 소수점의 위치

(1) 소수에 10, 100, 1000을 곱하면 처음 소수점의 자리에서 0의 개수만큼 오른쪽으로 옮겨진다.

(2) 자연수에 0.1, 0.01, 0.001을 곱하면 처음 소수점의 자리에서 소수점 아래 자릿수만큼 왼쪽으로 옮겨진다.

034

➲7880-0034

다음을 계산하여라.

(1) 1.5×7　　(2) 6×2.3

(3) 0.3×0.5　　(4) 1.8×5.3

035

➲7880-0035

다음 중 계산 결과가 옳지 않은 것은?

① $1.2\times3=3.6$　　② $5\times4.7=23.5$

③ $0.9\times0.4=0.36$　　④ $0.16\times2.3=0.368$

⑤ $2.6\times8.32=216.32$

036

➲7880-0036

다음 중 계산 결과가 가장 작은 것은?

① 3.1×8.6　　② 310×0.86　　③ 31×0.086

④ 0.031×8.6　　⑤ 0.31×86

유형 01-13 소수의 나눗셈

[방법 1] 분수의 나눗셈으로 고쳐서 계산한다.

| 예 | $3.6\div3=\frac{36}{10}\div3=\frac{\overset{12}{\cancel{36}}}{10}\times\frac{1}{\underset{1}{\cancel{3}}}=\frac{12}{10}=1.2$

(소수를 분수로 / 나눗셈은 곱셈으로 / 분수를 소수로)

[방법 2] 자연수의 나눗셈을 이용하여 계산한다.

| 예 | $36\div3=12 \Rightarrow 3.6\div3=1.2$

→ 자연수의 나눗셈과 같은 방법으로 계산하고, 몫의 소수점은 나눠지는 수의 소수점 자리에 맞추어 찍는다.

037

➲7880-0037

다음을 계산하여라.

(1) $5.2\div4$　　(2) $4.25\div5$

(3) $7.98\div6$　　(4) $12.78\div9$

038

➲7880-0038

다음 **보기** 중 계산 결과가 2.4인 것을 모두 골라라.

보기

ㄱ. $28.8\div12$　　ㄴ. $32.5\div13$

ㄷ. $25.3\div11$　　ㄹ. $38.4\div16$

039

➲7880-0039

다음 **보기** 중 계산 결과가 큰 것부터 차례로 나열하여라.

보기

ㄱ. $16.5\div5$　　ㄴ. $24.5\div7$

ㄷ. $28.8\div9$　　ㄹ. $57.8\div17$

유형 01-14 분수와 소수의 혼합 계산

1. (소수)÷(분수) 또는 (분수)÷(소수)

소수를 분수로 고쳐서 계산한다.

| 예 | $1.6\div\frac{1}{5}=\frac{16}{10}\div\frac{1}{5}=\frac{16}{10}\times\frac{5}{1}=8$

$\frac{26}{5}\div1.3=\frac{26}{5}\div\frac{13}{10}=\frac{26}{5}\times\frac{10}{13}=4$

⟶ 소수를 분수로 고쳐서 계산하면 약분이 되어 계산 과정이 편리하다.

2. 분수와 소수의 혼합 계산

(1) 괄호가 있으면 괄호 안을 먼저 계산한다.

(2) 곱셈, 나눗셈, 덧셈, 뺄셈이 섞여 있는 식에서는 곱셈과 나눗셈을 먼저 계산한다.

(3) 곱셈, 나눗셈 또는 덧셈, 뺄셈이 섞여 있는 식에서는 앞에서부터 차례로 계산한다.

| 예 | $\frac{8}{5}\times\left(\frac{7}{4}-0.5\right)\div0.4-\frac{1}{2}=\frac{8}{5}\times\left(\frac{7}{4}-\frac{5}{10}\right)\div\frac{4}{10}-\frac{1}{2}$

$=\frac{8}{5}\times\frac{5}{4}\times\frac{10}{4}-\frac{1}{2}$

$=5-\frac{1}{2}=\frac{9}{2}$

(계산 순서: ①, ②, ③, ④)

040

➲7880-0040

다음을 계산하여라.

(1) $3.6\div\frac{4}{5}$　(2) $5.7\div\frac{3}{2}$

(3) $\frac{6}{5}\div0.8$　(4) $\frac{15}{2}\div0.5$

041

➲7880-0041

$\frac{7}{5}+0.9\times\frac{3}{2}-0.8$에서 가장 먼저 계산해야 할 것은?

① $\frac{7}{5}+0.9$　② $0.9\times\frac{3}{2}$　③ $\frac{3}{2}-0.8$

④ $\frac{7}{5}\times\frac{3}{2}$　⑤ $0.9-0.8$

042

➲7880-0042

다음을 계산하여라.

(1) $\frac{8}{3}\times2.4\div0.8$

(2) $7.2\div\frac{1}{2}+\frac{3}{4}\times15.2$

043

➲7880-0043

다음 식의 계산 순서를 차례로 나열하여라.

$$3-\frac{7}{5}\times0.5\div\left(1.3+\frac{2}{5}\right)$$

(연산 기호 아래 표시: ㉠ −, ㉡ ×, ㉢ ÷, ㉣ +)

044

➲7880-0044

$\frac{15}{2}\times\left(\frac{1}{2}+1.5\right)\div1.25$를 계산하여라.

045

➲7880-0045

다음 중 계산 결과가 더 큰 것을 구하여라.

ㄱ. $1.2+\frac{9}{5}\times\frac{1}{3}$　　ㄴ. $\left(1.2+\frac{9}{5}\right)\times\frac{1}{3}$

유형 01-15 공약수와 최대공약수 (2)

1. **공약수** : 2개 이상의 자연수의 공통인 약수
2. **최대공약수** : 공약수 중 가장 큰 수
3. **서로소** : 최대공약수가 1인 두 자연수

| 예 | 두 자연수 18, 24의 공약수와 최대공약수 구하기

18의 약수 : 1, 2, 3, 6, 9, 18

24의 약수 : 1, 2, 3, 4, 6, 8, 12, 24

⇨ 공약수 : 1, 2, 3, 6 (두 수의 공약수는 최대공약수 6의 약수이다.)

⇨ 최대공약수 : 6

| 참고 | 공약수는 최대공약수의 약수이다.

046

7880-0046

두 자연수 A, B의 최대공약수가 96일 때, A, B의 공약수가 아닌 것은?

① 4 ② 6 ③ 8 ④ 23 ⑤ 32

047

7880-0047

어떤 두 자연수의 최대공약수가 16일 때, 이 두 자연수의 공약수의 개수를 구하여라.

048

7880-0048

다음 중 두 수가 서로소가 아닌 것은?

① 7, 22 ② 9, 28 ③ 15, 16 ④ 28, 63 ⑤ 35, 72

유형 01-16 최대공약수 구하기

1. **공약수 이용하기** : 1이 아닌 공약수로 각 수를 몫이 서로소가 될 때까지 계속 나눈 다음, 나누어 준 공약수를 모두 곱한다.
2. **소인수분해 이용하기** : 각 수를 소인수분해하여 공통인 소인수를 모두 곱한다. 이때 공통인 소인수의 지수가 같으면 그대로, 다르면 작은 것을 택하여 곱한다.

| 예 | 12와 30의 최대공약수 구하기

(1) 공약수 이용하기

공약수로 나눈다.
```
2 ) 12  30
3 )  6  15
      2   5   → 서로소가 될 때까지 나눈다.
```

(최대공약수)$=2\times3=6$ (나누어 준 공약수를 모두 곱한다.)

(2) 소인수분해 이용하기

$12=2^2\times3$

$30=2\times3\times5$

(최대공약수)$=2\times3=6$

지수가 다르면 작은 것 / 지수가 같으면 그대로 / 공통인 소인수를 모두 곱한다.

049

7880-0049

다음 중 두 수 $2^2\times3\times5^2$, $2^3\times3^2\times7$의 공약수가 아닌 것은?

① 2 ② 2^2 ③ 2×3 ④ $2^2\times3$ ⑤ $2\times3\times7$

050

7880-0050

두 수 $2^3\times3^a\times5^2$, $2^b\times3^3\times11$의 최대공약수가 2×3^2일 때, 자연수 a, b에 대하여 $a+b$의 값을 구하여라.

유형 01-17 최대공약수의 활용

'가장 많은', '가능한 한 큰', '최대의', '나누어 주는' 등의 표현이 들어 있는 문제는 최대공약수를 이용한다.

| 예 | 치약 24개와 비누 18개를 가능한 한 많은(최대) 사람들에게 남김없이 똑같이 나누어(공약수) 주려고 한다. 몇 명의 사람에게 나누어 줄 수 있는지 구하기

치약 24개를 똑같이 나누어 줄 수 있는 사람 수는
⇨ 24의 약수
비누 18개를 똑같이 나누어 줄 수 있는 사람 수는
⇨ 18의 약수
위의 두 조건을 모두 만족해야 하므로 구하는 사람 수는
⇨ 24와 18의 공약수
가능한 한 많은 사람들에게 똑같이 나누어 주어야 하므로 구하는 사람 수는 ⇨ 24와 18의 최대공약수
24와 18의 최대공약수를 구하면
$2\times3=6$
따라서 구하는 사람 수는 6명이다.

$$\begin{array}{r|rr} 2 & 24 & 18 \\ \hline 3 & 12 & 9 \\ \hline & 4 & 3 \end{array}$$

051

⊃7880-0051

연필 108자루와 공책 180권을 가능한 한 많은 사람에게 남김없이 똑같이 나누어 주려고 할 때, 몇 명에게 나누어 줄 수 있는가?

① 6명　② 12명　③ 24명
④ 36명　⑤ 42명

052

⊃7880-0052

남학생 63명, 여학생 84명이 조를 편성하여 수학체험관 견학을 가려고 한다. 각 조에 속하는 남학생 수와 여학생 수를 각각 같게 하여 가능한 한 많은 조를 편성할 때, 몇 개의 조를 편성할 수 있는지 구하여라.

053

⊃7880-0053

두 분수 $\frac{12}{n}$, $\frac{18}{n}$이 모두 자연수가 되도록 하는 자연수 n의 값 중 가장 큰 수를 구하여라.

054

⊃7880-0054

가로의 길이가 48 cm, 세로의 길이가 64 cm인 직사각형 모양의 벽이 있다. 이 벽을 되도록 큰 정사각형 모양의 타일을 사용하여 겹치지 않게 빈틈없이 붙이려고 할 때, 정사각형 모양의 타일의 한 변의 길이는?

① 2 cm　② 4 cm　③ 8 cm
④ 16 cm　⑤ 32 cm

055

⊃7880-0055

보검이는 가로, 세로의 길이와 높이가 각각 28 mm, 42 mm, 56 mm인 직육면체 모양의 치즈를 남는 부분이 없게 모두 잘라서 같은 크기의 정육면체 모양의 치즈 조각으로 만들려고 한다. 모서리의 길이가 최대가 되도록 할 때, 정육면체 모양의 치즈 조각의 한 모서리의 길이를 구하여라.

056

⊃7880-0056

어떤 수로 89, 117, 145를 나누면 나머지가 모두 5일 때, 어떤 수 중 가장 큰 수를 구하여라.

유형 01-18 공배수와 최소공배수 (2)

1. **공배수** : 2개 이상의 자연수의 공통인 배수
2. **최소공배수** : 공배수 중 가장 작은 수

| 예 | 두 자연수 3, 4의 공배수와 최소공배수 구하기
3의 배수 : 3, 6, 9, 12, 15, 18, 21, 24, ⋯
4의 배수 : 4, 8, 12, 16, 20, 24, 28, ⋯
⇨ 공배수 : 12, 24, ⋯
⇨ 최소공배수 : 12
(두 수의 공배수는 최소공배수 12의 배수이다.)

| 참고 | 공배수는 최소공배수의 배수이다.

057
7880-0057

두 자연수의 최소공배수가 12일 때, 다음 중 두 자연수의 공배수가 아닌 것은?

① 12 ② 48 ③ 60
④ 94 ⑤ 156

058
7880-0058

다음 중 최소공배수가 9인 두 자연수의 공배수인 것을 모두 골라라.

6, 9, 13, 36, 58, 62, 72, 88

059
7880-0059

두 자연수의 최소공배수가 35일 때, 이 두 자연수의 공배수 중에서 200 이하인 수의 개수를 구하여라.

유형 01-19 최소공배수 구하기

1. **공약수 이용하기** : 1이 아닌 공약수로 어느 두 수의 몫도 서로소가 될 때까지 계속 나눈 다음, 나누어 준 공약수와 마지막 몫을 모두 곱한다.
2. **소인수분해 이용하기** : 각 수를 소인수분해하여 공통인 소인수, 공통이 아닌 소인수를 모두 곱한다. 이때 공통인 소인수의 지수가 같으면 그대로, 다르면 큰 것을 택하여 곱한다.

| 예 | 12와 30의 최소공배수 구하기
(1) 공약수 이용하기

```
공약수로 나눈다. ← 2 | 12  30
                  3 |  6  15
                        2   5  → 서로소가 될 때까지 나눈다. (서로소)
```

$(\text{최소공배수})=2\times3\times2\times5=60$ → 나누어 준 공약수와 몫을 모두 곱한다.

(2) 소인수분해 이용하기

$12=2^2\times3$
$30=2\times3\times5$
$(\text{최소공배수})=2^2\times3\times5=60$

공통인 소인수와 공통이 아닌 소인수 모두 곱한다.
지수가 다르면 큰 것 / 지수가 같으면 그대로 / 공통이 아닌 소인수

060
7880-0060

다음 중 두 수 $2\times5^3\times7$, $2^2\times5\times7^2$의 공배수가 아닌 것은?

① $2^2\times5^3\times7^2$ ② $2^3\times5^3\times7^2$ ③ $2^2\times5^3\times7^3$
④ $2^2\times5^2\times7^2$ ⑤ $2^2\times5^3\times7^2\times11$

061
7880-0061

두 수 $2^2\times3^2$, $2\times3^4\times5$의 최소공배수는 $2^a\times3^b\times c$이고, c는 2, 3과 서로소인 소수일 때, 자연수 a, b, c에 대하여 $a+b+c$의 값을 구하여라.

유형 01-20 최소공배수의 활용

'가장 적은', '가능한 한 작은', '최소의', '처음으로' 등의 표현이 들어 있는 문제는 최소공배수를 이용한다.

| 예 | 어느 역에서 두 열차 A, B는 각각 4분, 6분 간격으로 출발한다. 두 열차가 오전 8시에 동시에 출발했을 때, 처음으로(최소) 다시 동시에 출발하는(공배수) 시각 구하기

열차 A의 출발 시각은 8시 4분, 8분, 12분, 16분, 20분, … ⇨ (4의 배수)분 후

열차 B의 출발 시각은 8시 6분, 12분, 18분, 24분, … ⇨ (6의 배수)분 후

두 열차가 동시에 출발하는 간격 ⇨ (4와 6의 공배수)분 후

처음으로 다시 동시에 출발하는 때 ⇨ (4와 6의 최소공배수)분 후

4와 6의 최소공배수를 구하면 $2\times2\times3=12$

$$\begin{array}{r|rr} 2 & 4 & 6 \\ \hline & 2 & 3 \end{array}$$

따라서 두 열차가 처음으로 다시 동시에 출발하는 시각은 12분 후인 오전 8시 12분이다.

062
➲7880-0062

어느 버스 터미널에서 두 버스 A, B는 각각 6분, 9분 간격으로 출발한다. 두 버스가 오전 10시에 동시에 출발한 후, 처음으로 다시 동시에 출발하는 시각은?

① 오전 10시 9분 ② 오전 10시 12분 ③ 오전 10시 18분 ④ 오전 10시 24분 ⑤ 오전 10시 30분

063
➲7880-0063

어느 연구실에서는 두 실험 시료 A, B의 변화를 각각 6분, 8분마다 한 번씩 측정하고 있다. 오전 9시에 두 시료를 동시에 측정하였을 때, 다시 처음으로 두 시료를 동시에 측정하게 되는 시각은?

① 오전 9시 18분 ② 오전 9시 24분 ③ 오전 9시 30분 ④ 오전 9시 36분 ⑤ 오전 9시 42분

064
➲7880-0064

설현, 수빈, 성소는 각각 3일, 6일, 9일마다 같은 장소에서 봉사 활동을 한다. 3월 1일에 세 명이 함께 봉사 활동을 했을 때, 처음으로 다시 함께 봉사 활동을 하는 날짜는?

① 3월 16일 ② 3월 17일 ③ 3월 18일 ④ 3월 19일 ⑤ 3월 20일

065
➲7880-0065

톱니가 각각 24개, 36개인 두 톱니바퀴 A, B가 서로 맞물려 회전하고 있다. 이 두 톱니바퀴가 한 번 맞물린 후 같은 톱니에서 처음으로 다시 맞물리려면 톱니바퀴 A는 최소한 몇 바퀴를 회전해야 하는가?

① 2바퀴 ② 3바퀴 ③ 4바퀴 ④ 6바퀴 ⑤ 8바퀴

066
➲7880-0066

가로, 세로의 길이가 각각 15 cm, 21 cm인 직사각형 모양의 타일을 겹치지 않게 빈틈없이 붙여서 가장 작은 정사각형을 만들려고 한다. 정사각형의 한 변의 길이를 구하여라.

067
➲7880-0067

가로, 세로의 길이가 각각 10 cm, 12 cm이고 높이가 15 cm인 직육면체 모양의 블록을 일정한 모양으로 빈틈없이 쌓아 되도록 작은 정육면체 모양의 블록을 만들려고 한다. 정육면체 모양의 블록의 한 모서리의 길이를 구하여라.

유형 01-21 최대공약수와 최소공배수의 관계

두 자연수 A, B의 최대공약수를 G, 최소공배수를 L이라 하고 $A=a\times G$, $B=b\times G$ (a, b는 서로소)라 하면

→ 두 자연수 a, b의 최대공약수는 1이다.

(1) $L=a\times b\times G$

(2) $A\times B=(a\times G)\times(b\times G)$

$=(a\times b\times G)\times G$

$=L\times G$

| 예 |

$$\begin{array}{r|rr} 2 & 30 & 42 \\ \hline 3 & 15 & 21 \\ \hline & 5 & 7 \end{array}$$

G ; 5, 7: 서로소

(최대공약수)$=2\times3=6$

⇒ (최소공배수)$=2\times3\times5\times7=210$

두 수 30과 42의 곱 ⇒ $30\times42=1260$

두 수 30과 42의 최대공약수와 최소공배수의 곱

⇒ $6\times210=1260$

068

7880-0068

두 자연수 A, B의 최대공약수와 최소공배수가 다음과 같을 때, $A\times B$의 값을 구하여라.

(1) 최대공약수 3, 최소공배수 90

(2) 최대공약수 4, 최소공배수 48

(3) 최대공약수 8, 최소공배수 120

069

7880-0069

최대공약수와 최소공배수가 각각 4, 360인 두 자연수의 곱을 구하여라.

070

7880-0070

두 자연수 42, A의 최대공약수가 6이고 최소공배수가 336일 때, A의 값은?

① 24 ② 36 ③ 48
④ 60 ⑤ 72

071

7880-0071

두 자연수의 곱이 504이고 최소공배수가 84일 때, 이 두 자연수의 최대공약수를 구하여라.

072

7880-0072

두 자연수의 곱이 960이고 최대공약수가 4일 때, 최소공배수를 구하여라.

073

7880-0073

최대공약수와 최소공배수가 각각 12, 84인 두 자연수의 합을 구하여라.

유형 01-22 문자를 사용한 식

(1) 문자를 사용한 식에서 수와 문자, 문자와 문자 사이의 곱에서는 다음과 같이 곱셈 기호 ×를 생략하여 간단히 나타낼 수 있다.

① 수와 문자의 곱에서는 수를 문자 앞에 쓴다.

② $1\times$(문자) 또는 $(-1)\times$(문자)에서는 1은 생략한다.

③ 문자와 문자의 곱에서는 보통 알파벳 순서로 쓴다.

④ 같은 문자의 곱은 거듭제곱의 꼴로 나타낸다.

⑤ 괄호가 있는 식과 수의 곱에서는 수를 괄호 앞에 쓴다.

(2) 나눗셈 기호 ÷는 다음과 같이 생략하여 간단히 나타낼 수 있다.

① 나눗셈 기호 ÷를 생략하고, 분수의 꼴로 나타낸다.

② 나눗셈을 역수의 곱셈으로 고친 후 곱셈 기호 ×를 생략한다.

| 예 | 부호 ×, ÷를 생략하여 나타내기

문자의 곱은 알파벳 순서대로

(1) $b\times3\times a=3ab$

수는 문자 앞에　　같은 문자의 곱은 거듭제곱의 꼴로

(2) $a\times(-1)\times a\times a=-a^3$

1은 생략

(3) $(a+b)\times2=2(a+b)$

괄호가 있을 때는 수를 괄호 앞에

(4) $a\div2$

분수 꼴로 → $a\div2=\dfrac{a}{2}$

역수의 곱셈으로 → $a\div2=a\times\dfrac{1}{2}=\dfrac{1}{2}a$

074

⊃7880-0074

다음 식을 기호 ×, ÷를 생략하여 나타내어라.

(1) $x\times3$　　(2) $x\times y\times a$

(3) $(x+2y)\times5$　　(4) $x\div2$

(5) $(-4)\div a$　　(6) $a\div\dfrac{2}{3}$

075

⊃7880-0075

다음 중 바르게 나타낸 것은?

① $x\times(-2)=x-2$　　② $x\times x=2x$

③ $x\times2=x^2$　　④ $z\times x\times y=xyz$

⑤ $0.1\times a=0.a$

076

⊃7880-0076

식 $x\times(y\div z)$를 기호 ×, ÷를 생략하여 나타내어라.

077

⊃7880-0077

다음 식을 곱셈 기호 ×를 생략하여 나타내어라.

(1) $2\times x+7\times y$

(2) $(-1)\times a-b\times2$

078

⊃7880-0078

다음 중 기호 ×, ÷를 생략하여 나타낸 것으로 옳은 것을 모두 고르면? (정답 2개)

① $x\times y\times y\times0.1=0.1xy^2$

② $x\times3+y\times(-1)=3x-1y$

③ $x\div y\div(-2)=-\dfrac{x}{2y}$

④ $a\div b+c\times(-1)=\dfrac{a-c}{b}$

⑤ $(x+y)\div3+(x+y)\div z=\dfrac{x+y}{2z}$

유형 01-23 식의 값

1. **대입** : 문자를 포함한 식에서 문자 대신 수를 넣는 것
2. **식의 값** : 식의 문자에 어떤 수를 대입하여 구한 값

| 예 | $x=-2$일 때, $5x-3$의 값 구하기

$5x-3=5\times x-3$ → 곱셈 기호 ×를 다시 쓴다.

$=5\times(-2)-3$ → x에 -2를 대입한다.

$=-13$ → 식의 값

음수는 괄호로 묶어서 대입한다.

→ 문자에 음수를 대입할 때는 괄호를 사용한다.

079
7880-0079

$x=-2$일 때, $-5x+(-x)^2$의 값을 구하여라.

080
7880-0080

$x=-2,\ y=\frac{1}{3}$일 때, $-x-4y+xy$의 값은?

① -4　② -2　③ 0　④ 2　⑤ 4

081
7880-0081

$a=-1$일 때, 다음 중 식의 값이 나머지 넷과 다른 하나는?

① $-a$　② a^2　③ $-a^2$　④ $(-a)^2$　⑤ $-a^3$

082
7880-0082

지면의 기온이 10 ℃일 때, 지면에서 x km 높은 곳의 기온은 $(-6x+10)$℃라 한다. 지면에서 3 km 높은 곳의 기온은?

① -8 ℃　② -5 ℃　③ -2 ℃　④ 1 ℃　⑤ 4 ℃

083
7880-0083

지면에서 초속 30 m의 속력으로 쏘아 올린 물 로켓의 t초 후의 높이는 $(30t-5t^2)$m라 한다. 이 물 로켓의 4초 후의 높이는?

① 20 m　② 25 m　③ 30 m　④ 35 m　⑤ 40 m

084
7880-0084

귀뚜라미는 온도에 따라 우는 횟수가 달라지는데, 온도가 a ℃일 때 귀뚜라미는 1분 동안 $\left(\frac{36}{5}a-32\right)$회 운다고 한다. 온도가 25 ℃일 때, 귀뚜라미가 1분 동안 우는 횟수는?

① 138회　② 143회　③ 148회　④ 153회　⑤ 158회

085
7880-0085

기온이 x ℃일 때, 공기 중에서 소리의 속력은 매초 약 $(331+0.6x)$m이다. 기온이 20 ℃일 때, 2초 동안 소리가 전달되는 거리를 구하여라.

유형 01-24 다항식, 일차식

1. 다항식

(1) 항 : 수 또는 문자의 곱으로 이루어진 식

(2) 상수항 : 수로만 이루어진 항

(3) 계수 : 항에서 문자에 곱해져 있는 수

(4) 다항식 : 한 개 이상의 항의 합으로 이루어진 식

(5) 단항식 : 다항식 중에서 한 개의 항으로 이루어진 식

| 예 |

$2x-y-3$
$=2x+(-y)+(-3)$ ⇨ 항 : $2x$, $-y$, -3
상수항 : -3
x의 계수 : 2
y의 계수 : -1

2. 일차식

(1) 차수 : 어떤 항에서 곱해진 문자의 개수 ($2x^3$ → 3: 차수)

(2) 다항식의 차수 : 다항식에서 차수가 가장 큰 항의 차수

(3) 일차식 : 차수가 1인 다항식

| 예 | $2-3x$ (○), x^2-4 (×), $\frac{1}{x}+3$ (×)
→ x에 관한 일차식

086

⊃7880-0086

다항식 $-x^2+2x-3$에서 다항식의 차수를 a, x의 계수를 b, 상수항을 c라 할 때, $a+b+c$의 값을 구하여라.

087

⊃7880-0087

다음 설명 중 옳은 것은?

① x^2-4x-3의 상수항은 3이다.

② $2x-5y+4$에서 y의 계수는 5이다.

③ x^2, $-x+y+1$은 모두 다항식이다.

④ x^2-x+1의 항의 개수는 2개이다.

⑤ $-\frac{x}{3}-4y+1$에서 x의 계수는 -3이다.

유형 01-25 일차식과 수의 곱셈과 나눗셈

1. 일차식과 수의 곱셈 : 분배법칙을 이용하여 일차식의 각 항에 수를 곱한다.

2. 일차식과 수의 나눗셈 : 분배법칙을 이용하여 나누는 수의 역수를 일차식에 곱한다.

| 예 | (1) $2(3x+4)=\underset{①}{2\times 3x}+\underset{②}{2\times 4}$
$=6x+8$

(2) $(6x-9)\div 3=(6x-9)\times\frac{1}{3}$ → 나누는 수의 역수를 곱한다.
$=\underset{①}{6x\times\frac{1}{3}}-\underset{②}{9\times\frac{1}{3}}$ → 분배법칙
$=2x-3$

088

⊃7880-0088

$(2x-6)\times\frac{3}{2}$을 $ax+b$의 꼴로 간단히 나타낼 때, 두 상수 a, b에 대하여 $a-b$의 값을 구하여라.

089

⊃7880-0089

$(42x-12)\div\frac{6}{7}$을 간단히 하였을 때, x의 계수와 상수항의 합을 구하여라.

090

⊃7880-0090

다음 중 옳은 것은?

① $2(a-3)=2a-3$

② $(-3x)\times(-5)=-15x$

③ $-(3x+4)=-3x+4$

④ $\frac{2}{3}x\div\left(-\frac{2}{3}\right)=-x$

⑤ $\frac{14x+3}{7}=2x+3$

유형 01-26 동류항

1. **동류항** : 다항식에서 문자와 차수가 각각 같은 항

동류항

$$2x+3+4x-5$$

동류항

| 참고 | 상수항끼리는 모두 동류항이다.

2. **동류항끼리의 덧셈과 뺄셈** : 동류항의 계수끼리 더하거나 뺀 후 문자 앞에 쓴다. 이때 분배법칙을 이용한다.

| 예 | (1) $2x+3x=(2+3)x=5x$

동류항의 계수끼리 더하여 문자 앞에 쓴다.

(2) $5a-2a=(5-2)a=3a$

동류항의 계수끼리 빼서 문자 앞에 쓴다.

091

7880-0091

다음 중 $2x$와 동류항인 것을 모두 골라라.

$x,\ 2y,\ 2,\ 3y,\ -2x,\ 7,\ -\frac{1}{3}x,\ 2x^3$

092

7880-0092

다음 중 동류항끼리 짝지어진 것을 모두 고르면? (정답 2개)

① $1,\ -1$　② $2x,\ x^2$　③ $3a,\ 3b$
④ $-4x^2,\ -4y^2$　⑤ $\frac{x}{2},\ -2x$

093

7880-0093

$2x-5-7x+1$을 간단히 하면?

① $-5x-6$　② $-5x-4$　③ $7x+6$
④ $9x-6$　⑤ $9x-4$

유형 01-27 일차식의 덧셈과 뺄셈

(1) 괄호가 있으면 분배법칙을 이용하여 괄호를 푼다.
(2) 동류항끼리 모은다.
(3) (2)를 계산하여 정리한다.

| 예 | (1) $(2x+1)+3(5x-2)$
$=2x+1+15x-6$ — 분배법칙을 이용하여 괄호를 푼다.
$=2x+15x+1-6$ — 동류항끼리 모은다.
$=17x-5$

(2) $(2x+5)-(x-1)$
$=2x+5-x+1$ — 빼는 식의 각 항의 부호를 바꿔서 괄호를 푼다.
$=2x-x+5+1$ — 동류항끼리 모은다.
$=x+6$

094

7880-0094

$3(1-x)-(2x+3)$을 간단히 하였을 때, x의 계수와 상수항의 합은?

① -11　② -9　③ -7
④ -5　⑤ -3

095

7880-0095

다음 중 옳지 않은 것은?

① $(x+2)+(3x+4)=4x+6$
② $(-x-1)+2(3x-1)=5x-3$
③ $-(x+5)-3(x-1)=-4x-2$
④ $(x-3)-\frac{1}{3}(6x+9)=-x-6$
⑤ $\frac{2}{3}(6x+9)-3(2x+1)=-2x-3$

유형 01-28 복잡한 일차식의 덧셈과 뺄셈

(1) 괄호를 풀 때는 괄호 앞의 부호에 주의한다.

( ) → { } → [ ]의 순으로 푼다.

(2) 분수꼴인 일차식의 계산은 분모의 최소공배수로 통분하여 간단히 한다.

| 예 | (1) $2a-[3a+1-\{1-(a-2)\}]$

$=2a-\{3a+1-(1-a+2)\}$ ← 소괄호부터 순서대로 안에서부터 푼다

$=2a-\{3a+1-(3-a)\}$

$=2a-(3a+1-3+a)$

$=2a-(4a-2)$

$=2a-4a+2=-2a+2$

(2) $\frac{2x+3}{2}-\frac{x-2}{3}=\frac{3(2x+3)-2(x-2)}{6}$

$=\frac{6x+9-2x+4}{6}$ ← 분모의 최소공배수로 통분할 때는 반드시 분자에 괄호를 쓴다.

$=\frac{4x+13}{6}$

096

⊃7880-0096

다음 식을 간단히 하여라.

$$1-2x-\{3x-(4+5x)+6\}$$

097

⊃7880-0097

$(x-3)-[8x-\{2x+1-(-3x-1)\}]=ax+b$일 때, 상수 a, b에 대하여 ab의 값을 구하여라.

098

⊃7880-0098

$\frac{x-3}{2}-\frac{x-1}{3}$을 간단히 하면?

① $\frac{x-7}{6}$ ② $\frac{x-1}{6}$ ③ $\frac{2x-7}{6}$

④ $x-7$ ⑤ $x-1$

유형 01-29 지수법칙 (1), (2)

m, n이 자연수일 때

(1) 지수법칙 (1) : $a^m\times a^n=a^{m+n}$ (지수의 합)

(2) 지수법칙 (2) : $(a^m)^n=a^{mn}$ (지수의 곱)

| 예 | (1) $3^2\times 3^4=3^{2+4}=3^6$ (지수끼리 더한다.)

(2) $(5^2)^3=5^{2\times 3}=5^6$ (지수끼리 곱한다.)

099

⊃7880-0099

$2^2\times 32=2^x$일 때, x의 값은?

① 6 ② 7 ③ 8

④ 9 ⑤ 10

100

⊃7880-0100

$A=3^5$일 때, 27^5을 A를 사용하여 나타내면?

① $3A$ ② $9A$ ③ A^3

④ A^5 ⑤ A^9

101

⊃7880-0101

다음 중 옳은 것은?

① $a\times a^2=2a^2$ ② $a^3\times a^2=a^6$

③ $(a^2)^5=a^7$ ④ $a\times b^3\times a^2=ab^5$

⑤ $(a^2)^4\times a^7=a^{15}$

유형 01-30 지수법칙 (3)

$a\neq 0$이고, m, n이 자연수일 때

지수의 차

$$a^m \div a^n = \begin{cases} a^{m-n} & (m>n) \\ 1 & (m=n) \\ \dfrac{1}{a^{n-m}} & (m<n) \end{cases}$$

| 예 | (1) $3^7 \div 3^3 = 3^{7-3} = 3^4$ (지수끼리 뺀다.)

(2) $3^3 \div 3^3 = 1$ → 지수가 같으면 두 수가 같다.

(3) $3^3 \div 3^7 = \dfrac{1}{3^{7-3}} = \dfrac{1}{3^4}$ (지수의 뺄셈, 즉 (큰 수) − (작은 수))

102

➲7880-0102

$x^8 \div x^{n+1} = x^4$일 때, 상수 n의 값은?

① 2 ② 3 ③ 4 ④ 5 ⑤ 6

103

➲7880-0103

$a^{12} \times a^8 \div (a^3)^6$을 간단히 하면?

① a^2 ② a ③ 1 ④ $\dfrac{1}{a}$ ⑤ $\dfrac{1}{a^2}$

104

➲7880-0104

다음 중 계산 결과가 a^2인 것은?

① $a^3 \div a^5$

② $\dfrac{a}{a^3}$

③ $a^{10} \div a^7 \div a^3$

④ $(a^3)^4 \div (a^2)^2 \div a^5$

⑤ $a^3 \div (a^2 \div a)$

유형 01-31 지수법칙 (4)

m, n이 자연수일 때

(1) $(ab)^m = a^m b^m$ (지수의 분배)

(2) $\left(\dfrac{b}{a}\right)^m = \dfrac{b^m}{a^m}$ $(a\neq 0)$ (지수의 분배)

지수를 각각 나눠준다.

| 예 | (1) $(3x)^2 = 3^2x^2 = 9x^2$

지수를 각각 나눠준다.

(2) $\left(\dfrac{x}{3}\right)^2 = \dfrac{x^2}{3^2} = \dfrac{x^2}{9}$

105

➲7880-0105

다음 중 옳은 것은?

① $(ab^2)^3 = a^4b^5$

② $(-ab^3)^2 = -a^2b^6$

③ $\left(\dfrac{1}{2}ab\right)^3 = \dfrac{1}{2}a^3b^3$

④ $(3a^2b^3)^3 = 27a^6b^9$

⑤ $(2ab^3)^3 = 6a^3b^9$

106

➲7880-0106

$(2x^2y^a)^b = 8x^cy^{15}$일 때, 상수 a, b, c에 대하여 $a+b+c$의 값을 구하여라.

107

➲7880-0107

$\left(-\dfrac{2y}{x^a}\right)^b = \dfrac{cy^4}{x^8}$일 때, 상수 a, b, c에 대하여 $a+b-c$의 값을 구하여라.

유형 01-32 단항식의 곱셈

거듭제곱 계산 ⇨ 부호 결정

⇨ 계수끼리 곱셈, 문자끼리 곱셈

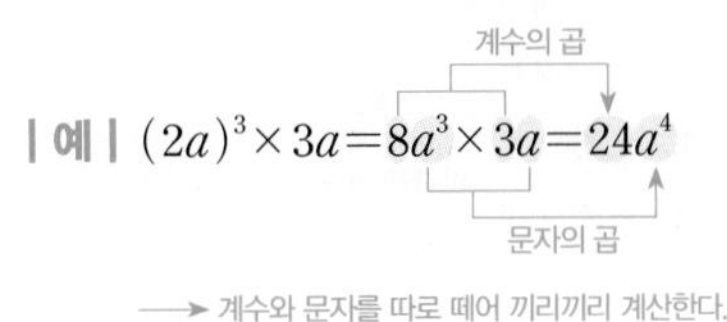

→ 계수와 문자를 따로 떼어 끼리끼리 계산한다.

108

⊃7880-0108

다음 중 옳은 것은?

① $(-2x)\times 3x^2=-6x^2$

② $3xy\times 4x^2y=12x^3y$

③ $(-3ab^2)^2\times 2ab^2=18a^3b^6$

④ $\frac{a}{3b^3}\times(-6ab^3)=-2a$

⑤ $\frac{x^2}{y^3}\times\frac{2y^4}{x^3}=2xy$

109

⊃7880-0109

$(xy^3)^3\times(-3x^5y)^2\times(-2x^2y^3)$을 간단히 하여라.

110

⊃7880-0110

$\left(\frac{3y^2}{x}\right)^3\times\left(-\frac{x^2}{3y^2z}\right)^2$을 간단히 하여라.

유형 01-33 단항식의 나눗셈

나눗셈은 분수 또는 역수의 곱셈으로 고친 후 계산한다.

[방법 1] $A\div B=\frac{A}{B}$

| 예 | 나눗셈을 분수 꼴로 바꾸기

$$12ab\div 4a=\frac{12ab}{4a}=3b$$

($A\div B=\frac{A}{B}$)

[방법 2] $A\div B=A\times\frac{1}{B}$

| 예 | 나누는 식의 역수 곱하기

$$12ab\div\frac{4}{a}=12ab\times\frac{a}{4}=3a^2b$$

(역수, $A\div B=A\times\frac{1}{B}$)

111

⊃7880-0111

다음 중 옳지 않은 것은?

① $6a^3\div 2a=3a^2$

② $(-3a^4)\div\frac{1}{3}a^2=-a^2$

③ $6a^2b\div 3a^4b=\frac{2}{a^2}$

④ $(-2ab^3)^3\div 2a^2b^5=-4ab^4$

⑤ $\left(-\frac{2}{3}a^2b\right)\div\frac{a^2}{6b}=-4b^2$

112

⊃7880-0112

$3xy^2\div\left(-\frac{1}{2}xy\right)\div 3x^2$을 간단히 하여라.

113

⊃7880-0113

$(-2x^2y^a)^3\div\frac{2}{3}x^by^5=cx^2y$일 때, 상수 a, b, c에 대하여 $a+b+c$의 값은?

① -12 ② -6 ③ 0

④ 6 ⑤ 12

유형 01-34 단항식의 곱셈과 나눗셈의 혼합 계산

거듭제곱 계산 ⇨ 나눗셈을 곱셈으로 ⇨ 부호 결정
지수법칙 이용 / 역수의 곱 / (−)가 홀수 개이면 (−)
⇨ 계수끼리, 문자끼리 계산

| 예 | $(2a)^3\times(-3a^2)\div 4a$
$=8a^3\times(-3a^2)\div 4a$ (거듭제곱을 계산한다.)
$=8a^3\times(-3a^2)\times\frac{1}{4a}$ (나누는 식의 역수를 곱한다. (또는 분수 꼴로 바꾼다.))
$=\left\{8\times(-3)\times\frac{1}{4}\right\}\times a^3\times a^2\times\frac{1}{a}$ (계수는 계수끼리, 문자는 같은 문자끼리)
계수끼리 / 문자끼리
$=-6a^4$ (부호를 결정한다. ⊖가 짝수 개 ⇒ ⊕, ⊖가 홀수 개 ⇒ ⊖)

⟶ 곱셈과 나눗셈이 섞여 있는 식은 곱셈만 있는 식으로 고친다.

114

⊃7880-0114

$(-x^2y^3)^3\div\left(\frac{x^3}{2y}\right)^3\times\left(-\frac{x^4}{y^2}\right)^2$을 간단히 하여라.

115

⊃7880-0115

$-\frac{5}{2}x^3y^2\times\left(\frac{6}{5}x^2y\div 3xy^2\right)=ax^by^c$일 때, 상수 a, b, c에 대하여 $a+b+c$의 값을 구하여라.

116

⊃7880-0116

다음 중 옳지 않은 것은?

① $x\div y\times z=\frac{xz}{y}$
② $x\times y\div z=\frac{xy}{z}$
③ $x\div(y\times z)=\frac{x}{yz}$
④ $x\times(y\div z)=\frac{xy}{z}$
⑤ $x\div(y\div z)=\frac{xy}{z}$

유형 01-35 다항식의 덧셈과 뺄셈 (1)

1. **덧셈** : 괄호를 풀고 동류항끼리 모아서 간단히 한다.

$a+(b-c)=a+b-c$

| 예 | $(2x+3y)+(4x-2y)$
$=2x+3y+4x-2y$ (괄호를 푼다.)
$=2x+4x+3y-2y$ (동류항끼리 모은다.)
$=6x+y$ (간단히 한다.)

2. **뺄셈** : 빼는 식의 각 항의 부호를 바꾸어 더한다.

$a-(b-c)=a-b+c$
+가 숨어 있다. 부호를 바꾼다.

| 예 | $(3x+5y)-(x-4y)$
$=3x+5y-x+4y$ (빼는 식의 부호를 바꾼다.)
$=3x-x+5y+4y$ (동류항끼리 모은다.)
$=2x+9y$ (간단히 한다.)

| 참고 | 괄호를 풀 때 괄호 앞에 −가 있으면 괄호 안의 각 항의 부호를 반대로 써서 계산한다.

117

⊃7880-0117

다음 식을 간단히 하여라.

$$(4x-8y+5)-2(x+3y-2)$$

118

⊃7880-0118

$2x-5y-3-\square=5x-3y-1$일 때, 다음 중 $\square$ 안에 알맞은 식은?

① $-3x-2y-2$
② $-3x+2y-2$
③ $3x-2y-2$
④ $3x+2y+2$
⑤ $5x-2y-2$

유형 01-36 이차식의 덧셈과 뺄셈

1. **이차식** : 차수가 가장 큰 항의 차수가 2인 다항식
2. **이차식의 덧셈과 뺄셈** : 괄호를 풀고 동류항끼리 모아서 간단히 한다.

| 예 | $(2x^2+3x+4)-(x^2+x-3)$) 빼는 식의 부호를 바꾼다.
$=2x^2+3x+4-x^2-x+3$) 동류항끼리 모은다.
$=2x^2-x^2+3x-x+4+3$) 간단히 한다.
$=x^2+2x+7$
⟶ 괄호를 풀고 동류항끼리 간단히 한다.

119
⊃7880-0119

$(6x^2-2)-(5x^2-3x+4)$를 간단히 하였을 때, 이차항의 계수와 상수항의 합을 구하여라.

120
⊃7880-0120

$\dfrac{x^2-7x}{3}+\dfrac{5x-x^2+1}{2}$을 간단히 하면?

① $\dfrac{-x^2+x-3}{6}$　② $\dfrac{-x^2+x+3}{6}$
③ $\dfrac{x^2+x+3}{6}$　④ $\dfrac{5x^2+x+1}{6}$
⑤ $\dfrac{5x^2+x+3}{6}$

121
⊃7880-0121

어떤 다항식에 x^2+4x+1을 더했더니 $3x^2-x+4$가 되었다. 어떤 다항식을 구하여라.

유형 01-37 단항식과 다항식의 곱셈

$A(B+C)=AB+AC$, $(A+B)C=AC+BC$

| 예 | (1) $2a(3a+4b) \overset{전개}{=} \underset{①}{2a\times3a}+\underset{②}{2a\times4b}=\underset{전개식}{6a^2+8ab}$

(2) $(a-2b)\times(-3a)$
$\overset{전개}{=} \underset{①}{a\times(-3a)}-\underset{②}{2b\times(-3a)}=\underset{전개식}{-3a^2+6ab}$
⟶ 분배법칙을 이용하여 단항식을 다항식의 모든 항에 곱한다.

122
⊃7880-0122

$-3x(2x-5y)=ax^2+bxy$일 때, 상수 a, b에 대하여 $a+b$의 값을 구하여라.

123
⊃7880-0123

다음 중 바르게 전개한 것을 모두 고르면? (정답 2개)

① $x(x-3)=x^2-3$
② $-2xy(x-y)=2x^2y+2xy^2$
③ $(4x-3)\times(-2x)=-8x^2+6x$
④ $\dfrac{3}{2}x(4x-6y)=6x^2-9xy$
⑤ $-2x^2(x^2+5)=-2x^4-10x^3$

124
⊃7880-0124

$-2x(3x+4y)-3y(y-3x)$를 간단히 하였을 때, xy의 계수는?

① -3　② -1　③ 1
④ 3　⑤ 5

유형 01-38 단항식과 다항식의 나눗셈

[방법 1] $(A+B)\div C=\dfrac{A+B}{C}=\dfrac{A}{C}+\dfrac{B}{C}$

| 예 | 나눗셈을 분수 꼴로 바꾸기

$(8xy+4x)\div 2x$

$=\dfrac{8xy+4x}{2x}$ ← $(A+B)\div C=\dfrac{A+B}{C}=\dfrac{A}{C}+\dfrac{B}{C}$

$=\dfrac{8xy}{2x}+\dfrac{4x}{2x}=4y+2$

[방법 2] $(A+B)\div C=(A+B)\times\dfrac{1}{C}$

$=A\times\dfrac{1}{C}+B\times\dfrac{1}{C}$

| 예 | 단항식의 역수 곱하기

$(8xy+4x)\div\dfrac{x}{2}$

$=(8xy+4x)\times\dfrac{2}{x}$ ← $(A+B)\div C=(A+B)\times\dfrac{1}{C}=A\times\dfrac{1}{C}+B\times\dfrac{1}{C}$

$=8xy\times\dfrac{2}{x}+4x\times\dfrac{2}{x}=16y+8$

→ 나누는 단항식이 분수의 꼴이면 역수의 곱을 이용하는 것이 편리하다.

125

⊃7880-0125

다음 중 옳지 않은 것은?

① $(4x^2-2x)\div 2x=2x-1$

② $(3xy^2-12xy)\div(-3xy)=-y+4$

③ $(8x^2-4x)\div\left(-\dfrac{1}{2}x\right)=-4x^3+2x^2$

④ $(x^3-5x^2)\div\dfrac{1}{3}x^2=3x-15$

⑤ $\left(\dfrac{1}{3}x^2y+\dfrac{1}{2}xy^2\right)\div\dfrac{1}{6}xy=2x+3y$

126

⊃7880-0126

$(4x^2y-8xy^2+6xy)\div\left(-\dfrac{2}{3}xy\right)$를 간단히 하였을 때, x의 계수와 상수항의 합을 구하여라.

유형 01-39 다항식의 혼합 계산

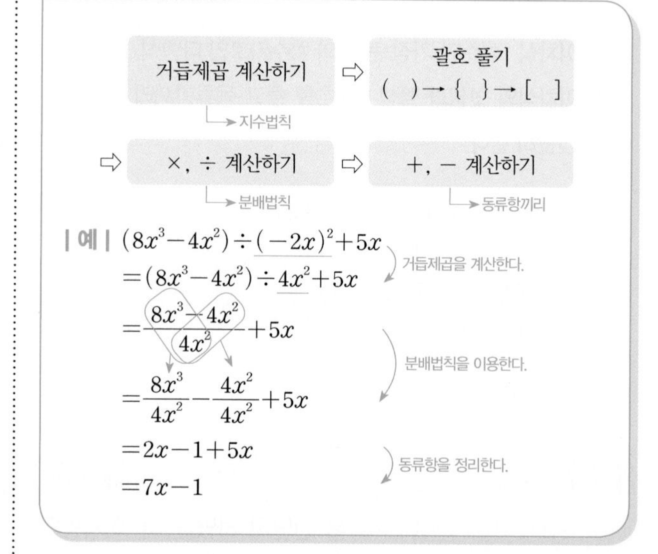

127

⊃7880-0127

다음 식을 간단히 하여라.

$$(x^3-2x^2)\div(-2x^2)+(2x^2-6x)\div 3x$$

128

⊃7880-0128

식 $2x(5x-10)+(21x^3y-14x^2y)\div(-7xy)$를 간단히 하면?

① $7x^2-3x$ ② $7x^2-10x$ ③ $7x^2-18x$
④ $13x^2-3x$ ⑤ $13x^2-18x$

129

⊃7880-0129

$2x^2-\{x(5-2x)+(8x^3-12x^2)\div(-2x)^2\}$을 간단히 하면 Ax^2+Bx+C일 때, 상수 A, B, C에 대하여 $A+B+C$의 값을 구하여라.

유형 01-40 곱셈 공식 (1)

(1) $(a+b)^2=a^2+2ab+b^2$

(2) $(a-b)^2=a^2-2ab+b^2$

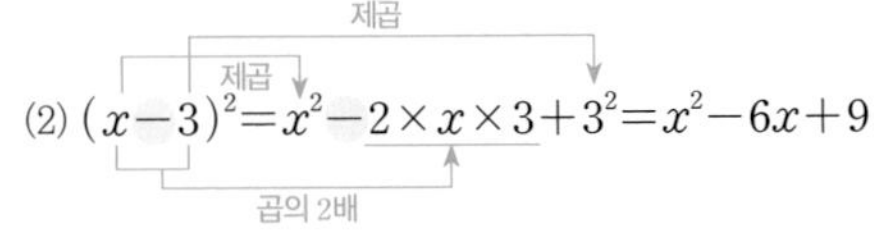

| 예 | (1) $(x+5)^2=x^2+2\times x\times 5+5^2=x^2+10x+25$

(2) $(x-3)^2=x^2-2\times x\times 3+3^2=x^2-6x+9$

⟶ 합의 제곱에는 $+2ab$가 들어가고, 차의 제곱에는 $-2ab$가 들어간다.

130
7880-0130

$(x+a)^2=x^2+14x+b$일 때, 상수 a, b에 대하여 $b-a$의 값을 구하여라.

131
7880-0131

$\left(\frac{1}{3}x-\frac{1}{2}y\right)^2$을 전개한 식에서 xy의 계수는?

① $-\frac{1}{2}$ ② $-\frac{1}{3}$ ③ $-\frac{1}{9}$
④ $\frac{1}{3}$ ⑤ $\frac{1}{2}$

132
7880-0132

다음 중 $\left(-\frac{1}{2}x-1\right)^2$과 전개식이 같은 것은?

① $(x-2)^2$ ② $-\frac{1}{2}(x-1)^2$ ③ $\frac{1}{2}(x+1)^2$
④ $\frac{1}{4}(x-2)^2$ ⑤ $\frac{1}{4}(x+2)^2$

유형 01-41 곱셈 공식 (2)

$(a+b)(a-b)=a^2-b^2$

| 예 | $(a+3)(a-3)=a^2-3^2=a^2-9$

제곱

제곱

133
7880-0133

$(2x+y)(y-2x)$를 전개하면?

① y^2+4x^2 ② y^2-4x^2 ③ $4x^2-y^2$
④ $4xy$ ⑤ $4x^2-2xy+y^2$

134
7880-0134

다음 중 전개식이 나머지 넷과 다른 하나는?

① $(x-y)(x+y)$ ② $-(y+x)(y-x)$
③ $(-y+x)(y+x)$ ④ $(-y-x)(y-x)$
⑤ $(x+y)(-x-y)$

135
7880-0135

$(1-x)(1+x)(1+x^2)$을 전개하여라.

유형 01-42 곱셈 공식 (3)

$(x+a)(x+b)=x^2+(a+b)x+ab$

(합)

| 예 | $(x+1)(x+5)=x^2+(1+5)x+1\times5$

(곱)

$=x^2+6x+5$

136

7880-0136

$(x-a)(x-3)=x^2-bx+15$일 때, 상수 a, b에 대하여 $a+b$의 값을 구하여라.

137

7880-0137

$(x-5)\left(x+\frac{5}{2}\right)$를 전개하면?

① $x^2-25x-\frac{25}{2}$ ② $x^2-\frac{25}{2}x-\frac{5}{2}$

③ $x^2-\frac{5}{2}x-\frac{25}{2}$ ④ $x^2+\frac{5}{2}x-\frac{25}{2}$

⑤ $x^2+\frac{25}{2}x-\frac{5}{2}$

138

7880-0138

$(x+4)(x-A)$의 전개식에서 x의 계수가 -9일 때, 상수 A의 값을 구하여라.

유형 01-43 곱셈 공식 (4)

$(ax+b)(cx+d)=acx^2+(ad+bc)x+bd$

(외항의 곱)

| 예 | $(2x+5)(3x+4)=(2\times3)x^2+(2\times4+5\times3)x+5\times4$

(내항의 곱)

$=6x^2+23x+20$

139

7880-0139

$(2x+3)(5x-4)=10x^2+(3a-2)x-12$일 때, 상수 a의 값은?

① -5 ② -3 ③ -1

④ 1 ⑤ 3

140

7880-0140

$(2x-y)(6x+7y)$의 전개식에서 xy의 계수와 y^2의 계수의 합을 구하여라.

141

7880-0141

다음 식을 전개하였을 때, x의 계수가 가장 큰 것은?

① $(2x+1)(x+3)$ ② $(3x-1)(2x+5)$

③ $(4x+3)(5x-2)$ ④ $(6x+4)(7x-3)$

⑤ $(9x-7)(3x+2)$

유형 01-44 곱셈 공식을 이용한 수의 계산

1. 수의 제곱에 이용되는 곱셈 공식

$(a+b)^2=a^2+2ab+b^2$, $(a-b)^2=a^2-2ab+b^2$

2. 서로 다른 두 수의 곱에 이용되는 곱셈 공식

$(a+b)(a-b)=a^2-b^2$

$(x+a)(x+b)=x^2+(a+b)x+ab$

| 예 | (1) $101^2=(100+1)^2$ — 수의 제곱의 계산 $(a+b)^2$ 또는 $(a-b)^2$ 이용

$=100^2+2\times100\times1+1^2$

$=10000+200+1$

$=10201$

(2) $101\times99=(100+1)\times(100-1)$ — 두 수의 곱의 계산 $(a+b)(a-b)$ 또는 $(x+a)(x+b)$ 이용

$=100^2-1^2$

$=10000-1$

$=9999$

142

7880-0142

다음 중 99.8×100.2를 계산하는 데 이용되는 가장 편리한 곱셈 공식은? (단, $a>0$, $b>0$)

① $(a+b)^2=a^2+2ab+b^2$
② $(a-b)^2=a^2-2ab+b^2$
③ $(a+b)(a-b)=a^2-b^2$
④ $(x+a)(x+b)=x^2+(a+b)x+ab$
⑤ $(ax+b)(cx+d)=acx^2+(ad+bc)x+bd$

143

7880-0143

다음 중 곱셈 공식 $(x+a)(x+b)=x^2+(a+b)x+ab$를 이용하여 계산하면 편리한 것은?

① 999^2 ② 205^2 ③ 54×46
④ 102×105 ⑤ 49.9×50.1

144

7880-0144

$(2+1)(2^2+1)(2^4+1)=2^8+a$일 때, a의 값을 구하여라.

유형 01-45 곱셈 공식의 변형

1. $a+b$, ab의 값이 주어진 경우

$a^2+b^2=(a+b)^2-2ab$, $(a-b)^2=(a+b)^2-4ab$

2. $a-b$, ab의 값이 주어진 경우

$a^2+b^2=(a-b)^2+2ab$, $(a+b)^2=(a-b)^2+4ab$

| 예 |

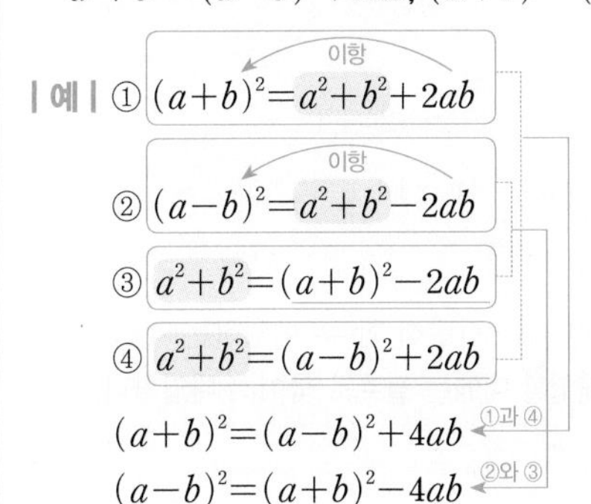

$(a+b)^2=(a-b)^2+4ab$ ← ①과 ④

$(a-b)^2=(a+b)^2-4ab$ ← ②와 ③

145

7880-0145

$x+y=6$, $xy=4$일 때, x^2+y^2의 값은?

① 8 ② 20 ③ 24
④ 28 ⑤ 32

146

7880-0146

$a-b=5$, $ab=3$일 때, $(a+b)^2$의 값은?

① 30 ② 33 ③ 37
④ 40 ⑤ 45

147

7880-0147

$x+y=9$, $x^2+y^2=45$일 때, $\frac{y}{x}+\frac{x}{y}$의 값을 구하여라.

유형 01-46 식의 대입

식의 대입 : 주어진 식의 문자에 그 문자를 나타내는 다른 식을 대입하여 주어진 식을 다른 문자에 관한 식으로 나타내는 것

| 예 | $y=x+2$일 때, $3x-2y+1$을 x에 관한 식으로 나타내기

$3x-2y+1=3x-2(x+2)+1$ → y 대신 $x+2$를 괄호로 묶어서 대입한다. (대입)

$=3x-2x-4+1$ → 분배법칙을 이용하여 괄호를 푼다.

$=x-3$ → 간단히 정리한다. (x에 관한 식)

| 참고 | 먼저 주어진 식을 간단히 한 후 대입하는 것이 좋다. 또, 식을 대입할 때에는 괄호로 묶어서 대입한다.

148

⊃7880-0148

$y=3x+2$일 때, $5x+3y-7$을 x에 관한 식으로 나타내어라.

149

⊃7880-0149

$y=5x-2$일 때, $4(2x+y)-(x+2y+8)$을 x에 관한 식으로 나타내면?

① $-17x-20$ ② $-17x-12$ ③ $17x-12$
④ $17x+12$ ⑤ $17x+40$

150

⊃7880-0150

$A=x+y$, $B=2x-3y$일 때, 다음을 x, y에 관한 식으로 나타내어라.

$2(A-B)+A-3B$

유형 01-47 등식의 변형

한 문자에 관하여 푼다 : 두 개 이상의 문자로 이루어진 등식을 (한 문자)=(다른 문자에 관한 식)으로 나타내는 것

| 예 | 등식 $4x-2y=2$를 다음 문자에 관하여 풀기

(1) y에 관하여 풀기

$4x-2y=2$
$-2y=2-4x$ (y항만 좌변에 남기고 모두 우변으로 이항)
$y=-1+2x$ (y의 계수를 1로 만든다.)
→ $y=$(다른 문자에 관한 식)

(2) x에 관하여 풀기

$4x-2y=2$
$4x=2+2y$ (x항만 좌변에 남기고 모두 우변으로 이항)
$x=\frac{1}{2}+\frac{1}{2}y$ (x의 계수를 1로 만든다.)
→ $x=$(다른 문자에 관한 식)

| 참고 | y에 관하여 풀려면 $y=$(다른 문자에 관한 식)으로 나타내면 된다.

151

⊃7880-0151

$6x-5y-1=3x-2y+5$를 y에 관하여 풀면?

① $y=-x+6$ ② $y=-x+2$ ③ $y=x-6$
④ $y=x-2$ ⑤ $y=x+2$

152

⊃7880-0152

다음 중 등식을 [ ] 안의 문자에 관하여 바르게 푼 것은?

① $y=2x$ [x] ⇨ $x=2y$
② $y+1=2x-3$ [y] ⇨ $y=2x+4$
③ $3a+2b=9$ [a] ⇨ $a=-\frac{2}{3}b-3$
④ $C=\frac{5}{9}(F-32)$ [F] ⇨ $F=\frac{9}{5}C+32$
⑤ $l=2(a+b)$ [b] ⇨ $b=\frac{l}{2}+a$

유형 01-48 인수분해

인수분해 : 하나의 다항식을 두 개 이상의 인수의 곱으로 나타내는 것

| 참고 | 인수분해는 전개와 서로 반대되는 과정이다.

$$x^2+3x+2 \underset{\text{전개}}{\overset{\text{인수분해}}{\rightleftarrows}} (x+1)(x+2)$$

인수

| 예 | $3x^2-6x=3\times x\times x-2\times 3\times x$

$=3x(x-2)$

공통인 인수 공통인 인수를 제외한 나머지

| 주의 | $3x^2-6x=3(x^2-2x)$

공통인 인수 x가 남아 있다.

→ 인수분해할 때는 공통인 인수가 남지 않도록 모두 묶어 내야 한다.

153

⊃7880-0153

다음 중 $6x^2-4x$의 인수가 아닌 것은?

① 2 ② x ③ $2x^2$
④ $3x-2$ ⑤ $x(3x-2)$

154

⊃7880-0154

$(x+y)^2+(x-y)(x+y)$를 인수분해하여라.

155

⊃7880-0155

다음 중 인수분해를 바르게 한 것은?

① $3xy+x^2=x(3+x)$
② $2a^2-6a=2a(2a-3)$
③ $3x^3-2x^2y^2=x^2(3x-2y^2)$
④ $xy(x+y)+xy=xy(x-y+1)$
⑤ $(a-1)a+b(a-1)=(a-1)(a-b)$

유형 01-49 인수분해 공식 (1)

1. **완전제곱식** : 다항식의 제곱으로 된 식이나 이 식에 상수를 곱한 식
2. $a^2+2ab+b^2=(a+b)^2$
   $a^2-2ab+b^2=(a-b)^2$

| 예 | (1) $x^2+6x+9=(x+3)^2$ (부호가 같다. $2\times x\times 3$, 제곱, 제곱)

(2) $x^2-6x+9=(x-3)^2$ (부호가 같다. $2\times x\times 3$, 제곱, 제곱)

156

⊃7880-0156

$x^2-8x+16$을 인수분해하여라.

157

⊃7880-0157

다음 식을 인수분해하여라.

$$25x^2+60xy+36y^2$$

158

⊃7880-0158

다음 중 인수분해가 잘못 된 것은?

① $x^2+4x+4=(x+2)^2$
② $x^2+12x+36=(x+6)^2$
③ $\frac{1}{4}x^2+x+1=\left(\frac{1}{2}x+1\right)^2$
④ $9x^2-12x+4=(3x-2)^2$
⑤ $16x^2+16xy+4y^2=(4x+y)^2$

유형 01-50 완전제곱식이 되기 위한 조건

1. $x^2 \pm ax + b$가 완전제곱식이 될 b의 조건

$$x^2 \pm ax + b = x^2 \pm 2 \times x \times \frac{a}{2} + \left(\frac{a}{2}\right)^2$$

$$= \left(x \pm \frac{a}{2}\right)^2 \text{ (복부호 동순)}$$

⇨ $b = \left(\frac{a}{2}\right)^2$

2. $x^2 + ax + b^2$이 완전제곱식이 될 a의 조건

$$x^2 + ax + b^2 = x^2 + 2 \times x \times (\pm b) + (\pm b)^2$$

$$= (x \pm b)^2$$

⇨ $a = \pm 2b$

| 예 | (1) $x^2 + 6x + \square$가 완전제곱식이 되려면

반의 제곱

$\square = \left(\frac{6}{2}\right)^2 = 9$

(2) $x^2 + \square x + 4^2$이 완전제곱식이 되려면

제곱근의 2배

$\square = 2 \times (\pm 4) = \pm 8$

159

⊃7880-0159

다음 중 완전제곱식이 아닌 것은?

① $x^2 + 2x + 1$ ② $x^2 + 6x + 9$

③ $x^2 - x + \frac{1}{4}$ ④ $x^2 + 3x + 9$

⑤ $4x^2 - 12x + 9$

160

⊃7880-0160

$x^2 + \square x + \frac{1}{16}$을 완전제곱식으로 나타낼 때, $\square$ 안에 알맞은 수를 구하여라.

161

⊃7880-0161

두 식 $4x^2 - 4x + a$, $x^2 + bx + \frac{1}{25}$이 모두 완전제곱식이 되도록 하는 양수 a, b에 대하여 ab의 값을 구하여라.

유형 01-51 인수분해 공식 (2)

$a^2 - b^2 = (a+b)(a-b)$

| 예 | $x^2 - 9 = \underbrace{x^2 - 3^2}_{\text{제곱의 차}} = \underbrace{(x+3)}_{\text{합}}\underbrace{(x-3)}_{\text{차}}$

162

⊃7880-0162

다음 중 $x^8 - 1$의 인수가 아닌 것은?

① $x - 1$ ② $x^2 + 1$ ③ $x^6 - 1$

④ $x + 1$ ⑤ $x^4 + 1$

163

⊃7880-0163

$25x^2 - 64y^2$을 인수분해하면?

① $(5x+8y)^2$ ② $(5x-8y)^2$

③ $5(x-y)^2$ ④ $5(x+y)(x-y)$

⑤ $(5x+8y)(5x-8y)$

164

⊃7880-0164

$-49x^2 + 16y^2 = -(ax+by)(ax-by)$일 때, 자연수 a, b에 대하여 ab의 값을 구하여라.

유형 01-52 인수분해 공식 (3)

$x^2+(a+b)x+ab=(x+a)(x+b)$

| 예 | $x^2+6x+8 \xrightarrow[\text{두 정수는 2와 4}]{\text{곱이 8, 합이 6인}} (x+2)(x+4)$

곱이 8인 두 정수	두 정수의 합
1, 8	9
2, 4	6
−1, −8	−9
−2, −4	−6

165
7880-0165

$x^2+2x-15$가 x의 계수가 1인 두 일차식의 곱으로 인수분해될 때, 두 일차식의 합을 구하여라.

166
7880-0166

$x^2+ax+35=(x-5)(x+b)$로 인수분해될 때, 상수 a, b에 대하여 $a-b$의 값은?

① -7 ② -5 ③ -3
④ -1 ⑤ 1

167
7880-0167

$x^2-7xy+12y^2$과 $x^2-5xy-14y^2$을 각각 인수분해하였을 때, 나오지 않는 인수는?

① $x-7y$ ② $x-4y$ ③ $x-3y$
④ $x+y$ ⑤ $x+2y$

유형 01-53 인수분해 공식 (4)

$acx^2+(ad+bc)x+bd=(ax+b)(cx+d)$

| 예 | $3x^2-16x+5$

$x \quad -5 \rightarrow -15x$
$3x \quad -1 \rightarrow \underline{-x}\ (+$
$-16x$

$\Rightarrow 3x^2-16x+5=(x-5)(3x-1)$

168
7880-0168

다음 식을 인수분해하여라.

$3x^2-10xy-8y^2$

169
7880-0169

$8x^2+2x-15=(ax+3)(bx-5)$일 때, 정수 a, b에 대하여 $a+b$의 값은?

① 6 ② 7 ③ 8
④ 9 ⑤ 10

170
7880-0170

다음 다항식 중 $2x-1$을 인수로 갖지 않는 것을 모두 고르면? (정답 2개)

① $2x^2+x-1$ ② $6x^2+7x-3$
③ $6x^2+5x-4$ ④ $6x^2+11x+4$
⑤ $8x^2-14x+5$

유형 01-54 복잡한 식의 인수분해

(1) 공통 부분이 있는 경우에는 공통 부분을 한 문자로 치환하여 인수분해한 후, 원래의 식을 대입하여 정리한다.
(2) 항이 여러 개인 경우에는 적당한 항끼리 묶어 인수분해한다.

| 예 | (1) $(x+1)^2+2(x+1)+1$
$=A^2+2A+1$ → $x+1=A$로 치환한다.
$=(A+1)^2$ → 인수분해한다.
$=\{(x+1)+1\}^2$ → $A=x+1$을 대입한다.
$=(x+2)^2$

(2) $xy+x+y+1=x(y+1)+(y+1)$ (공통인 인수)
$=(x+1)(y+1)$

171

⊃7880-0171

$1-(a+b)^2$을 인수분해하면?

① $(1+a+b)(1+a-b)$
② $(1+a+b)(1-a+b)$
③ $(1+a+b)(1-a-b)$
④ $(1+a-b)(1-a+b)$
⑤ $(1+a-b)(1-a-b)$

172

⊃7880-0172

다음 중 $(x+2)^2+(x+2)-12$의 인수인 것은?

① x ② $x+2$ ③ $x+4$
④ $x+6$ ⑤ $x+8$

173

⊃7880-0173

다음 식을 인수분해하여라.

$$4(2x+3)^2-7(2x+3)-2$$

174

⊃7880-0174

$(2x+y)(2x+y-5)+6$이 x의 계수가 2인 두 일차식의 곱으로 인수분해될 때, 두 일차식의 합을 구하여라.

175

⊃7880-0175

다음 중 x^3+x^2-x-1의 인수가 아닌 것은?

① $x-1$ ② $x+1$ ③ x^2-1
④ x^2+1 ⑤ x^2+2x+1

176

⊃7880-0176

$4x^2-4xy+y^2-9z^2$을 인수분해하면?

① $(2x-y+3z)(2x-y-3z)$
② $(2x-y+3z)(2x+y+3z)$
③ $(2x+y-3z)(2x+y+3z)$
④ $(2x-y-3z)(2x+y+3z)$
⑤ $(2x-y-3z)(2x+y-3z)$

유형 01-55 인수분해 공식을 이용한 수의 계산

수의 계산에서 많이 이용되는 인수분해 공식

(1) $ma+mb=m(a+b)$

(2) $a^2+2ab+b^2=(a+b)^2$, $a^2-2ab+b^2=(a-b)^2$

(3) $a^2-b^2=(a+b)(a-b)$

| 예 | 인수분해 공식을 이용하여 계산하기

(1) $25\times44+25\times56=25\times(44+56)$ → 공통된 인수로 묶는다.

$=25\times100$

$=2500$

(2) $75^2-25^2=(75+25)(75-25)$ → $a^2-b^2=(a+b)(a-b)$를 이용한다.

$=100\times50$

$=5000$

177
7880-0177

다음 중 $102^2-7\times102+10$을 계산하는 데 가장 편리한 인수분해 공식은?

① $a^2+2ab+b^2=(a+b)^2$

② $a^2-2ab+b^2=(a-b)^2$

③ $a^2-b^2=(a+b)(a-b)$

④ $x^2+(a+b)x+ab=(x+a)(x+b)$

⑤ $acx^2+(ad+bc)x+bd=(ax+b)(cx+d)$

178
7880-0178

인수분해 공식을 이용하여 다음을 계산하여라.

$60^2\times2.5-40^2\times2.5$

유형 01-56 인수분해 공식을 이용하여 식의 값 구하기

(1) 구하는 식을 인수분해한다.

(2) 주어진 문자의 값을 바로 대입하거나 변형하여 대입한다.

| 예 | $x=98$일 때, x^2+4x+4의 값 구하기

$x^2+4x+4=(x+2)^2=(98+2)^2$

$=100^2=10000$

| 참고 | 식의 값을 구할 때, 주어진 식을 먼저 인수분해한 후 수를 대입하면 쉽게 계산할 수 있다.

179
7880-0179

$x=108$일 때, $x^2-16x+64$의 값은?

① 1 ② 10 ③ 100 ④ 1000 ⑤ 10000

180
7880-0180

$x=\frac{1}{2+\sqrt{5}}$, $y=\frac{1}{2-\sqrt{5}}$일 때, x^2-y^2의 값은?

① $-12\sqrt{5}$ ② $-8\sqrt{5}$ ③ $-4\sqrt{5}$ ④ $4\sqrt{5}$ ⑤ $8\sqrt{5}$

181
7880-0181

$a+b=7$, $a-b=-4$일 때, $a^2-2a+1-b^2$의 값을 인수분해를 이용하여 구하여라.

유형 01-57 다항식의 덧셈과 뺄셈 (2)

다항식의 덧셈과 뺄셈은 다음 순서로 계산한다.

(1) 괄호가 있으면 괄호를 푼다. 뺄셈은 빼는 식에서 각 항의 부호를 바꾸어 더한다.

(2) 동류항끼리 모아 간단히 한 다음 내림차순으로 정리한다. 이때 다항식의 교환법칙과 결합법칙을 이용한다.

| 예 | 두 다항식 $A=2x+y$, $B=x-3y$에 대하여

$A-B=(2x+y)-(x-3y)$ ← 두 다항식 A, B를 각각 대입한다.

$=2x+y-x+3y$ ← 괄호를 풀어 간단히 정리한다.

$=x+4y$

182

7880-0182

두 다항식 $A=3x^3+x^2+2x-1$, $B=x^3-2x^2+5x-3$에 대하여 다음을 계산하여라.

(1) $A+B$　　　(2) $A-B$

183

7880-0183

두 다항식 $A=x^2-2xy+3y^2$, $B=3x^2-xy+2y^2$에 대하여 $A-(2A-3B)$를 계산하여라.

184

7880-0184

두 다항식 $A=2x^3+6x-4$, $B=x^3-x^2-4$에 대하여 $A-2(X-B)=2A$를 만족시키는 다항식 X를 구하여라.

유형 01-58 다항식의 곱셈

다항식의 곱셈은 분배법칙을 이용하여 괄호를 풀어 하나의 다항식으로 만든다.

$$(A+B)(C+D)=\underset{①}{AC}+\underset{②}{AD}+\underset{③}{BC}+\underset{④}{BD}$$

| 예 | $(x^2-x+2)(x-3)$에서 x^2의 계수 구하기

$(x^2-x+2)(x-3)$에서

$x^2\times(-3)+(-x)\times x=-4x^2$이므로

x^2의 계수는 -4이다.

→ 두 다항식의 곱으로 나타내어진 다항식의 전개식에서 특정한 항의 계수를 구할 때는 분배법칙을 이용하여 그 항이 나오는 경우만을 선택하여 곱한다.

185

7880-0185

다음 다항식을 전개하여라.

(1) $(x+3)(x^2+1)$

(2) $(2a-b)(3a-ab-2b)$

186

7880-0186

다항식 $(2x^2+x-2)(x+1)(x-1)$을 전개하였을 때, x^2의 계수는?

① -6　② -4　③ -2　④ 2　⑤ 4

187

7880-0187

$(x^2+3x+a)(2x^3-x+7)$의 전개식에서 x^3의 계수가 5일 때, 상수 a의 값은?

① 3　② 4　③ 5　④ 6　⑤ 7

유형 01-59 곱셈 공식

(1) $(a+b+c)^2=a^2+b^2+c^2+2ab+2bc+2ca$

(2) $(a+b)^3=a^3+3a^2b+3ab^2+b^3$

$(a-b)^3=a^3-3a^2b+3ab^2-b^3$

(3) $(a+b)(a^2-ab+b^2)=a^3+b^3$

$(a-b)(a^2+ab+b^2)=a^3-b^3$

| 예 | $(x+y-1)^2$

$=\{x+y+(-1)\}^2$ → 각 항을 덧셈으로 연결

$=x^2+y^2+(-1)^2+2xy+2y\times(-1)+2\times(-1)\times x$ → 곱셈 공식 $(a+b+c)^2$을 적용한다.

$=x^2+y^2+2xy-2x-2y+1$ → 내림차순으로 정리한다.

188

➲7880-0188

곱셈 공식을 이용하여 다음 식을 전개하여라.

(1) $(a-b+2c)^2$　　(2) $(a+2b)^3$

(3) $(x+1)(x^2-x+1)$　　(4) $(x-1)(x^2+x+1)$

189

➲7880-0189

다항식 $(1-x)(1+x+x^2)-(x-1)(x+1)(x^2+1)$을 전개하여라.

190

➲7880-0190

다음 식의 전개 중 옳은 것은?

① $(x+1)(x+2)(x+3)=x^3+4x^2+5x+6$

② $(x-2y)^3=x^3-12x^2y+12xy^2-8y^3$

③ $(x-y)(x+y)(x^2+y^2)(x^4+y^4)=x^8+y^8$

④ $(x-2)(x^2+2x+4)=x^3+8$

⑤ $(x+y-z)^2=x^2+y^2+z^2+2xy-2yz-2zx$

유형 01-60 곱셈 공식의 변형

(1) $a^2+b^2=(a+b)^2-2ab$

(2) $a^2+b^2=(a-b)^2+2ab$

(3) $a^3+b^3=(a+b)^3-3ab(a+b)$

(4) $a^3-b^3=(a-b)^3+3ab(a-b)$

(5) $a^2+b^2+c^2=(a+b+c)^2-2(ab+bc+ca)$

| 예 | $a+b=3$, $ab=-1$일 때, a^2+b^2, a^3+b^3의 값 구하기

① $a^2+b^2=(a+b)^2-2ab$

$=3^2-2\times(-1)=9+2=11$

② $a^3+b^3=(a+b)^3-3ab(a+b)$

$=3^3-3\times(-1)\times3=27+9=36$

→ 주어진 식의 형태가 포함된 식을 찾는다.

191

➲7880-0191

$a-b=2$, $ab=8$일 때, 다음 식의 값을 구하여라.

(1) $(a+b)^2$　　(2) a^3-b^3

192

➲7880-0192

$a+b+c=3$, $ab+bc+ca=2$일 때, $a^2+b^2+c^2$의 값을 구하여라.

193

➲7880-0193

$a+\frac{1}{a}=3$일 때, $a^2+\frac{1}{a^2}$의 값을 구하여라.

194

➲7880-0194

$x-y=1$, $x^3-y^3=4$일 때, $\frac{y}{x}+\frac{x}{y}$의 값은?

① -3　② -1　③ 1

④ 3　⑤ 5

유형 01-61 다항식의 나눗셈

다항식 A를 다항식 B로 나누었을 때의 몫을 Q, 나머지를 R라 하면

$A=BQ+R$ (단, (R의 차수)<(B의 차수))

| 예 |

$$\begin{array}{r} x^2 \quad\quad +4 \quad \text{→ 몫} \\ x-2\,\overline{)\,x^3-2x^2+4x+1} \\ x^3-2x^2 \quad\quad\quad\quad \\ \hline 4x+1 \\ 4x-8 \\ \hline 9 \quad \text{→ 나머지} \end{array}$$

$x^3-2x^2+4x+1=(x-2)\underbrace{(x^2+4)}_{\text{몫}}+\underbrace{9}_{\text{나머지}}$

195

➲7880-0195

다음 다항식의 나눗셈에서 몫과 나머지를 각각 구하여라.

(1) $x+1\,\overline{)\,x^3+x^2-2x-3}$

(2) $x^2-x-1\,\overline{)\,x^3-4x^2+3x-5}$

196

➲7880-0196

다항식 $2x^3+5x^2-4x-2$를 다항식 A로 나누었을 때의 몫이 $2x+1$, 나머지가 1일 때, 다항식 A를 구하여라.

197

➲7880-0197

다항식 A를 $x-1$로 나누었을 때의 몫이 x^2+x+1, 나머지가 2일 때, 다항식 A를 구하여라.

유형 01-62 항등식

(1) $ax^2+bx+c=0$이 x에 대한 항등식이면

⇨ $a=b=c=0$

(2) $ax^2+bx+c=a'x^2+b'x+c'$이 x에 대한 항등식이면

⇨ $a=a'$, $b=b'$, $c=c'$

| 예 | $2x^2-x-3=px^2+qx+r$가 x에 대한 항등식이면 $p=2$, $q=-1$, $r=-3$이어야 한다.

→ 각각의 계수를 비교한다.

198

➲7880-0198

다음 등식이 x에 대한 항등식일 때, 상수 a, b, c의 값을 각각 구하여라.

(1) $(a+2)x^2+bx+c=0$

(2) $ax^2+(b-2)x+c-1=0$

(3) $(a+5)x^2+(b-1)x+c+3=3x^2+2x+1$

(4) $(a-2)x^2+(b+3)x+c+1=2x^2-5$

199

➲7880-0199

임의의 실수 x에 대하여 등식

$(x-2)(2x+c)=ax^2+bx+4$

가 성립할 때, 상수 a, b, c의 값을 각각 구하여라.

200

➲7880-0200

등식 $bx-ax+6a-b-10=0$에 대하여 다음을 구하여라.

(1) 주어진 등식이 모든 실수 x에 대하여 성립할 때, 상수 a, b의 값

(2) 주어진 등식이 b의 값에 관계없이 항상 성립할 때, 상수 a, x의 값

유형 01-63 미정계수법

미정계수법 : 주어진 등식이 항등식이 되도록 알지 못하는 계수를 정하는 방법

| 예 | 등식 $a(x-1)^2+b(x-2)=2x^2-x-4$가 x에 대한 항등식일 때, 상수 a, b의 값 구하기

(1) 계수비교법

$a(x^2-2x+1)+bx-2b$

$=ax^2-(2a-b)x+a-2b$

⟶ 등식의 좌변을 x에 대하여 정리한다.

$ax^2-(2a-b)x+a-2b=2x^2-x-4$

⟶ 항등식이 되려면 동류항끼리 계수가 같아야 한다.

$a=2$, $2a-b=1$, $a-2b=-4$

따라서 $a=2$, $b=3$

(2) 수치대입법

등식의 양변에

$x=1$을 대입하면 $-b=2-1-4=-3$에서 $b=3$

$x=2$를 대입하면 $a=8-2-4=2$

201

➲7880-0201

다음 등식이 x에 대한 항등식일 때, 계수비교법을 써서 상수 a, b, c의 값을 각각 구하여라.

(1) $(a-c)x^2+(b-2)x+(a-3b)=0$

(2) $2x^2+3x-1=a(x+1)^2+b(x+1)+c$

202

➲7880-0202

다음 등식이 x에 대한 항등식일 때, 수치대입법을 써서 상수 a, b, c의 값을 각각 구하여라.

(1) $ax(x-1)+b(x-2)=2x^2-4$

(2) $a(x-1)^2+b(x-1)+c=x^2-5x+7$

203

➲7880-0203

$a(x^2+x+2)+b(x-1)+c=x^2+6x$가 x에 대한 항등식이 되도록 상수 a, b, c의 값을 정할 때, $a^2+b^2+c^2$의 값은?

① 31 ② 33 ③ 35 ④ 37 ⑤ 39

204

➲7880-0204

모든 실수 x에 대하여 등식

$x^2+4x-1=ax(x-1)+bx(x+1)+c(x+1)(x-1)$

이 성립할 때, 상수 a, b, c에 대하여 abc의 값은?

① -12 ② -10 ③ -8 ④ -6 ⑤ -4

205

➲7880-0205

모든 실수 x, y에 대하여 등식

$(x-3y)a+(2y-x)b+2x-6y=0$

이 성립할 때, 상수 a, b에 대하여 $a+b$의 값은?

① -5 ② -4 ③ -3 ④ -2 ⑤ -1

206

➲7880-0206

$(1+x)^8=a_0+a_1x+a_2x^2+\cdots+a_8x^8$이 x에 대한 항등식일 때, 다음 값을 구하여라.

(1) $a_0+a_1+a_2+a_3+\cdots+a_7+a_8$

(2) $a_0-a_1+a_2-a_3+\cdots-a_7+a_8$

유형 01-64 나머지 정리

(1) 다항식 $f(x)$를 일차식 $x-a$로 나누었을 때의 몫을 $Q(x)$, 나머지를 R라 하면

$f(x)=(x-a)Q(x)+R$가 성립한다. → $x-a=0$이 되는 x의 값인 a를 x에 대입한다.

⇨ $R=f(a)$

(2) 다항식 $f(x)$를 일차식 $ax-b$로 나누었을 때의 몫을 $Q(x)$, 나머지를 R라 하면

$f(x)=(ax-b)Q(x)+R$가 성립한다. → $ax-b=0$이 되는 x의 값인 $\frac{b}{a}$를 x에 대입한다.

⇨ $R=f\left(\frac{b}{a}\right)$

| 예 | 다항식 $f(x)=2x^3-2x^2+1$을

(1) 일차식 $x+1$로 나누었을 때의 나머지는

$f(-1)=2\times(-1)^3-2\times(-1)^2+1=-3$

(2) 일차식 $2x+1$로 나누었을 때의 나머지는

$f\left(-\frac{1}{2}\right)=2\times\left(-\frac{1}{2}\right)^3-2\times\left(-\frac{1}{2}\right)^2+1=\frac{1}{4}$

207

7880-0207

다항식 $f(x)=x^3+3x^2-4x-2$를 다음 일차식으로 나누었을 때의 나머지를 구하여라.

(1) $x-1$　　(2) $x-2$

(3) $2x-1$　　(4) $3x+1$

208

7880-0208

다항식 $f(x)=x^3+ax^2+9x+7$을 $x+2$로 나눈 나머지가 1일 때, 상수 a의 값을 구하여라.

209

7880-0209

다항식 $f(x)$를 $x+3$으로 나눈 몫은 x^2+1, 나머지는 3일 때, $f(x)$를 $x-2$로 나눈 나머지는?

① 24　② 26　③ 28　④ 30　⑤ 32

210

7880-0210

다항식 $f(x)$를 $(x-1)(x+3)$으로 나눈 나머지가 $2x-1$이라 한다. 이 다항식 $f(x)$를 일차식 $x-1$로 나눈 나머지를 a, 일차식 $x+3$으로 나눈 나머지를 b라 할 때, $a+b$의 값은?

① -6　② -4　③ -2　④ 0　⑤ 2

211

7880-0211

다항식 $f(x)$를 $x+2$, $x+3$으로 나누었을 때 나머지가 각각 -3, -5라 한다. $f(x)$를 x^2+5x+6으로 나눈 나머지를 $R(x)$라 할 때, $R(2)$의 값을 구하여라.

212

7880-0212

다항식 $f(x)$를 $(x-2)(x-3)$으로 나누었을 때, 몫은 $Q(x)$, 나머지는 $x+10$이다. $f(x)$를 $x-1$로 나눈 나머지가 6일 때, $Q(x)$를 $x-1$로 나눈 나머지는?

① 1　② 2　③ 3　④ 4　⑤ 5

유형 01-65 인수정리

다항식 $f(x)$에 대하여 $f(x)$가 일차식 $x-\alpha$로 나누어떨어진다.

$\Longleftrightarrow$ $f(x)$는 $x-\alpha$를 인수로 갖는다.

$\Longleftrightarrow$ $f(\alpha)=0$

| 예 | 다항식 $f(x)=x^3-4x^2+9$가 $x-3$으로 나누어떨어진다.

$\Longleftrightarrow f(x)$는 $x-3$을 인수로 갖는다.

$\Longleftrightarrow f(3)=3^3-4\times3^2+9=0$

213

➲7880-0213

다항식 $3x^3-ax+1$이 다음 일차식을 인수로 가질 때, 상수 a의 값을 구하여라.

(1) $x-1$ (2) $x+1$

(3) $2x+1$ (4) $3x-1$

214

➲7880-0214

다항식 $2x^3+ax^2-4$가 $x-2$를 인수로 가질 때, 상수 a의 값을 구하여라.

215

➲7880-0215

다항식 $2x^3+ax^2+a^2x+4$가 $x+1$을 인수로 갖도록 하는 모든 상수 a의 값의 합은?

① 1 ② 2 ③ 3

④ 4 ⑤ 5

216

➲7880-0216

다항식 $f(x)=x^3-ax^2+bx+2$가 $x-1$, $x-2$로 각각 나누어떨어질 때, 상수 a, b에 대하여 $a+b$의 값을 구하여라.

217

➲7880-0217

다항식 $f(x)=2x^3-3x^2+ax+b$가 $(x-1)(2x+3)$을 인수로 가질 때, 상수 a, b에 대하여 ab의 값을 구하여라.

218

➲7880-0218

다항식 $x^3+ax^2+bx-20$은 $x+2$로 나누어떨어지고, $x+3$으로 나눈 나머지가 -8일 때, 상수 a, b의 값을 각각 구하여라.

219

➲7880-0219

다항식 $f(x)=x^3+3x^2-x+a$가 $x+1$로 나누어떨어질 때, $f(x)$를 $x-3$으로 나눈 나머지를 구하여라.

(단, a는 상수이다.)

유형 01-66 조립제법

조립제법 : 다항식 $f(x)$를 일차식 $x-a$로 나눌 때, 직접 나눗셈을 하지 않고 계수만 이용하여 몫과 나머지를 구하는 방법

| 예 | $(x^3-x^2+8)\div(x-2)$

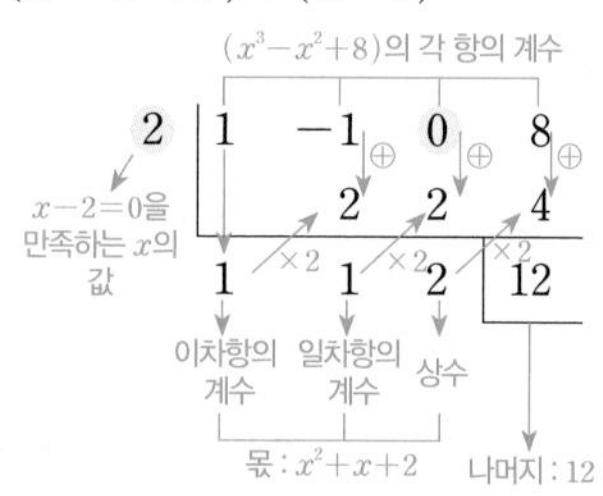

위와 같이 조립제법으로 나눗셈을 한 결과에서
몫 : x^2+x+2, 나머지 : 12

220

⊃7880-0220

다음은 조립제법으로 다항식의 나눗셈을 하는 과정이다. □ 안에 알맞은 수를 써넣어라.

(1) $(x^3-2x^2-x+1)\div(x-3)$

3 | 1 −2 □ 1

(2) $(x^3-2x+3)\div(x-2)$

2 | 1 □ −2 3
□

(3) $(2x^3+x^2-3x+5)\div(2x-1)$

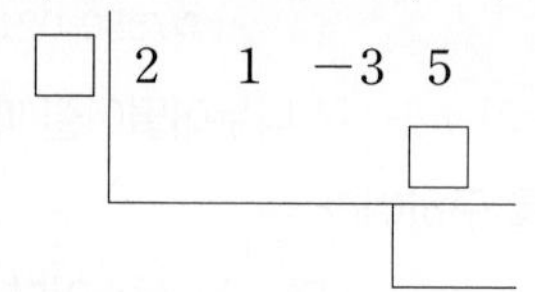

(4) $(3x^3-2x^2+x-1)\div(x+1)$

−1 | 3 −2 1 −1
□
□

221

⊃7880-0221

조립제법을 이용하여 다음 나눗셈의 몫과 나머지를 각각 구하여라.

(1) $(2x^3-3x^2+x+5)\div(x-2)$

(2) $(2x^3-3x^2+1)\div(x-1)$

222

⊃7880-0222

다음은 다항식 $2x^3-3x^2+2$를 $x-2$로 나눈 몫과 나머지를 구하기 위하여 조립제법을 이용하는 과정이다. 상수 a, b, c에 대하여 $a+b+c$의 값은?

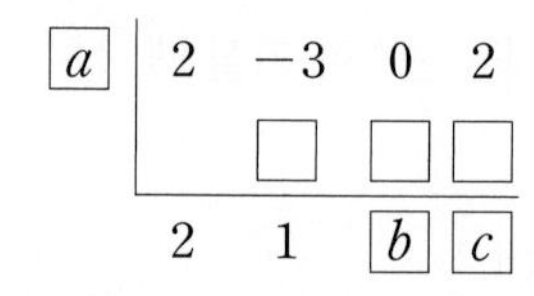

① 6 ② 8 ③ 10 ④ 12 ⑤ 14

223

⊃7880-0223

조립제법을 이용하여 $(2x^3+3x^2-5x+1)\div(2x+1)$을 다음과 같이 구했을 때, 몫과 나머지를 각각 구하여라.

$-\frac{1}{2}$ | 2 3 −5 1
−1 −1 3
2 2 −6 | 4

224

⊃7880-0224

조립제법을 이용하여 다음 나눗셈의 몫과 나머지를 각각 구하여라.

(1) $(2x^3-5x^2+7x-4)\div(2x-3)$

(2) $(3x^3+7x^2-4x+5)\div(3x+1)$

유형 01-67 인수분해 공식

(1) $a^3+3a^2b+3ab^2+b^3=(a+b)^3$

$a^3-3a^2b+3ab^2-b^3=(a-b)^3$

(2) $a^3+b^3=(a+b)(a^2-ab+b^2)$

$a^3-b^3=(a-b)(a^2+ab+b^2)$

(3) $a^2+b^2+c^2+2ab+2bc+2ca=(a+b+c)^2$

| 예 | $x^3+6x^2+12x+8=x^3+3\times x^2\times 2+3\times x\times 2^2+2^3$

알맞은 인수분해 공식을 적용한다.

$=(x+2)^3$

225

7880-0225

다음 식을 인수분해하여라.

(1) x^3+3x^2+3x+1

(2) $x^3-9x^2y+27xy^2-27y^3$

(3) x^3+1

(4) $8x^3-y^3$

(5) $x^2+y^2+z^2+2xy-2yz-2zx$

226

7880-0226

다항식 $x^2+4y^2+9z^2+4xy+12yz+6zx$가 $(ax+by+cz)^2$으로 인수분해될 때, 상수 a, b, c에 대하여 $a-b+c$의 값을 구하여라. (단, $a>0$이다.)

227

7880-0227

다음 다항식의 인수분해 중 옳지 않은 것은?

① $8a^3+12a^2b+6ab^2+b^3=(2a+b)^3$

② $27x^3-27x^2y+9xy^2-y^3=(3x-y)^3$

③ $x^3-1=(x-1)(x^2+x+1)$

④ $x^3+125=(x+5)(x^2+5x+25)$

⑤ $x^2+4y^2+9z^2+4xy-12yz-6zx=(x+2y-3z)^2$

유형 01-68 공통부분이 있는 다항식의 인수분해

공통부분이 있는 경우에는 공통부분을 한 문자로 치환하여 인수분해한 후, 원래의 식을 대입하여 정리한다.

| 예 | $(x-1)(x+1)(x+3)(x+5)-9$ ($1+3=4$, $(-1)+5=4$)

$=\{(x-1)(x+5)\}\{(x+1)(x+3)\}-9$

$=(x^2+4x-5)(x^2+4x+3)-9$ ← $x^2+4x=X$로 치환한다.

$=(X-5)(X+3)-9$ ← 전개한다.

$=X^2-2X-24$ ← 인수분해한다.

$X=x^2+4x$를 대입

$=(X+4)(X-6)=(x^2+4x+4)(x^2+4x-6)$ ← 인수분해가 필요하다.

$=(x+2)^2(x^2+4x-6)$

→ 공통부분이 드러나지 않는 경우 공통부분이 생기도록 일차식을 두 개씩 짝지어 전개한 후 치환하여 인수분해한다.

228

7880-0228

다음 식을 인수분해하여라.

(1) $(x+y)^2+(x+y)-20$

(2) $(x-3)^2-5(x-3)+4$

(3) $(x^2+x+1)(x^2+x-2)-4$

(4) $(x^2+x+1)^2+(x^2+x+2)^2-5$

229

7880-0229

다음 중 $(a^2-a-9)(a^2-a+1)+21$의 인수가 아닌 것은?

① $a-3$　② $a-2$　③ $a+1$　④ $a+2$　⑤ $a+3$

230

7880-0230

다항식 $(x-1)(x-3)(x+2)(x+4)+21$을 인수분해하여라.

유형 01-69 복이차식의 인수분해

x^4+ax^2+b 꼴의 다항식, 즉 복이차식은 다음과 같이 인수분해한다.

(1) $x^2=X$로 치환한다.

| 예 | $x^4-x^2-12=X^2-X-12$ ($x^2=X$로 치환)
$=(X-4)(X+3)$
$=(x^2-4)(x^2+3)$ ($X=x^2$을 대입)
$=(x+2)(x-2)(x^2+3)$

(2) $x^2=X$로 치환한 식이 인수분해할 수 없는 경우, 완전제곱식이 나오도록 적당한 것을 더하고 빼서 A^2-B^2 꼴을 만들어 인수분해한다.

| 예 | $x^4-3x^2+1=x^4-2x^2-x^2+1$
$=(x^4-2x^2+1)-x^2$ (완전제곱식이 나오도록 묶는다.)
$=(x^2-1)^2-x^2$ (A^2-B^2 꼴로 만든다.)
$=(x^2-1+x)(x^2-1-x)$
$=(x^2+x-1)(x^2-x-1)$

231
7880-0231

다음 식을 인수분해하여라.

(1) x^4+x^2-2

(2) x^4+x^2+1

232
7880-0232

다음 중 다항식 x^4+3x^2-4의 인수가 아닌 것은?

① $x-1$ ② $x+1$ ③ x^2-1
④ x^2-4 ⑤ x^2+4

233
7880-0233

다항식 x^4+4를 인수분해하면 $(x^2+ax+b)(cx^2-2x+d)$가 된다. 상수 a, b, c, d에 대하여 $abcd$의 값을 구하여라.

유형 01-70 여러 가지 문자를 포함한 다항식의 인수분해

(1) 여러 문자의 차수가 다른 경우
⇨ 차수가 가장 낮은 문자에 대하여 내림차순으로 정리하여 인수분해한다.

| 예 | $x^3-2ax^2+x-2a=-2ax^2-2a+x^3+x$ (차수가 가장 낮은 문자 a에 대하여 내림차순으로 정리한다.)
$=-2a(x^2+1)+x^3+x$
$=-2a(x^2+1)+x(x^2+1)$
$=(x^2+1)(-2a+x)$
$=(x^2+1)(x-2a)$

(2) 여러 문자의 차수가 같은 경우
⇨ 어느 한 문자에 대하여 내림차순으로 정리하여 인수분해한다.

234
7880-0234

다음 식을 인수분해하여라.

(1) $x^2y+xy+x-2y+2$

(2) $x^2+4xy+3y^2-3x-7y+2$

235
7880-0235

다음 중 다항식 $x^3-x^2z-xy^2+y^2z$의 인수인 것은?

① $x-z$ ② $x+z$ ③ $y-z$
④ $y+z$ ⑤ x^2+y^2

236
7880-0236

다항식 $x^2-3xy+2y^2-x+3y-2$를 x, y에 대한 두 일차식의 곱으로 인수분해했을 때, 두 인수의 합은?

① $2x-3y-1$ ② $2x-3y+1$ ③ $2x+3y-1$
④ $2x+3y+1$ ⑤ $3x-2y-1$

유형 01-71 인수정리와 조립제법을 이용한 인수분해

$f(x)$가 삼차 이상의 다항식이면

(1) $f(\alpha)=0$을 만족하는 α의 값을 구한다.

(2) 조립제법을 이용하여 $f(x)$를 $x-\alpha$로 나누었을 때의 몫 $Q(x)$를 구한다.

(3) $Q(x)$가 인수분해되면 인수분해한다.

| 예 | $f(x)=x^3-4x^2+x+6$이라 하면

$f(-1)=-1-4-1+6=0$

이므로 오른쪽과 같이 조립제법을 이용하여 $f(x)$를 인수분해하면

−1	1	−4	1	6
		−1	5	−6
	1	−5	6	0

$x^3-4x^2+x+6=(x+1)(x^2-5x+6)$

$=(x+1)(x-2)(x-3)$

$f(-1)=0$이므로 $x+1$을 인수로 갖는다.

237
7880-0237

다음 다항식을 인수분해하여라.

(1) x^3+x^2-5x+3

(2) $2x^3-5x+6$

238
7880-0238

다항식 x^3+2x^2-x-2를 인수분해하면 $(x+a)(x+b)(x+c)$가 될 때, 상수 a, b, c에 대하여 $a^2+b^2+c^2$의 값을 구하여라.

239
7880-0239

다항식 $f(x)=3x^3+10x^2+9x+a$가 $x+2$로 나누어떨어지도록 상수 a의 값을 정할 때, 다음 중 $f(x)$의 인수를 모두 고르면? (정답 2개)

① $x-2$ ② $x-1$ ③ $x+1$
④ $3x-1$ ⑤ $3x+1$

240
7880-0240

다항식 $2x^3+x^2-18x-9$를 인수분해하였더니 $(x+a)(x+b)(2x+c)$가 되었다. 상수 a, b, c에 대하여 $a+b+c$의 값은?

① 1 ② 2 ③ 3
④ 4 ⑤ 5

241
7880-0241

다음 다항식을 인수분해하여라.

(1) $x^4+3x^3+x^2-3x-2$

(2) $x^4-4x^3-2x^2+12x+9$

242
7880-0242

다음 중 다항식 $x^4+3x^3-5x^2-3x+4$의 인수가 아닌 것은?

① $x-1$ ② $x+1$ ③ $x+2$
④ $x+4$ ⑤ $(x-1)^2$

243
7880-0243

다항식 $x^4+x^3+x^2+3x-6$을 인수분해하면?

① $(x-1)(x+2)(x^2+3)$
② $(x+1)(x-2)(x^2+3)$
③ $(x-1)(x-2)(x^3+3)$
④ $(x-1)^2(x+2)(x+3)$
⑤ $(x+1)^2(x+2)(x+3)$

THEME

02

복소수

유형 02-1 양수와 음수

1. **양수** : 0이 아닌 수에 양의 부호 +를 붙인 수
2. **음수** : 0이 아닌 수에 음의 부호 −를 붙인 수

+ (양의 부호)	− (음의 부호)
영상	영하
이익	손해
증가	감소
수입	지출

어떤 기준을 중심으로 서로 반대가 되는 성질을 갖는 수량

→ 음수는 수 앞에 − 기호를 붙여 쓰고, 양수는 수 앞에 + 기호를 생략할 수 있다.

| 참고 | 0은 양수도 음수도 아니다.

001 ⊃7880-0244

다음 수 중 양수와 음수를 각각 말하여라.

$$+4,\ -2,\ 0,\ +0.5,\ -\frac{1}{3},\ 6$$

002 ⊃7880-0245

다음을 부호 +, −를 사용하여 나타내어라.

(1) 출발 7일 전 : −7일, 출발 5일 후 : ____________

(2) 100원 손해 : −100원, 500원 이익 : ____________

(3) 영상 10 ℃ : +10 ℃, 영하 7 ℃ : ____________

(4) 해저 30 m : −30 m, 해발 50 m : ____________

유형 02-2 정수와 유리수

유리수 : 분자가 정수이고, 분모가 0이 아닌 정수인 분수로 나타낼 수 있는 수

- 유리수
  - 정수
    - 양의 정수(자연수) : +1, +2, +3, ⋯
    - 0
    - 음의 정수 : −1, −2, −3, ⋯
  - 정수가 아닌 유리수 : $-\frac{2}{3}$, $+\frac{4}{3}$, 0.6, ⋯

자연수에 양의 부호 +를 붙인다. (+ 기호를 생략하여 나타낼 수 있다.)

003 ⊃7880-0246

다음 중 양의 정수인 것은?

① −2　② 0　③ 3　④ −1.7　⑤ +2.4

004 ⊃7880-0247

다음 수 중에서 음의 정수가 a개, 정수가 아닌 유리수가 b개일 때, $a+b$의 값을 구하여라.

$$\frac{3}{5},\ -2,\ +5,\ 0,\ -\frac{6}{2},\ 9,\ -3^2,\ 1,\ -1,\ 1.23$$

005 ⊃7880-0248

다음 수 중 양의 정수도 음의 정수도 아닌 유리수의 개수를 구하여라.

$$\frac{12}{5},\ 3,\ -\frac{1}{6},\ 0,\ -12,\ -\frac{18}{6},\ +5$$

유형 02-3 수직선과 절댓값

1. 수직선

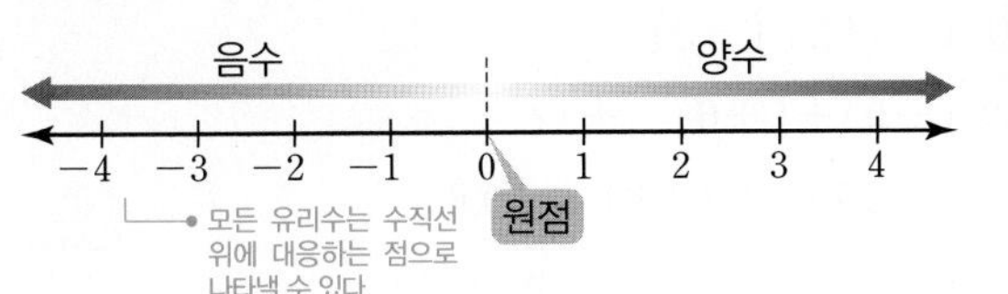

2. 절댓값 : 수직선 위에서 원점과 어떤 수를 나타내는 점 사이의 거리

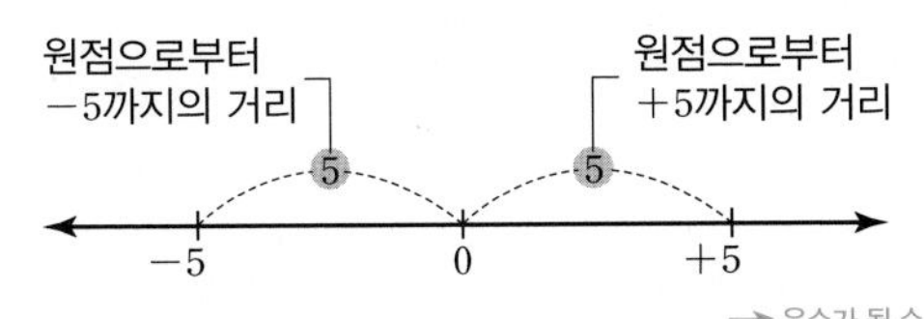

음수가 될 수 없다.

| 예 | -5의 절댓값 : $|-5|=5$, $+5$의 절댓값 : $|+5|=5$, 0의 절댓값은 0이다. 즉, $|0|=0$

006

7880-0249

다음 수직선 위의 점을 옳게 나타낸 것은?

① $A\left(\frac{4}{3}\right)$ ② $B\left(+\frac{1}{3}\right)$ ③ $C\left(+\frac{3}{2}\right)$

④ $D\left(-\frac{5}{2}\right)$ ⑤ $E\left(\frac{10}{3}\right)$

007

7880-0250

수직선에서 $\frac{9}{4}$에 가장 가까운 정수를 a, $-\frac{17}{5}$에 가장 가까운 정수를 b라 할 때, $|a|+|b|$의 값을 구하여라.

008

7880-0251

다음 중 절댓값에 대한 설명으로 옳은 것은?

① 0의 절댓값은 없다.

② 절대값은 항상 0보다 크다.

③ $+3$과 -3의 절댓값은 같다.

④ 절댓값이 a인 수는 항상 2개이다.

⑤ 음수의 절댓값은 0보다 작다.

유형 02-4 유리수의 대소 관계

1. 유리수의 대소 관계

(1) 수직선 위에서 오른쪽에 있는 수일수록 크다.

(2) (음수) $<0<$ (양수)

(3) 두 양수에서는 절댓값이 클수록 크다.

| 예 | $|+2|=2$, $|+3|=3$이므로 $+2<+3$

(4) 두 음수에서는 절댓값이 클수록 작다.

| 예 | $|-2|=2$, $|-3|=3$이므로 $-2>-3$

2. 부등호의 사용

$x>y$	$x<y$
x는 y보다 크다. x는 y 초과이다.	x는 y보다 작다. x는 y 미만이다.
$x\geq y$	$x\leq y$
x는 y보다 크거나 같다. (작지 않다.) x는 y 이상이다.	x는 y보다 작거나 같다. (크지 않다.) x는 y 이하이다.

009

7880-0252

다음 중 대소 관계가 옳은 것은?

① $-3>0$ ② $0>+2$ ③ $-2>\frac{2}{3}$

④ $-\frac{1}{3}>-\frac{1}{5}$ ⑤ $+1>-4$

010

7880-0253

$-\frac{7}{4}<x\leq\frac{14}{3}$를 만족하는 정수 x의 개수는?

① 4 ② 5 ③ 6

④ 7 ⑤ 8

THEME 02 복소수

유형 02-5 정수와 유리수의 덧셈

1. 부호가 같은 두 수의 덧셈

$(+3)+(+5)=+8$ (3+5)

$(-3)+(-5)=-8$ (3+5)

절댓값의 합에 공통인 부호를 붙인다.

2. 부호가 다른 두 수의 덧셈

$(+3)+(-5)=-2$ (5−3)

$(-3)+(+5)=+2$ (5−3)

절댓값의 차에 절댓값이 큰 수의 부호를 붙인다.

| 참고 | 절댓값이 같고 부호가 다른 두 수의 합은 0이다.
$(+4)+(-4)=0$, $(-7)+(+7)=0$

011
➲7880-0254

다음을 계산하여라.

(1) $(+6)+(+3)$

(2) $(+9)+(-4)$

(3) $(+5)+(-8)$

(4) $(-11)+(-4)$

012
➲7880-0255

다음을 계산하여라.

(1) $(+5.2)+(+2.9)$

(2) $(+4)+(-0.3)$

(3) $\left(+\frac{2}{3}\right)+\left(-\frac{3}{2}\right)$

(4) $(-2)+\left(-\frac{3}{5}\right)$

013
➲7880-0256

다음 중 계산 결과가 옳은 것은?

① $(+11)+(-5)=-6$

② $(-6)+(+6)=+12$

③ $(-2.7)+(+1.9)=-0.8$

④ $\left(+\frac{2}{5}\right)+(-1)=+\frac{3}{5}$

⑤ $\left(-\frac{1}{4}\right)+\left(-\frac{1}{3}\right)=-\frac{1}{12}$

014
➲7880-0257

다음 중 계산 결과의 부호가 다른 하나는?

① $\left(-\frac{1}{3}\right)+\left(-\frac{2}{3}\right)$ ② $\left(-\frac{3}{5}\right)+\left(+\frac{1}{2}\right)$

③ $\left(+\frac{4}{3}\right)+(-1)$ ④ $\left(+\frac{1}{2}\right)+\left(-\frac{4}{5}\right)$

⑤ $\left(-\frac{1}{7}\right)+0$

015
➲7880-0258

절댓값이 8인 두 수 중에서 큰 수를 A, 작은 수를 B라 할 때, $A+2B$의 값을 구하여라.

유형 02-6 덧셈의 계산 법칙

1. 덧셈의 교환법칙

순서를 바꾸어 더하여도 그 결과는 같다.

$a+b=b+a$

2. 덧셈의 결합법칙

어느 두 수를 먼저 더하여도 그 결과는 같다.

$(a+b)+c=a+(b+c)$

| 예 | $(+4)+(-6)+(+7)+(-5)$

$=(+4)+(+7)+(-6)+(-5)$ ← 덧셈의 교환법칙

$=\{(+4)+(+7)\}+\{(-6)+(-5)\}$ ← 덧셈의 결합법칙

$=(+11)+(-11)$

$=0$

016

⊃7880-0259

다음 계산 과정에서 이용된 덧셈의 계산 법칙에 대하여 올바르게 말한 것은?

$(-8)+(+3)+(-5)$
$=(+3)+(-8)+(-5)$ ← (ㄱ)
$=(+3)+\{(-8)+(-5)\}$ ← (ㄴ)
$=(+3)+(-13)$ ← (ㄷ)
$=-(13-3)$ ← (ㄹ)
$=-10$

① 덧셈의 교환법칙 : (ㄴ), 덧셈의 결합법칙 : (ㄱ)
② 덧셈의 교환법칙 : (ㄷ), 덧셈의 결합법칙 : (ㄱ)
③ 덧셈의 교환법칙 : (ㄱ), 덧셈의 결합법칙 : (ㄴ)
④ 덧셈의 교환법칙 : (ㄷ), 덧셈의 결합법칙 : (ㄴ)
⑤ 덧셈의 교환법칙 : (ㄹ), 덧셈의 결합법칙 : (ㄱ)

017

⊃7880-0260

다음 계산 과정에서 (ㄱ), (ㄴ)에 이용된 덧셈의 계산 법칙을 말하여라.

$\left(+\frac{2}{3}\right)+\left(-\frac{3}{4}\right)+\left(+\frac{1}{3}\right)$
$=\left(-\frac{3}{4}\right)+\left(+\frac{2}{3}\right)+\left(+\frac{1}{3}\right)$ ← (ㄱ)
$=\left(-\frac{3}{4}\right)+\left\{\left(+\frac{2}{3}\right)+\left(+\frac{1}{3}\right)\right\}$ ← (ㄴ)
$=\left(-\frac{3}{4}\right)+(+1)$
$=+\frac{1}{4}$

018

⊃7880-0261

다음을 덧셈의 계산 법칙을 이용하여 계산하여라.

$(-7)+(+4)+(-3)$

019

⊃7880-0262

다음을 덧셈의 계산 법칙을 이용하여 계산하여라.

$\left(-\frac{2}{5}\right)+\left(+\frac{1}{3}\right)+\left(-\frac{3}{5}\right)+\left(+\frac{2}{3}\right)$

020

⊃7880-0263

다음을 덧셈의 계산 법칙을 이용하여 계산하면?

$\left(-\frac{1}{4}\right)+(+2)+\left(-\frac{2}{3}\right)+\left(-\frac{1}{2}\right)$

① $-\frac{5}{12}$　② $-\frac{1}{12}$　③ 0　④ $+\frac{7}{12}$　⑤ 1

유형 02-7 정수와 유리수의 뺄셈

1. 두 수의 뺄셈은 빼는 수의 부호를 바꾸어 더한다.

 (1) □−(양수)=□+(음수)

 빼는 수의 부호가 바뀐다.

 | 예 | $(+2)-(+5)=(+2)+(-5)=-3$

 (2) □−(음수)=□+(양수)

 | 예 | $(+2)-(-5)=(+2)+(+5)=+7$

2. **덧셈과 뺄셈의 혼합 계산**

 뺄셈은 모두 덧셈으로 고쳐 덧셈의 계산 법칙을 이용하여 푼다.

3. **부호가 생략된 덧셈, 뺄셈**

 부호가 생략된 수 앞에 +를 붙여서 계산한다.

 | 예 | $4-2+5=(+4)-(+2)+(+5)$

 $=\{(+4)+(-2)\}+(+5)$

 뺄셈을 덧셈으로 바꾼다. 빼는 수의 부호를 바꾸어 더한다.

 $=(+2)+(+5)=+7$

021

⊃7880-0264

다음 중 계산 결과가 옳지 <u>않은</u> 것은?

① $\left(+\frac{1}{4}\right)-\left(+\frac{1}{6}\right)=+\frac{1}{12}$

② $\left(+\frac{1}{2}\right)-\left(-\frac{1}{3}\right)=+\frac{1}{6}$

③ $\left(-\frac{1}{2}\right)-\left(+\frac{2}{3}\right)=-\frac{7}{6}$

④ $\left(+\frac{1}{4}\right)-\left(-\frac{3}{5}\right)=+\frac{17}{20}$

⑤ $\left(-\frac{2}{5}\right)-\left(-\frac{3}{2}\right)=+\frac{11}{10}$

022

⊃7880-0265

$(-3)-(+6)-(-7)$을 계산하면?

① -16 ② -10 ③ -2 ④ $+2$ ⑤ $+10$

023

⊃7880-0266

$\left(-\frac{1}{2}\right)-\left(+\frac{2}{3}\right)+(+2)-\left(-\frac{1}{6}\right)$을 계산하면?

① -1 ② $-\frac{2}{3}$ ③ 0 ④ $+1$ ⑤ $+\frac{5}{3}$

024

⊃7880-0267

$(-5)+(+3)-(+4.6)-(-2.3)$을 계산하면?

① -5.2 ② -4.5 ③ -4.3 ④ -3.5 ⑤ -2.7

025

⊃7880-0268

$1-\frac{2}{3}+\frac{2}{5}-\frac{5}{6}$를 계산하여라.

026

⊃7880-0269

$-\frac{1}{2}+\frac{7}{4}-\frac{5}{2}+\frac{1}{6}$의 계산 결과가 $-\frac{a}{b}$일 때, $a-b$의 값은? (단, a, b는 서로소인 자연수이다.)

① -2 ② -1 ③ 0 ④ 1 ⑤ 2

유형 02-8 정수와 유리수의 곱셈

1. 두 유리수의 곱셈

두 수의 부호가 ┌ 같으면 ⇨ +(절댓값의 곱)
　　　　　　　└ 다르면 ⇨ −(절댓값의 곱)

| 예 | $(+2)\times(+3)=+6$ (2×3)
$(-2)\times(-3)=+6$ (2×3)
→ 부호가 같은 두 수의 곱셈 ⇨ +(절댓값의 곱)

$(+2)\times(-3)=-6$ (2×3)
$(-2)\times(+3)=-6$ (2×3)
→ 부호가 다른 두 수의 곱셈 ⇨ −(절댓값의 곱)

2. 세 수 이상의 곱셈의 기호

음수의 개수가 ┌ 짝수 ⇨ +
　　　　　　　└ 홀수 ⇨ −

| 참고 | 어떤 수와 0의 곱은 항상 0이다.
$(+4)\times0=0$, $0\times(-2)=0$

027
7880-0270

다음 중 계산 결과로 옳지 않은 것은?

① $\left(-\frac{15}{3}\right)\times\left(+\frac{6}{5}\right)=-6$

② $\left(+\frac{5}{3}\right)\times(-6)=-10$

③ $\left(+\frac{3}{2}\right)\times\left(+\frac{14}{21}\right)=+1$

④ $\left(-\frac{16}{5}\right)\times\left(-\frac{15}{4}\right)=-12$

⑤ $\left(-\frac{2}{3}\right)\times0=0$

028
7880-0271

$\frac{5}{16}\times(-2)^4\times\left(-\frac{1}{2}\right)^3$을 계산하면?

① -1　② $-\frac{5}{8}$　③ $-\frac{1}{2}$
④ $\frac{1}{2}$　⑤ $\frac{5}{8}$

029
7880-0272

$(-1)+(-1)^2+(-1)^3+\cdots+(-1)^{20}$을 계산하면?

① -20　② -10　③ 0
④ 10　⑤ 20

030
7880-0273

두 수 $-\frac{27}{5}$과 $-\frac{5}{2}$ 사이에 있는 정수들의 곱은?

① -60　② -20　③ $+15$
④ $+20$　⑤ $+60$

031
7880-0274

다음 수 중에서 가장 큰 수를 a, 절댓값이 가장 큰 수를 b, 절댓값이 가장 작은 수를 c라 할 때, $a\times b\times c$의 값은?

$$-\frac{14}{3},\ +2,\ -\frac{13}{2},\ +\frac{2}{3},\ -\frac{1}{4}$$

① $-\frac{13}{3}$　② $-\frac{13}{4}$　③ $+\frac{7}{3}$
④ $+\frac{13}{4}$　⑤ $+\frac{13}{3}$

032
7880-0275

다음 식을 계산하여라.

$$\frac{1}{2}\times\left(-\frac{2}{3}\right)\times\frac{3}{4}\times\left(-\frac{4}{5}\right)\times\cdots\times\left(-\frac{98}{99}\right)\times\frac{99}{100}$$

THEME 02 복소수

유형 02-9 곱셈의 계산 법칙

1. 곱셈의 교환법칙

순서를 바꾸어서 곱해도 그 결과는 같다.

$a\times b=b\times a$

| 예 | $(-3)\times(+5)=-15$, $(+5)\times(-3)=-15$

2. 곱셈의 결합법칙

어느 두 수를 먼저 곱해도 그 결과는 같다.

$(a\times b)\times c=a\times(b\times c)$

| 예 | $\{(-2)\times(+3)\}\times(-5)=(-6)\times(-5)=+30$

$(-2)\times\{(+3)\times(-5)\}=(-2)\times(-15)=+30$

033

➲7880-0276

다음 계산 과정에서 (ㄱ), (ㄴ)에 이용된 곱셈의 계산 법칙을 말하여라.

$(-8)\times(+2)\times(-5)$
$=(+2)\times(-8)\times(-5)$ (ㄱ)
$=(+2)\times\{(-8)\times(-5)\}$ (ㄴ)
$=(+2)\times(+40)=+80$

034

➲7880-0277

다음 계산 과정에서 이용된 곱셈의 계산 법칙을 말하고, 빈칸을 채워라.

$\left(+\frac{9}{14}\right)\times\left(-\frac{8}{15}\right)\times\left(+\frac{7}{6}\right)\times\left(-\frac{5}{4}\right)$
$=\left(+\frac{9}{14}\right)\times\left(-\frac{8}{15}\right)\times\left(-\frac{5}{4}\right)\times\left(+\frac{7}{6}\right)$ (ㄱ)
$=\left(+\frac{9}{14}\right)\times\left\{\left(-\frac{8}{15}\right)\times\left(-\frac{5}{4}\right)\right\}\times\left(+\frac{7}{6}\right)$ (ㄴ)
$=\left(+\frac{9}{14}\right)\times\left(+\frac{7}{6}\right)\times\left\{\left(-\frac{8}{15}\right)\times\left(-\frac{5}{4}\right)\right\}$ (ㄷ)
$=\left\{\left(+\frac{9}{14}\right)\times\left(+\frac{7}{6}\right)\right\}\times\left\{\left(-\frac{8}{15}\right)\times\left(-\frac{5}{4}\right)\right\}$ (ㄹ)
$=$ (ㅁ) $\times\left(+\frac{2}{3}\right)=$ (ㅂ)

035

➲7880-0278

네 수 $\frac{2}{3}$, $-\frac{3}{5}$, $\frac{5}{4}$, $-\frac{3}{2}$ 중에서 서로 다른 세 수를 뽑아 곱한 값 중 가장 큰 수는?

① $\frac{1}{2}$ ② $\frac{3}{5}$ ③ $\frac{9}{8}$
④ $\frac{5}{4}$ ⑤ 2

036

➲7880-0279

다음을 곱셈의 계산 법칙을 이용하여 계산하여라.

$$\left(+\frac{2}{5}\right)\times\left(-\frac{7}{6}\right)\times(-15)$$

037

➲7880-0280

다음을 곱셈의 계산 법칙을 이용하여 계산하여라.

$$(-3)\times\left(-\frac{2}{7}\right)\times\frac{1}{12}\times\frac{14}{5}$$

유형 02-10 정수와 유리수의 나눗셈

1. 유리수의 역수

△×○=1이면 △와 ○는 서로 역수 관계 → 간단히 분자와 분모의 자리를 바꾸어서 구할 수도 있다.

| 예 | $(-5)\times\left(-\frac{1}{5}\right)=1$ ($-\frac{1}{5}$의 역수: -5, -5의 역수: $-\frac{1}{5}$)

2. 유리수의 나눗셈

두 수의 부호가 같으면 ⇨ +(절댓값의 나눗셈)
두 수의 부호가 다르면 ⇨ −(절댓값의 나눗셈)

| 예 | $(+6)\div(+3)=+2$ ($6\div3$)
$(-6)\div(-3)=+2$ → 부호가 같은 두 수의 나눗셈 ⇨ +(절댓값의 나눗셈)
$(+6)\div(-3)=-2$
$(-6)\div(+3)=-2$ → 부호가 다른 두 수의 나눗셈 ⇨ −(절댓값의 나눗셈)

3. 역수를 이용한 나눗셈

(1) $\triangle\div\frac{■}{●}=\triangle\times\frac{●}{■}$
(2) $\triangle\div\frac{1}{●}=\triangle\times●$
→ 역수의 곱셈으로 고쳐서 계산한다.

| 예 | $(-14)\div\left(+\frac{7}{2}\right)=(-14)\times\left(+\frac{2}{7}\right)$
$=-\left(14\times\frac{2}{7}\right)=-4$

038

➲7880-0281

$-\frac{3}{7}$의 역수를 a, 7의 역수를 b라 할 때, $a\times b$의 값은?

① -3 ② $-\frac{1}{3}$ ③ $-\frac{3}{49}$
④ $\frac{1}{3}$ ⑤ 3

039

➲7880-0282

$\left(+\frac{2}{5}\right)\div(-2)$를 계산하여라.

040

➲7880-0283

다음 중 두 수가 서로 역수가 아닌 것은?

① $\frac{3}{5}, \frac{5}{3}$ ② $0.3, \frac{10}{3}$ ③ $-1\frac{2}{5}, -1\frac{5}{2}$
④ $\frac{1}{3}, 3$ ⑤ $-1.2, -\frac{5}{6}$

041

➲7880-0284

다음 중 옳지 않은 것은?

① $(-6)\div\left(-\frac{1}{2}\right)=12$
② $12\div(-3)=-4$
③ $(-2)\div(-4)=2$
④ $-\frac{1}{5}$의 역수는 -5이다.
⑤ $\left(-\frac{6}{7}\right)\div\frac{3}{7}=-2$

042

➲7880-0285

$\left(-\frac{1}{2}\right)\div\left(-\frac{4}{3}\right)\div\left(-\frac{9}{2}\right)$를 계산하여라.

043

➲7880-0286

$\left(-\frac{5}{3}\right)\div a\div2=-\frac{1}{3}$일 때, a의 값을 구하여라.

유형 02-11 유리수의 곱셈과 나눗셈의 혼합 계산

| 예 | $2\times(-3)^2\div\left(-\frac{3}{2}\right)$

① 거듭제곱을 계산한다.

$=2\times9\div\left(-\frac{3}{2}\right)$

② 나눗셈을 곱셈으로 고쳐서 계산한다.

$=2\times9\times\left(-\frac{2}{3}\right)$

③ 부호를 결정한다.

$=-\left(2\times9\times\frac{2}{3}\right)$

④ 각 수의 절댓값의 곱에 ③의 부호를 붙인다.

$=-12$

044

⊃7880-0287

$\frac{2}{3}\times\left(-\frac{3}{5}\right)\div\left(-\frac{2}{9}\right)\times5$를 계산하면?

① -9　② $-\frac{2}{3}$　③ -1　④ $\frac{4}{9}$　⑤ 9

045

⊃7880-0288

$(-2)^3\div(-2)^4\times\left(-\frac{2}{3}\right)$를 계산하면?

① -3　② $-\frac{1}{3}$　③ 1　④ $\frac{1}{3}$　⑤ 3

046

⊃7880-0289

$\left(-\frac{2}{3}\right)\times\frac{1}{2}\div\left(-\frac{5}{6}\right)\div\frac{1}{12}\times\left(-\frac{3}{4}\right)$을 계산하여라.

유형 02-12 유리수의 덧셈, 뺄셈, 곱셈, 나눗셈의 혼합계산

1. 분배법칙

(1) $a\times(b+c)=a\times b+a\times c$

(2) $a\times b+a\times c=a\times(b+c)$

2. 복잡한 식의 계산

거듭제곱을 먼저 풀고 ( ) → { } → [ ] 순으로 괄호를 푼다. 곱셈과 나눗셈을 먼저 계산하고, 덧셈과 뺄셈을 한다.

| 예 | $3\div\left[\left\{(-1)^2-\left(-\frac{3}{4}+\frac{1}{2}\right)\right\}-2\right]$

$=3\div\left[\left\{1-\left(-\frac{3}{4}+\frac{2}{4}\right)\right\}-2\right]$

$=3\div\left[\left\{1-\left(-\frac{1}{4}\right)\right\}-2\right]=3\div\left(\frac{5}{4}-2\right)$

$=3\div\left(-\frac{3}{4}\right)=3\times\left(-\frac{4}{3}\right)=-\left(3\times\frac{4}{3}\right)=-4$

역수의 곱셈으로 고쳐서 계산한다.

047

⊃7880-0290

다음을 분배법칙을 이용하여 계산하여라.

(1) $2.15\times104-2.15\times4$

(2) $88\times0.02+12\times0.02$

048

⊃7880-0291

다음 식의 계산 순서를 차례대로 나열하여라.

$$2-\left\{\frac{3}{2}-9\times\left(-\frac{1}{3}\right)^2\right\}\times6$$

㉠ ㉡ ㉢ ㉣ ㉤

049

⊃7880-0292

$\left[\left\{\frac{2}{(-3)^2}\right\}^2\div\left\{\left(-\frac{1}{2}\right)^2\div\left(1-\frac{3}{4}\right)\right\}\right]\times(-3)^2$을 계산하여라.

유형 02-13 유한소수, 무한소수, 순환소수

1. **유한소수** : 소수점 아래에 0이 아닌 숫자가 유한개인 소수
   | 예 | 0.5, 0.25
2. **무한소수** : 소수점 아래에 0이 아닌 숫자가 무한히 많은 소수
   | 예 | $\frac{1}{3}=0.333\cdots$
3. **순환소수** : 무한소수 중에서 소수점 아래의 어떤 자리에서부터 일정한 숫자의 배열이 한없이 되풀이되는 소수
   $0.3121212\cdots=0.3\dot{1}\dot{2}$ (순환마디: 12, 순환소수의 표현)
   | 예 | $0.3333\cdots=0.\dot{3}$, $2.343434\cdots=2.\dot{3}\dot{4}$
   $-3.4123123\cdots=-3.4\dot{1}2\dot{3}$ (순환마디는 123이다.)

050

➲7880-0293

다음 설명 중 옳지 않은 것은?

① 모든 순환소수는 유리수이다.
② 순환소수가 아닌 무한소수도 있다.
③ 모든 무한소수는 유리수이다.
④ 모든 유한소수는 유리수이다.
⑤ 정수가 아닌 유리수 중 유한소수로 나타낼 수 없는 수는 반드시 순환소수로 나타낼 수 있다.

051

➲7880-0294

다음 중 순환소수를 간단히 나타낸 것으로 옳은 것은?

① $0.0111\cdots=0.0\dot{1}$
② $2.3232\cdots=2.\dot{3}2\dot{3}$
③ $0.1010\cdots=\dot{0}.\dot{1}$
④ $3.052052\cdots=3.0\dot{5}\dot{2}$
⑤ $0.012012\cdots=0.0\dot{1}\dot{2}$

유형 02-14 유한소수로 나타낼 수 있는 분수

1. **유한소수로 나타낼 수 있는 분수**
   정수가 아닌 분수를 기약분수로 나타내고 그 분모를 소인수분해했을 때, 분모의 소인수가 2나 5뿐이면 그 분수는 유한소수로 나타낼 수 있다.
   | 예 | $\frac{26}{100}=\frac{13}{50}=\frac{13}{2\times5^2}=0.26$
   $\frac{3}{12}=\frac{1}{4}=\frac{1}{2^2}=0.25$
   (분모의 소인수가 2나 5뿐이므로 유한소수로 나타낼 수 있다.)
2. **유한소수로 나타낼 수 없는 분수**
   정수가 아닌 분수를 기약분수로 나타내었을 때, 분모의 소인수가 2와 5 이외의 소인수가 있으면 그 분수는 유한소수로 나타낼 수 없다.
   | 예 | $\frac{1}{7}=0.142857142857\cdots=0.\dot{1}4285\dot{7}$
   $\frac{3}{14}=\frac{3}{2\times7}=0.2142857142857\cdots$
   $=0.2\dot{1}4285\dot{7}$
   (분모의 소인수에 2와 5 이외의 소수인 7이 있으므로 유한소수로 나타낼 수 없다.)

052

➲7880-0295

다음 **보기**의 분수 중 유한소수로 나타낼 수 있는 것을 모두 골라라.

보기

ㄱ. $\frac{9}{2\times3^2}$　ㄴ. $\frac{21}{3^2\times5\times7}$　ㄷ. $\frac{14}{2^2\times5\times11}$
ㄹ. $\frac{63}{3^2\times5^2\times7}$　ㅁ. $\frac{176}{2^3\times5^2\times11}$　ㅂ. $\frac{455}{7\times5^3\times13}$

053

➲7880-0296

분수 $\frac{a}{2^4\times5^3\times3^2\times7}$를 소수로 나타내면 유한소수가 되도록 하는 a의 값 중 가장 작은 자연수는?

① 3　② 7　③ 9
④ 21　⑤ 63

유형 02-15 순환소수를 분수로 나타내기

모든 순환소수는 분수로 나타낼 수 있다.

| 예 | 순환소수 $0.1\dot{7}\dot{6}$을 x라 하면 $x=0.1767676\cdots$ ······ ㉠

㉠의 양변에 1000을 곱하면

$1000x=176.767676\cdots$ ······ ㉡

㉠의 양변에 10을 곱하면

$10x=1.767676\cdots$ ······ ㉢

소수점 이하 자리를 같게 만든다.

㉡에서 ㉢을 변끼리 빼면

$990x=175,\ x=\frac{175}{990}=\frac{35}{198}$

즉, $0.1\dot{7}\dot{6}=\frac{35}{198}$이다.

054

➲7880-0297

다음은 순환소수 $0.3\dot{1}\dot{7}$을 기약분수로 나타내는 과정의 일부이다. 다음 중 옳지 않은 것은?

> 순환소수 $0.3\dot{1}\dot{7}$을 x라 하면
> $x=0.3171717\cdots$ ······ ㉠
> $10x=$ (가) ······ ㉡
> (나) $=317.171717\cdots$ ······ ㉢

① (가)에 알맞은 수는 $3.171717\cdots$이다.
② (나)에 알맞은 식은 $100x$이다.
③ $0.3\dot{1}\dot{7}$의 순환마디는 17이다.
④ 다음 계산 과정에 필요한 식은 ㉢−㉡이다.
⑤ $0.3\dot{1}\dot{7}$을 기약분수로 나타내면 $\frac{157}{495}$이다.

055

➲7880-0298

다음 중 순환소수를 분수로 나타낸 것으로 옳은 것은?

① $0.\dot{5}=\frac{5}{90}$
② $0.\dot{1}2\dot{0}=\frac{120}{900}$
③ $2.\dot{7}=\frac{25}{9}$
④ $0.2\dot{5}=\frac{25}{90}$
⑤ $3.\dot{1}\dot{9}=\frac{19}{99}$

유형 02-16 제곱근의 뜻

1. 제곱근

$x^2=a\ (a\geq 0)$일 때, x는 a의 제곱근

| 예 | $3^2=9$, $(-3)^2=9$이므로 9의 제곱근은 3과 −3이다.

2. 제곱근의 개수

a	a의 제곱근	제곱근의 개수
양수	$\pm\sqrt{a}$	2
0	0	1
음수	없음	0

3. a의 제곱근과 제곱근 a

양수 a에 대하여 a의 제곱근은 $\pm\sqrt{a}$이고, 제곱근 a는 $\sqrt{a}$이다.

| 예 | 7의 양의 제곱근은 $\sqrt{7}$, 음의 제곱근은 $-\sqrt{7}$로 나타내고 7의 제곱근을 한꺼번에 나타내면 $\pm\sqrt{7}$이다.
또, $\frac{9}{16}$의 제곱근은 $\pm\frac{3}{4}$이고, 64의 제곱근은 ±8, 제곱근 64는 $\sqrt{64}=8$이다.

056

➲7880-0299

다음 □ 안에 알맞은 수를 차례로 구하여라.

> 5의 제곱근은 □이고, 제곱근 5는 □이다.

057

➲7880-0300

다음 보기 중 옳은 것을 모두 고른 것은?

> **보기**
> ㄱ. 25의 제곱근은 ±5이다.
> ㄴ. $\sqrt{36}$의 음의 제곱근은 없다.
> ㄷ. $\sqrt{(-5)^2}$의 제곱근은 $\pm\sqrt{5}$이다.

① ㄱ
② ㄴ
③ ㄱ, ㄷ
④ ㄴ, ㄷ
⑤ ㄱ, ㄴ, ㄷ

유형 02-17 제곱근의 성질

$a>0$일 때

(1) $(\sqrt{a})^2=a$, $(-\sqrt{a})^2=a$

(2) $\sqrt{a^2}=a$, $\sqrt{(-a)^2}=a$

| 예 | $(\sqrt{2})^2=2$, $(-\sqrt{2})^2=2$, $\sqrt{2^2}=2$, $\sqrt{(-2)^2}=2$

058

⊃7880-0301

다음 중 근호를 사용하지 않고 나타낼 수 있는 수는?

① $\sqrt{1000}$ ② $\sqrt{63}$ ③ $\sqrt{\frac{3}{4}}$

④ $\sqrt{\frac{25}{8}}$ ⑤ $\sqrt{0.16}$

059

⊃7880-0302

다음 중 옳은 것은?

① $\sqrt{(-13)^2}=-13$ ② $(-\sqrt{0.2})^2=-0.2$

③ $\sqrt{9^2}=3$ ④ $-\sqrt{\left(\frac{1}{3}\right)^2}=\frac{1}{3}$

⑤ $-\sqrt{(-7)^2}=-7$

060

⊃7880-0303

다음 중 그 값이 나머지 넷과 다른 하나는?

① $\sqrt{4}$ ② $\sqrt{(-2)^2}$ ③ $(-\sqrt{2})^2$

④ $\sqrt{(-4)^2}$ ⑤ 4의 양의 제곱근

061

⊃7880-0304

$\left(-\sqrt{\frac{1}{49}}\right)^2$의 제곱근을 구하여라.

유형 02-18 근호 안에 제곱인 인수가 있는 식의 계산

(1) $\sqrt{a^2}=\begin{cases} a & (a\geq 0) \\ -a & (a<0) \end{cases}$

(2) $\sqrt{(a-b)^2}=\begin{cases} a-b & (a\geq b) \\ -(a-b) & (a<b) \end{cases}$

| 예 | $\sqrt{(a-2)^2}=\begin{cases} a-2 & (a\geq 2) \\ -a+2 & (a<2) \end{cases}$

062

⊃7880-0305

다음 중 옳은 것은?

① $\sqrt{(-5)^2}=-5$

② $a<0$일 때, $\sqrt{a^2}=a$

③ $0<a<3$일 때, $\sqrt{(a-3)^2}=a-3$

④ $-1<a<1$일 때, $\sqrt{(1-a)^2}=a-1$

⑤ $a>0$일 때, $-\sqrt{(-a)^2}=-a$

063

⊃7880-0306

$-2<a<0$일 때, $\sqrt{a^2}+\sqrt{(a+2)^2}$을 간단히 하면?

① $-2a-2$ ② $-2a+2$ ③ $2a-2$

④ 2 ⑤ $2a+2$

064

⊃7880-0307

$a>0$일 때, $\sqrt{(3a)^2}-\sqrt{(-a)^2}-(\sqrt{a})^2$을 간단히 하면?

① $-3a$ ② $-a$ ③ a

④ $3a$ ⑤ $5a$

065

⊃7880-0308

$a<b$, $ab<0$일 때, $\sqrt{a^2}-\sqrt{b^2}$을 간단히 하여라.

유형 02-19 제곱근의 값이 자연수 또는 정수가 될 조건

A가 자연수일 때

(1) $\sqrt{Ax}$, $\sqrt{\frac{A}{x}}$는 근호 안의 수가 제곱수가 되도록 하는 x의 값에 의해 자연수가 된다.

(2) $\sqrt{A+x}$, $\sqrt{A-x}$는 근호 안의 식이 자연수(또는 정수)의 제곱인 수가 되도록 하는 x의 값에 의해 자연수가 된다.

066

➲7880-0309

$\sqrt{288a}$가 자연수가 되도록 하는 a의 값 중 가장 작은 자연수는?

① 1　② 2　③ 3　④ 4　⑤ 6

067

➲7880-0310

$\sqrt{\frac{168}{x}}$이 자연수가 되도록 하는 x의 값 중 가장 작은 자연수는?

① 3　② 7　③ 21　④ 42　⑤ 168

068

➲7880-0311

$\sqrt{110+x}$가 자연수가 되도록 하는 x의 값 중 가장 작은 자연수는?

① 8　② 9　③ 10　④ 11　⑤ 12

069

➲7880-0312

두 수 $\sqrt{12+x}$, $\sqrt{27-y}$가 모두 자연수가 되도록 하는 자연수 x, y에 대하여 $x+y$의 최솟값을 구하여라.

유형 02-20 제곱근의 대소 관계

$a>0$, $b>0$일 때

(1) $a<b$이면 $\sqrt{a}<\sqrt{b}$이다.

(2) $\sqrt{a}<\sqrt{b}$이면 $a<b$이다.

| 예 | (1) $5<7$이므로 $\sqrt{5}<\sqrt{7}$

(2) $\sqrt{3}<\sqrt{5}$이므로 $3<5$

070

➲7880-0313

다음 중 두 수의 대소 관계가 옳지 않은 것은?

① $\sqrt{2}<2$　② $-\sqrt{3}>-3$　③ $\sqrt{6}<6$　④ $\sqrt{0.1}<0.1$　⑤ $3<\sqrt{10}$

071

➲7880-0314

다음 중 가장 작은 수는?

① $\sqrt{7}$　② -5　③ $\sqrt{\frac{16}{3}}$　④ $-\sqrt{21}$　⑤ $-\left(-\sqrt{\frac{7}{2}}\right)^2$

072

➲7880-0315

부등식 $6<\sqrt{10n}<7$을 만족하는 자연수 n의 값을 구하여라.

073

➲7880-0316

$0<a<1$일 때, 다음 중 가장 큰 수와 가장 작은 수의 곱은?

$$a,\ \sqrt{a},\ a^2,\ \frac{1}{a},\ \sqrt{\frac{1}{a}}$$

① a　② $\sqrt{a}$　③ a^2　④ $\frac{1}{a}$　⑤ $\sqrt{\frac{1}{a}}$

유형 02-21 무리수와 실수

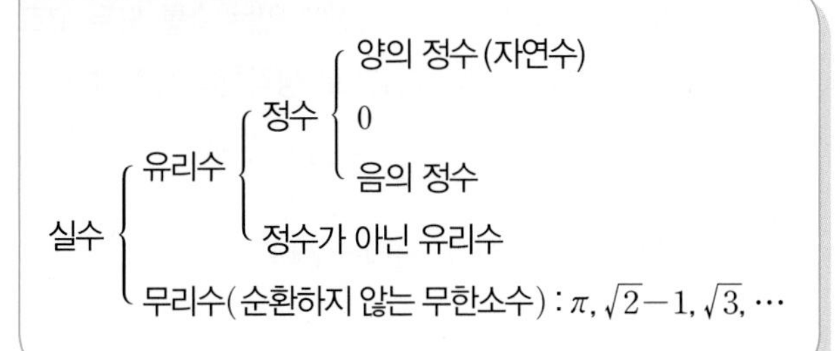

074

⊃7880-0317

다음 중 무리수인 것은?

① $\sqrt{9}$ ② $-1+\sqrt{2}$ ③ $\frac{\sqrt{16}}{4}$

④ $\sqrt{144}-2$ ⑤ 0.14243

075

⊃7880-0318

다음 설명 중 옳은 것은?

① 근호를 사용하여 나타낸 수는 무리수이다.

② $\sqrt{2}$는 정수로 나타낼 수 있다.

③ 순환소수는 무리수이다.

④ 모든 유리수는 유한소수로 나타낼 수 있다.

⑤ 무리수는 $\frac{b}{a}$(a, b는 정수, $a\neq0$) 꼴로 나타낼 수 없다.

076

⊃7880-0319

다음 수 중에서 무리수의 개수를 구하여라.

$\sqrt{18}$, $-\sqrt{9}$, 3π, $1.5\dot{4}$, $\sqrt{14.4}$, $\sqrt{\frac{1}{8}}$

유형 02-22 실수와 수직선

1. 수직선은 실수에 대응하는 점으로 완전히 메울 수 있다.
2. 모든 실수는 각각 수직선 위의 한 점에 대응한다.
3. 수직선 위의 모든 점은 각각 한 실수에 대응한다.
4. 서로 다른 두 실수 사이에는 무수히 많은 실수가 있다.

| 예 | $\sqrt{2}$, $-\sqrt{2}$를 수직선에 나타내기

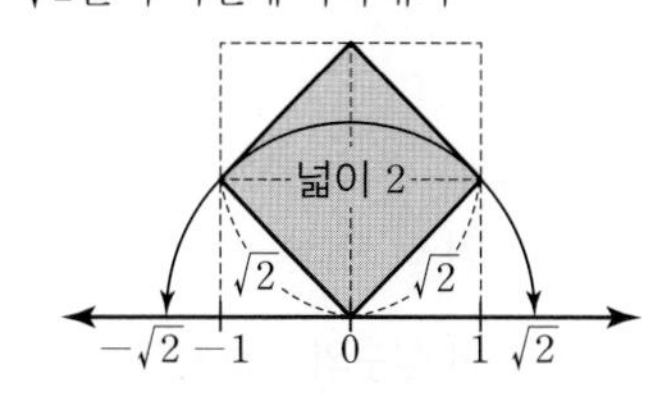

→ 한 변의 길이가 $\sqrt{2}$인 정사각형을 이용하여 무리수를 수직선 위에 나타낼 수 있다.

077

⊃7880-0320

다음 그림은 한 변의 길이가 1인 정사각형을 수직선 위에 그린 것이다. $\overline{AB}=\overline{AP}$이고 점 P에 대응하는 수가 5일 때, 점 A에 대응하는 수를 구하여라.

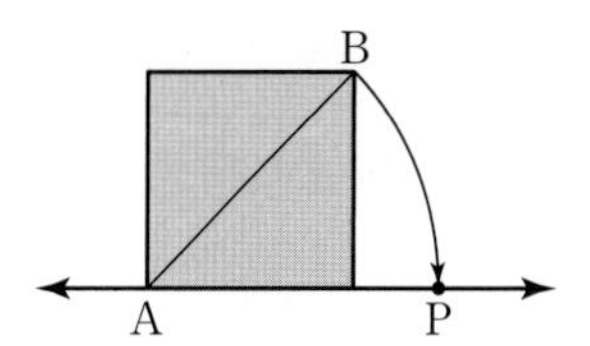

078

⊃7880-0321

다음 설명 중 옳지 않은 것은?

① $\sqrt{2}$과 2 사이에는 무수히 많은 무리수가 있다.

② 0과 1 사이에는 무수히 많은 유리수가 있다.

③ $\sqrt{10}$과 4 사이에는 정수가 1개 있다.

④ $\sqrt{6}$과 $\sqrt{7}$ 사이에는 무수히 많은 무리수가 있다.

⑤ $\frac{1}{4}$과 $\frac{1}{3}$ 사이에는 무수히 많은 무리수가 있다.

유형 02-23 실수의 대소 관계

1. 수직선에서 실수의 대소 관계

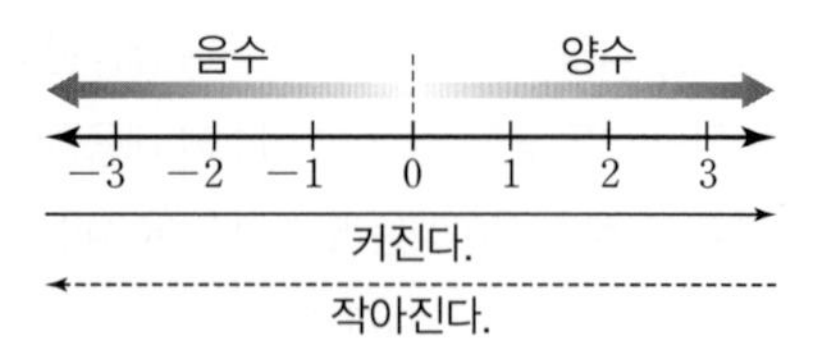

(1) (음수)$<0<$(양수)

(2) 양수끼리는 절댓값이 큰 수가 더 크고, 음수끼리는 절댓값이 작은 수가 더 크다.

2. 두 수의 차를 이용한 실수의 대소 관계

두 실수 a, b에 대하여

(1) $a-b>0$이면 $a>b$

(2) $a-b=0$이면 $a=b$

(3) $a-b<0$이면 $a<b$

| 예 | 두 수 2, $\sqrt{5}$는 $2-\sqrt{5}=\sqrt{4}-\sqrt{5}<0$이므로 $2<\sqrt{5}$이다.

079

7880-0322

다음 수직선 위에서 $2+\sqrt{7}$에 대응하는 점이 존재하는 구간은?

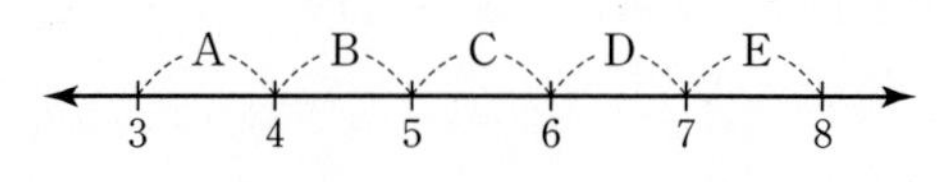

① A ② B ③ C
④ D ⑤ E

080

7880-0323

다음 중 두 실수의 대소 관계가 옳은 것은?

① $3>\sqrt{10}$ ② $\sqrt{16}>\sqrt{(-4)^2}$

③ $-\sqrt{15}>-4$ ④ $\sqrt{\frac{5}{6}}>\sqrt{\frac{7}{8}}$

⑤ $3+\sqrt{5}<\sqrt{5}+\sqrt{7}$

081

7880-0324

다음 중 두 수 $-\sqrt{14}$와 $-\sqrt{30}$ 사이에 있는 수를 모두 고르면? (단, $\sqrt{14}=3.742$, $\sqrt{30}=5.477$로 생각한다.) (정답 2개)

① $-\sqrt{30}-(-\sqrt{14})$ ② $\frac{-\sqrt{14}-\sqrt{30}}{2}$

③ $-1-\sqrt{14}$ ④ $1-\sqrt{14}$

⑤ $3-\sqrt{30}$

082

7880-0325

두 수 $\sqrt{6}-5$와 $8-\sqrt{11}$ 사이에 있는 정수의 개수는?

① 7 ② 8 ③ 9
④ 10 ⑤ 11

083

7880-0326

다음 세 수 a, b, c 중에서 가장 큰 수와 가장 작은 수의 합을 구하여라.

$$a=3-\sqrt{11},\ b=1,\ c=-\sqrt{13}+3$$

084

7880-0327

$\sqrt{3}$의 정수 부분을 a, 소수 부분을 b라 할 때, $2a+b$의 값은?

① $\sqrt{3}$ ② $1+\sqrt{3}$ ③ $2+\sqrt{3}$
④ 5 ⑤ $2+2\sqrt{3}$

유형 02-24 제곱근의 곱셈과 나눗셈

1. 제곱근의 곱셈

$a>0$, $b>0$일 때, $\sqrt{a}\sqrt{b}=\sqrt{ab}$

| 예 | $\sqrt{2}\sqrt{5}=\sqrt{2\times5}=\sqrt{10}$

2. 제곱근의 나눗셈

$a>0$, $b>0$일 때, $\dfrac{\sqrt{b}}{\sqrt{a}}=\sqrt{\dfrac{b}{a}}$

| 예 | $\dfrac{\sqrt{15}}{\sqrt{3}}=\sqrt{\dfrac{15}{3}}=\sqrt{5}$

085

➲7880-0328

다음 중 옳지 않은 것은?

① $\sqrt{4}\times\sqrt{5}=\sqrt{20}$
② $-\sqrt{2}\times\sqrt{7}=-\sqrt{14}$
③ $4\sqrt{2}\times\sqrt{3}=4\sqrt{6}$
④ $2\sqrt{\dfrac{7}{2}}\times\sqrt{\dfrac{5}{21}}=2\sqrt{\dfrac{5}{6}}$
⑤ $\sqrt{0.45}\times\sqrt{0.2}=\sqrt{0.3}$

086

➲7880-0329

$\sqrt{5}\times\sqrt{2a}\times\sqrt{10}\times\sqrt{a}=30$일 때, 자연수 a의 값은?

① 1 ② 2 ③ 3 ④ 4 ⑤ 5

087

➲7880-0330

$\sqrt{3}=a$, $\sqrt{7}=b$일 때, 다음 중 $\sqrt{21}$을 a, b를 사용하여 나타내면?

① a^2+b^2 ② $\sqrt{ab}$ ③ $\sqrt{a+b}$ ④ $a+b$ ⑤ ab

유형 02-25 근호가 있는 식의 변형

$a>0$, $b>0$일 때, $\sqrt{a^2b}=a\sqrt{b}$ → 제곱수를 $\sqrt{\ }$ 밖으로 꺼낸다.

| 예 | $\sqrt{12}=\sqrt{2^2\times3}=2\sqrt{3}$

088

➲7880-0331

다음 중 $a\sqrt{b}$ 꼴로 나타낸 것으로 옳지 않은 것은?

① $-\sqrt{27}=-3\sqrt{3}$
② $\sqrt{50}=5\sqrt{2}$
③ $\sqrt{75}=3\sqrt{5}$
④ $\sqrt{128}=8\sqrt{2}$
⑤ $-\sqrt{150}=-5\sqrt{6}$

089

➲7880-0332

$a=\sqrt{2}$, $b=\sqrt{3}$일 때, 다음 중 $\sqrt{270}$을 a, b를 사용하여 나타내면?

① $ab^3\sqrt{5}$ ② $a^2b\sqrt{5}$ ③ $a^2b^2\sqrt{5}$ ④ $a^2b^3\sqrt{5}$ ⑤ $a^3b\sqrt{5}$

090

➲7880-0333

$\sqrt{128}=a\sqrt{2}$, $\sqrt{250}=5\sqrt{b}$일 때, 유리수 a, b에 대하여 $\sqrt{ab}$의 값은?

① $3\sqrt{2}$ ② $2\sqrt{5}$ ③ $5\sqrt{2}$ ④ $4\sqrt{5}$ ⑤ $8\sqrt{5}$

091

➲7880-0334

$\sqrt{75}=a\sqrt{3}$, $2\sqrt{3}=\sqrt{b}$일 때, 유리수 a, b에 대하여 $a-b$의 값은?

① -9 ② -8 ③ -7 ④ 7 ⑤ 8

유형 02-26 분모의 유리화

분모의 유리화 : 분수의 분모가 근호를 포함한 무리수일 때, 분모와 분자에 0이 아닌 같은 수를 곱하여 분모를 유리수로 고친다.

| 예 | $\frac{\sqrt{3}}{\sqrt{5}}=\frac{\sqrt{3}\sqrt{5}}{\sqrt{5}\sqrt{5}}=\frac{\sqrt{15}}{5}$

→ 분모와 같은 근호를 분모, 분자에 곱한다.

092

7880-0335

$\frac{1}{\sqrt{48}}=a\sqrt{3}$일 때, 유리수 a의 값은?

① $\frac{1}{2}$　② $\frac{1}{3}$　③ $\frac{1}{6}$

④ $\frac{1}{12}$　⑤ $\frac{1}{24}$

093

7880-0336

$\frac{2\sqrt{3}}{\sqrt{2}}=\sqrt{a}$, $\frac{20}{3\sqrt{5}}=b\sqrt{5}$일 때, 유리수 a, b에 대하여 ab의 값은?

① 6　② 8　③ 10

④ 12　⑤ 14

094

7880-0337

$\frac{10-3\sqrt{5}}{\sqrt{5}}=A-B\sqrt{5}$를 만족하는 유리수 A, B에 대하여 $A+B$의 값은?

① -7　② -5　③ -1

④ 1　⑤ 5

유형 02-27 제곱근의 곱셈과 나눗셈의 혼합 계산

근호를 포함한 식의 계산에서 곱셈과 나눗셈이 섞여 있는 경우에는 앞에서부터 차례대로 계산한다.

| 예 | $\sqrt{21}\div\sqrt{3}\times2\sqrt{7}=\frac{\sqrt{21}}{\sqrt{3}}\times2\sqrt{7}=\sqrt{7}\times2\sqrt{7}=14$

095

7880-0338

$\sqrt{18}\times\sqrt{48}\div4\sqrt{2}$를 간단히 하면?

① 3　② $3\sqrt{2}$　③ $3\sqrt{3}$

④ 6　⑤ 9

096

7880-0339

$\frac{\sqrt{24}}{\sqrt{15}}\div\frac{\sqrt{6}}{\sqrt{5}}\times\sqrt{\frac{8}{3}}$을 간단히 하면?

① $\frac{\sqrt{3}}{8}$　② $\frac{\sqrt{2}}{6}$　③ $\frac{\sqrt{2}}{3}$

④ $\frac{2\sqrt{3}}{3}$　⑤ $\frac{4\sqrt{2}}{3}$

097

7880-0340

다음 식을 만족시키는 자연수 a의 값은?

$$\frac{\sqrt{3}}{4}\times\frac{3}{\sqrt{27}}\div\frac{\sqrt{3}}{8}=\frac{a\sqrt{3}}{3}$$

① 2　② 3　③ 4

④ 5　⑤ 6

유형 02-28 제곱근의 덧셈과 뺄셈

분배법칙을 이용하여 근호 안의 수가 같은 것끼리 모아서 계산한다.

| 예 | $4\sqrt{3}+\sqrt{5}-\sqrt{3}=(4-1)\sqrt{3}+\sqrt{5}$ (분배법칙, 근호 안의 수가 같은 것끼리 계산한다.)

$=3\sqrt{3}+\sqrt{5}$

098

⊃7880-0341

다음 식을 간단히 하면?

$$\frac{\sqrt{18}}{3}+\frac{6}{\sqrt{2}}+\sqrt{50}$$

① $4\sqrt{2}$ ② $6\sqrt{2}$ ③ $7\sqrt{2}$
④ $8\sqrt{2}$ ⑤ $9\sqrt{2}$

099

⊃7880-0342

$\sqrt{128}+\sqrt{5}-\sqrt{8}+\sqrt{180}-\sqrt{45}=a\sqrt{2}+b\sqrt{5}$일 때, $a+b$의 값은? (단, a, b는 유리수이다.)

① 8 ② 9 ③ 10
④ 11 ⑤ 12

100

⊃7880-0343

다음 중 a의 값이 나머지 넷과 다른 하나는?

① $\frac{3}{\sqrt{5}}+\frac{a}{\sqrt{5}}=\sqrt{5}$
② $\sqrt{12}\times\sqrt{6}=6\sqrt{a}$
③ $\sqrt{a}\times2\sqrt{2}=4$
④ $\sqrt{3}\times\sqrt{10}\times\sqrt{15}=15\sqrt{a}$
⑤ $4\sqrt{5}\div2\sqrt{5}\div\sqrt{2}=a$

유형 02-29 제곱근이 포함된 혼합 계산

1. 괄호가 있는 경우에는 분배법칙이나 곱셈 공식을 이용하여 괄호를 풀어 계산한다.

| 예 | $\sqrt{2}(\sqrt{3}+\sqrt{5})=\sqrt{6}+\sqrt{10}$

2. 덧셈, 뺄셈, 곱셈, 나눗셈이 혼합되어 있는 경우에는 곱셈과 나눗셈을 먼저 계산하고 앞에서부터 차례대로 계산한다.

| 예 | $\sqrt{2}\times\sqrt{6}-2\sqrt{5}+\sqrt{35}\div\sqrt{7}=\sqrt{12}-2\sqrt{5}+\sqrt{5}$

$=2\sqrt{3}-\sqrt{5}$

101

⊃7880-0344

$\sqrt{8}-\sqrt{3}(3\sqrt{6}-\sqrt{24})$를 간단히 하면?

① $-5\sqrt{2}$ ② $-4\sqrt{2}$ ③ $-3\sqrt{2}$
④ $-2\sqrt{2}$ ⑤ $-\sqrt{2}$

102

⊃7880-0345

$\sqrt{32}(\sqrt{12}-\sqrt{2})-\frac{4\sqrt{3}}{\sqrt{2}}$을 간단히 하면?

① $-8-6\sqrt{6}$ ② -8 ③ $6\sqrt{6}$
④ $8\sqrt{6}$ ⑤ $6\sqrt{6}-8$

103

⊃7880-0346

$\sqrt{2}(\sqrt{20}+\sqrt{72})-(\sqrt{45}+\sqrt{50})\div\sqrt{5}=a+b\sqrt{10}$일 때, 유리수 a, b에 대하여 $a-b$의 값은?

① 6 ② 7 ③ 8
④ 9 ⑤ 10

유형 02-30 복소수의 뜻

1. **허수단위** : 제곱하여 -1이 되는 수를 새로운 수 i로 나타내고, 허수단위라고 한다.

$$i^2=-1,\ i=\sqrt{-1}$$

2. **복소수**

(1) 두 실수 a, b에 대하여 $a+bi$ 꼴로 나타내어진 수 (실수부분: a, 허수부분: b)

(2) 복소수 $a+bi$ $\begin{cases} \text{실수}\ (b=0\text{일 때}) \\ \text{허수}\ (b\neq 0\text{일 때}) \end{cases}$

← 예 $1,\ 0,\ \sqrt{3}$

→ 허수는 대소 비교를 할 수 없다.

3. **복소수가 서로 같을 조건**

a, b, c, d가 실수일 때

(1) $a+bi=0$이면 $a=0$, $b=0$이다.

(2) $a+bi=c+di$이면 $a=c$, $b=d$이다.

유형 02-31 복소수의 사칙연산

실수 a, b, c, d에 대하여 → 실수부분은 실수부분끼리, 허수부분은 허수부분끼리 모아서 계산한다. 허수단위 i를 문자처럼 생각하고 분배법칙을 이용한다.

(1) $(a+bi)+(c+di)=(a+c)+(b+d)i$

(2) $(a+bi)-(c+di)=(a-c)+(b-d)i$

(3) $(a+bi)(c+di)=(ac-bd)+(ad+bc)i$

(4) $\dfrac{a+bi}{c+di}=\dfrac{ac+bd}{c^2+d^2}+\dfrac{bc-ad}{c^2+d^2}i$ ← 분모, 분자에 각각 $c-di$를 곱한다.

| 예 | $(1+2i)+(3+4i)=(1+3)+(2+4)i=4+6i$

$(1+2i)-(3+4i)=(1-3)+(2-4)i=-2-2i$

$(1+2i)(3+4i)=(3-8)+(4+6)i=-5+10i$

$\dfrac{1+2i}{3+4i}=\dfrac{3+8}{3^2+4^2}+\dfrac{6-4}{3^2+4^2}i=\dfrac{11}{25}+\dfrac{2}{25}i$

104
➲7880-0347

다음을 허수단위 i를 사용하여 나타내어라.

(1) $\sqrt{-2}$　　(2) $\sqrt{-4}$

(3) $-\sqrt{-5}$　　(4) $-\sqrt{-9}$

105
➲7880-0348

다음 보기의 수 중에서 허수를 모두 골라라.

| 보기 |

ㄱ. $\sqrt{-5}$　　ㄴ. $2-3i$　　ㄷ. -1

ㄹ. i　　ㅁ. i^2+2

106
➲7880-0349

등식 $(x-2)+(2y-3)i=-9i$를 만족하는 두 실수 x, y에 대하여 $x+y$의 값을 구하여라.

107
➲7880-0350

$(1+2i)+(3-4i)$를 계산하면?

① $1-i$　② $2+i$　③ $2-i$

④ $4+2i$　⑤ $4-2i$

108
➲7880-0351

$(2-i)(2+i)$를 계산하면?

① $4-2i$　② 3　③ 4

④ 5　⑤ $4+2i$

109
➲7880-0352

$(1+i)^2+(1+i)^3+(1+i)^4$을 간단히 하여라.

110
➲7880-0353

$a=1-3i$, $b=1+3i$일 때, a^2+ab+b^2의 값을 구하여라.

유형 02-32 켤레복소수와 그 성질

1. **켤레복소수** : 복소수 $a+bi$ (a, b는 실수)에 대하여 허수 부분의 부호를 바꾼 $a-bi$를 $a+bi$의 켤레복소수라 하고, 기호로 $\overline{a+bi}$와 같이 나타낸다. 즉, $\overline{a+bi}=a-bi$

   | 예 | $\overline{2+3i}=2-3i$

2. **켤레복소수의 성질**

   복소수 z_1, z_2에 대하여

   (1) $\overline{(\overline{z_1})}=z_1$

   (2) $\overline{z_1+z_2}=\overline{z_1}+\overline{z_2}$, $\overline{z_1-z_2}=\overline{z_1}-\overline{z_2}$

   (3) $\overline{z_1\cdot z_2}=\overline{z_1}\cdot\overline{z_2}$

   (4) $\overline{\left(\dfrac{z_2}{z_1}\right)}=\dfrac{\overline{z_2}}{\overline{z_1}}$ (단, $z_1\neq0$)

111

⊃7880-0354

다음 복소수의 켤레복소수를 구하여라.

(1) $-3+i$　(2) $3i+2$

(3) $2+i$　(4) $\sqrt{2}i$

112

⊃7880-0355

복소수 $z=2-i$에 대하여 $z+\overline{z}$의 값은?

(단, $\overline{z}$는 z의 켤레복소수이다.)

① $-2i$　② $4-2i$　③ 0

④ 4　⑤ $4+2i$

113

⊃7880-0356

복소수 z와 그 켤레복소수 $\overline{z}$에 대하여 $\alpha=z+\overline{z}$, $\beta=z-\overline{z}$일 때, $3\alpha-4\beta=6-4i$이다. $z\overline{z}$의 값은?

① $\dfrac{1}{4}$　② 1　③ $\dfrac{5}{4}$

④ $\dfrac{7}{4}$　⑤ 2

114

⊃7880-0357

복소수 z와 그 켤레복소수 $\overline{z}$에 대하여 $z+\overline{z}=2$, $z\overline{z}=2$를 만족시키는 복소수 z를 모두 구하여라.

115

⊃7880-0358

복소수 $z=1+i$에 대하여 $\omega=\dfrac{z+1}{z-1}$일 때, $\omega\overline{\omega}$의 값을 구하여라. (단, $\overline{\omega}$는 ω의 켤레복소수이다.)

116

⊃7880-0359

두 복소수 α, β와 각각의 켤레복소수 $\overline{\alpha}$, $\overline{\beta}$에 대하여 $\alpha\cdot\overline{\alpha}=1$, $\beta\cdot\overline{\beta}=1$, $\alpha+\beta=-i$일 때, $\dfrac{1}{\alpha}+\dfrac{1}{\beta}$의 값을 구하여라.

117

⊃7880-0360

복소수 z와 그 켤레복소수 $\overline{z}$에 대하여

$2(z-\overline{z})+2z\overline{z}=34-4i$가 성립할 때, $z+\overline{z}$의 값은?

① ±10　② -8　③ ±8

④ 8　⑤ 10

THEME

03

방정식

유형 03-1 어떤 수를 □로 나타내기

1. 덧셈식에서 □의 값 구하기

$4+\square=12$에서 □의 값 구하기

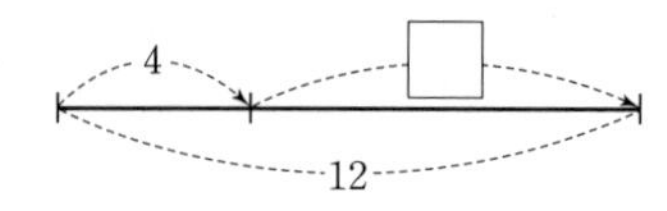

$4+\square=12$

$12-4=\square$, $\square=8$

2. 뺄셈식에서 □의 값 구하기

$15-\square=7$에서 □의 값 구하기

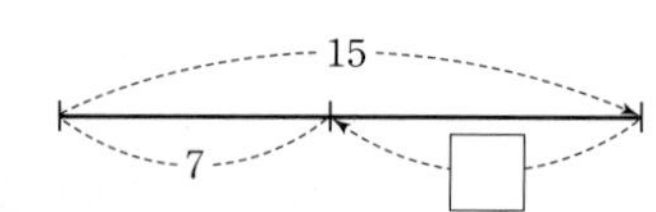

$15-\square=7$

$15-7=\square$, $\square=8$

001

➲7880-0361

다음 그림을 보고 □를 사용하여 알맞은 식을 써 넣어라.

(1)

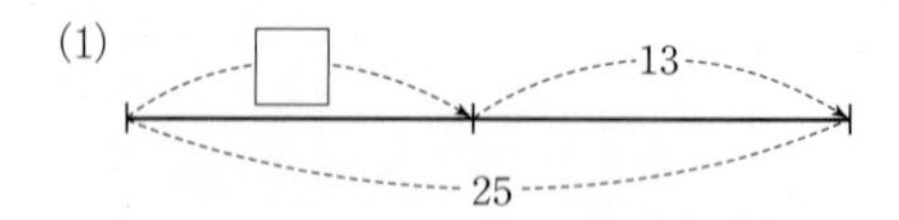

(2)

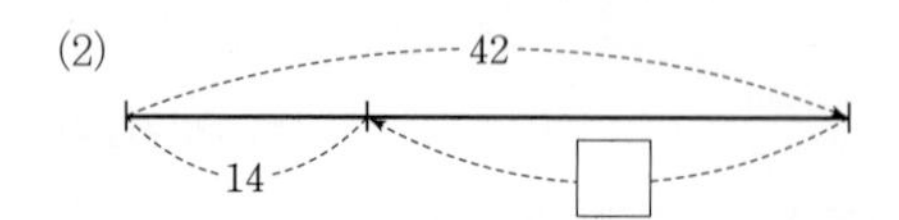

002

➲7880-0362

다음 □ 안에 알맞은 수를 써 넣어라.

(1) $17+\square=25$　　(2) $\square+8=16$

(3) $18-\square=5$　　(4) $\square-6=9$

유형 03-2 등식, 방정식, 항등식

1. 등식 : 등호(=)를 사용하여 두 수나 식의 같음을 나타낸 식

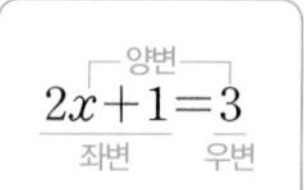

2. 방정식 : 미지수의 값에 따라 참 또는 거짓이 결정되는 등식

| 예 | $2x+1=3$ → $x=1$일 때 참

3. 항등식 : 미지수에 어떤 수를 대입해도 참이 되는 등식

| 예 | $2x+x=3x$ → x에 어떤 값을 대입해도 참

003

➲7880-0363

다음 **보기** 중 등식인 것의 개수를 구하여라.

보기

ㄱ. $a+2$　　ㄴ. $x+x=x$

ㄷ. $3a>0$　　ㄹ. $2+3=5$

004

➲7880-0364

다음을 등식으로 나타내었을 때, 옳은 것은?

어떤 수에 6을 더한 수는 어떤 수를 2배한 수보다 3만큼 크다.

① $x+6=2x-3$　　② $x+6=2x+3$

③ $2x+6=x-3$　　④ $2x-6=x+3$

⑤ $x+6=2(x+3)$

005

➲7880-0365

다음 식 중 방정식인 것은?

① $4x+x=5x$　② $x+3=3+x$
③ $3+5\times2=13$　④ $3=2(1-x)$
⑤ $x-2<6$

006

➲7880-0366

다음 등식 중 항등식인 것은?

① $2x-1=3x+2$　② $4x+6=2(2x+3)$
③ $4x+2=2(x+1)$　④ $3=8-5x$
⑤ $2(2x-1)=-2(2x-1)$

007

➲7880-0367

다음 **보기**의 식을 방정식과 항등식으로 구분하여라.

보기

ㄱ. $2x+3x=5x$　ㄴ. $2(x-3)\ge x-3$
ㄷ. $9+x\times3=15$　ㄹ. $3=2(1-x)$
ㅁ. $-3x+15=-3(x-5)$

유형 03-3 등식의 성질

$a=b$이면

(1) $a+c=b+c$　(2) $a-c=b-c$

⟶ 같은 수를 더하거나 빼면 등식이 성립한다.

(3) $ac=bc$　(4) $\frac{a}{c}=\frac{b}{c}$ $(c\neq0)$

⟶ 같은 수를 곱하거나 나누면 등식이 성립한다. (단, 나누는 수는 0이 아님)

| 예 | $a=b$이면

(1) $a+2=b+2$　(2) $a-3=b-3$
(3) $3a=3b$　(4) $\frac{a}{2}=\frac{b}{2}$

008

➲7880-0368

$a=b$일 때, 다음 중 옳은 것은?

① $a+2=b-2$　② $3a=-3b$
③ $\frac{a}{5}=\frac{b}{5}$　④ $2a-1=2b+1$
⑤ $\frac{a}{3}+3=3b+\frac{1}{3}$

009

➲7880-0369

$a=2b$일 때, 다음 중 옳지 않은 것은?

① $a+2=2b+2$　② $3a=6b$　③ $2a-3=4b-6$
④ $ac=2bc$　⑤ $\frac{a}{2}=b$

010

➲7880-0370

다음 중 방정식을 푸는 데 등식의 성질 '$a=b$이면 $ac=bc$이다.'를 이용한 것은? (단, c는 정수이다.)

① $x-3=1 \rightarrow x=4$　② $x-6=4 \rightarrow x=10$
③ $3x=18 \rightarrow x=6$　④ $\frac{1}{4}x=4 \rightarrow x=16$
⑤ $-4x=3 \rightarrow x=-\frac{3}{4}$

유형 03-4 일차방정식의 풀이

1. **일차방정식** : (일차식) $=0$ 꼴
   → 모든 항을 좌변으로 이항하여 정리
2. **일차방정식의 풀이**

$3x-2=x+4$
$3x-x=4+2$ (이항 : 항을 부호를 바꾸어 다른 변으로 옮긴다. 일차항은 좌변, 상수항은 우변으로)
$2x=6$
따라서 $x=3$ ($x=$(수) 꼴로 정리)

011
7880-0371

다음 중 이항을 바르게 한 것은?

① $2x\underline{-5}=1 \rightarrow 2x=1\underline{-5}$
② $\underline{3}-x=4 \rightarrow -x=4\underline{+3}$
③ $2x\underline{+7}=\underline{-x}-3 \rightarrow 2x\underline{+x}=-3\underline{+7}$
④ $-4x=\underline{2x}+6 \rightarrow -4x\underline{-2x}=6$
⑤ $\underline{4}-x=\underline{-3x} \rightarrow -x\underline{-3x}=\underline{-4}$

012
7880-0372

다음 **보기** 중 일차방정식인 것을 모두 골라라.

| 보기 |

ㄱ. $3x-1=-1+3x$　　ㄴ. $x^2+4x=4+2x+x^2$
ㄷ. $-1+3x^2=3+x^2$　　ㄹ. $5x+1=8x$

013
7880-0373

다음 두 일차방정식의 해를 더한 값은?

$$2x-6=0, \quad -4x=-x+9$$

① -1　② 0　③ 1
④ 2　⑤ 3

유형 03-5 복잡한 일차방정식의 풀이

(1) 괄호가 있을 때 : 분배법칙을 이용하여 괄호를 푼다.
| 예 | $3(x+4)=x-3 \Longrightarrow 3x+12=x-3$

(2) 계수가 소수일 때 : 양변에 10의 거듭제곱을 곱하여 계수를 정수로 고친다.
| 예 | $0.1x-3.4=0.6 \overset{\times 10}{\Longrightarrow} x-34=6$

(3) 계수가 분수일 때 : 양변에 분모의 최소공배수를 곱하여 계수를 정수로 고친다.
| 예 | $\frac{x}{3}=\frac{x-1}{4} \overset{\times 12}{\Longrightarrow} 4x=3(x-1)$

014
7880-0374

다음 중 일차방정식의 해가 나머지 넷과 다른 하나는?

① $5=2-x$　② $6x-2(x-3)=-6$
③ $4x+2=x-7$　④ $0.4x-1.5=0.7x-0.6$
⑤ $\frac{2}{3}x-1=\frac{1}{2}x$

015
7880-0375

다음 일차방정식을 풀어라.

$$-\frac{x}{2}+\frac{x-4}{3}=x+1$$

016
7880-0376

x에 대한 일차방정식 $0.1x-1.1=-0.2a$의 해가 양의 정수가 되도록 하는 자연수 a의 개수를 구하여라.

017
7880-0377

비례식 $(x-2):3=(3x-1):4$를 만족하는 x의 값은?

① 2　② 1　③ 0
④ -1　⑤ -2

유형 03-6 일차방정식의 활용 (1)

1. 연속하는 자연수

(1) 연속하는 세 자연수 : $x-1$, x, $x+1$

→ 가장 작은 수를 x라 하면 세 수는 x, $x+1$, $x+2$

(2) 연속하는 세 짝수 또는 홀수 : $x-2$, x, $x+2$

| 예 | 연속하는 세 자연수의 합이 141일 때,
연속하는 세 자연수를 $x-1$, x, $x+1$이라 하면
$(x-1)+x+(x+1)=141$
$3x=141$, $x=47$
따라서 세 자연수는 46, 47, 48이다.

2. 자리의 숫자에 관한 문제

십의 자리 숫자가 a, 일의 자리 숫자가 b인 수를 $10a+b$라고 놓는다.

유형 03-7 일차방정식의 활용 (2)

1. (거리)=(속력)×(시간)

2. (속력)$=\dfrac{(\text{거리})}{(\text{시간})}$

3. (시간)$=\dfrac{(\text{거리})}{(\text{속력})}$

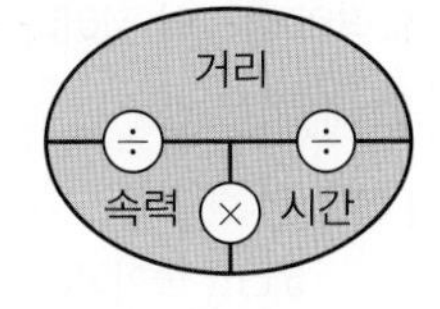

| 예 | 집에서 학교까지 갈 때에는 시속 4 km로, 집으로 돌아올 때에는 시속 6 km로 걸어 1시간이 걸렸다. 집에서 학교까지의 거리를 x km라 하면
(갈 때 걸린 시간)+(돌아올 때 걸린 시간)=1(시간)
이므로

(시간)$=\dfrac{(\text{거리})}{(\text{속력})}$

$\dfrac{x}{4}+\dfrac{x}{6}=1$, $x=2.4$
따라서 집에서 학교까지의 거리는 2.4 km이다.

018
7880-0378

연속하는 세 짝수의 합이 78일 때, 세 짝수 중 가장 큰 수와 가장 작은 수의 최대공약수는?

① 2 ② 3 ③ 4
④ 5 ⑤ 6

019
7880-0379

일의 자리 숫자가 6인 두 자리의 자연수가 있다. 이 자연수는 각 자리 숫자의 합의 3배보다 9만큼 크다. 이 자연수는?

① 16 ② 26 ③ 36
④ 46 ⑤ 56

020
7880-0380

십의 자리 숫자가 일의 자리 숫자의 2배인 두 자리의 자연수가 있다. 이 자연수의 십의 자리 숫자와 일의 자리 숫자를 바꾼 수는 처음 수보다 27만큼 작다고 한다. 처음 자연수는?

① 21 ② 42 ③ 63
④ 84 ⑤ 만족하는 자연수는 없다.

021
7880-0381

두 지점 A, B를 자동차로 왕복하는데 갈 때에는 시속 40 km로, 돌아올 때에는 같은 길로 시속 30 km로 달렸더니 돌아올 때에는 갈 때보다 30분이 더 걸렸다고 한다. 두 지점 A, B 사이의 거리는?

① 40 km ② 45 km ③ 50 km
④ 55 km ⑤ 60 km

022
7880-0382

일정한 속력으로 달리는 열차가 길이가 200 m인 터널을 완전히 통과하는 데 10초가 걸리고, 길이가 620 m인 터널을 완전히 통과하는 데 25초가 걸렸다. 이 열차의 길이를 구하여라.

023
7880-0383

둘레의 길이가 200 m인 원 모양의 운동장 둘레를 따라 유정이와 보검이가 각각 분속 40 m, 분속 60 m로 달렸다. 두 사람이 한 지점에서 동시에 출발하여 같은 방향으로 달렸을 때, 출발한 지 x분 후에 두 사람이 처음으로 다시 만났다. x의 값을 구하여라.

유형 03-8 일차방정식의 활용 (3)

도형의 둘레의 길이나 넓이에 관한 공식을 이용하여 방정식을 세운다.

| 예 | 한 변의 길이가 10 cm인 정사각형의 가로의 길이를 5 cm 줄이고 세로의 길이를 x cm 늘인 직사각형의 넓이는 60 cm²가 되었을 때, (→ 길이나 넓이는 양수이다.)
(직사각형의 넓이)=(가로의 길이)×(세로의 길이)를 이용하여 (가로의 길이)$=10-5=5$(cm),
(세로의 길이)$=10+x$(cm)이므로
$5\times(10+x)=60$에서 $10+x=12$, $x=2$
따라서 직사각형의 세로의 길이가 2 cm 늘어났다.

024

7880-0384

가로의 길이가 40 m, 세로의 길이가 30 m인 직사각형 모양의 땅에 그림과 같이 폭이 5 m, x m인 두 개의 직선 길을 만들었더니 길을 제외한 땅의 넓이가 700 m²가 되었다. x의 값을 구하여라.

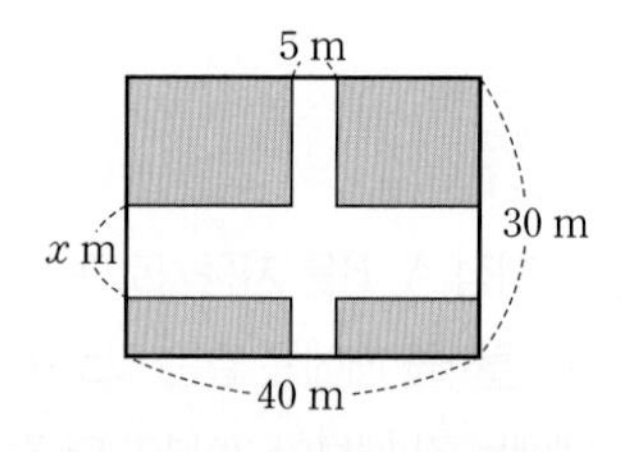

025

7880-0385

가로, 세로의 길이가 각각 12 cm, 6 cm인 직사각형이 있다. 가로의 길이를 3 cm, 세로의 길이를 x cm 늘였더니 직사각형의 넓이가 처음보다 78 cm²만큼 늘었다. x의 값을 구하여라.

026

7880-0386

한 변의 길이가 9 cm인 정사각형을 가로로 2 cm 늘이고, 세로로 적당히 줄였더니 직사각형의 넓이가 처음 정사각형의 넓이보다 4 cm²만큼 줄었다. 줄인 세로의 길이는?

① 1 cm ② 2 cm ③ 3 cm
④ 4 cm ⑤ 5 cm

유형 03-9 연립일차방정식

연립방정식의 해 : 두 방정식을 모두 만족하는 x, y의 값

| 예 | x, y가 자연수일 때, 연립방정식

$\begin{cases} x+y=6 & \cdots\cdots ㉠ \\ x+2y=10 & \cdots\cdots ㉡ \end{cases}$ 에서 방정식 ㉠, ㉡의 해를 구하여 표로 나타내면 다음과 같다.

〈㉠의 해〉

x	1	2	3	4	5
y	5	4	3	2	1

〈㉡의 해〉

x	8	6	4	2
y	1	2	3	4

㉠과 ㉡을 모두 만족하는 해는 $x=2$, $y=4$
(연립방정식의 해는 순서쌍 (2, 4)로 나타낼 수 있다.)

027

7880-0387

다음 연립방정식 중 $x=-1$, $y=2$를 해로 갖는 것은?

① $\begin{cases} 2x+y=0 \\ x+2y=3 \end{cases}$ ② $\begin{cases} x+y=1 \\ -3x+4y=5 \end{cases}$

③ $\begin{cases} x+4y=7 \\ 2x-5y=12 \end{cases}$ ④ $\begin{cases} 2x-y=-4 \\ x-2y=5 \end{cases}$

⑤ $\begin{cases} x-y=1 \\ 3x+2y=1 \end{cases}$

028

7880-0388

x, y가 자연수일 때, 연립방정식 $\begin{cases} x+2y=10 \\ 3x+y=10 \end{cases}$의 해를 구하여라.

029

7880-0389

연립방정식 $\begin{cases} 2ax-y=2 \\ x+2by=1 \end{cases}$의 해가 $x=1$, $y=2$일 때, 상수 a, b에 대하여 $a+b$의 값을 구하여라.

유형 03-10 연립방정식의 풀이 (1)

→ 한 미지수를 소거하는 방법

가감법 : 두 일차방정식을 변끼리 더하거나 빼어서 한 미지수를 소거하여 연립방정식의 해를 구한다.

| 예 | 연립방정식 $\begin{cases} x-2y=5 & \cdots\cdots ㉠ \\ 2x-y=1 & \cdots\cdots ㉡ \end{cases}$에서

x를 소거하기 위하여 ㉠$\times 2-$㉡을 하면

$$\begin{array}{rl} & 2x-4y=10 \\ -) & 2x-\ \ y=1 \\ \hline & -3y=9,\ 즉\ y=-3 \end{array}$$

$y=-3$을 ㉠에 대입하면

$x+6=5,\ x=-1$ ← 연립방정식을 풀 때는 x, y의 값을 모두 구해야 한다.

따라서 주어진 연립방정식의 해는 $x=-1,\ y=-3$

030

⊃7880-0390

연립방정식 $\begin{cases} 2x-y=6 & \cdots\cdots ㉠ \\ x+2y=3 & \cdots\cdots ㉡ \end{cases}$을 가감법을 이용하여 풀려고 한다. y를 소거하기 위해 필요한 식은?

① ㉠+㉡ ② ㉠−㉡ ③ ㉠$\times 2+$㉡
④ ㉠$\times 2-$㉡ ⑤ ㉠+㉡$\times 2$

031

⊃7880-0391

연립방정식 $\begin{cases} 3x-2y=14 \\ 2x+3y=5 \end{cases}$를 가감법으로 풀면?

① $x=-1,\ y=-4$ ② $x=-1,\ y=4$
③ $x=4,\ y=1$ ④ $x=4,\ y=-1$
⑤ $x=4,\ y=2$

032

⊃7880-0392

연립방정식 $\begin{cases} 3x-4y=2 \\ 2x-3y=-1 \end{cases}$을 가감법으로 풀어라.

유형 03-11 연립방정식의 풀이 (2)

→ 다른 식에 대입하기 쉬운 식으로 정리하면 편리하다.

대입법 : 한 방정식을 한 미지수에 대하여 풀어 그 식을 다른 방정식에 대입하여 미지수를 소거하여 연립방정식의 해를 구한다.

| 예 | 연립방정식 $\begin{cases} x-y=3 & \cdots\cdots ㉠ \\ x=5-y & \cdots\cdots ㉡ \end{cases}$에서

㉡을 ㉠에 대입하면

$(5-y)-y=3,\ -2y=-2,\ y=1$

$y=1$을 ㉡에 대입하면 $x=5-1=4$

따라서 주어진 연립방정식의 해는 $x=4,\ y=1$

033

⊃7880-0393

다음은 연립방정식 $\begin{cases} x-y=4 & \cdots\cdots ㉠ \\ 2x-3y=5 & \cdots\cdots ㉡ \end{cases}$을 대입법을 이용하여 푸는 과정이다. (가)~(마) 중 옳은 것은?

> x를 소거하기 위하여 ㉠을 x에 관하여 풀면
> $x=$ (가) $\cdots\cdots$ ㉢
> ㉢을 ㉡에 대입하면
> $2($ (가) $)-3y=5$
> $y=$ (나)
> $y=$ (다) 을 ㉢에 대입하면 $x=$ (라)
> 따라서 연립방정식의 해는
> $x=$ (라), $y=$ (마)

① (가) : $y-4$ ② (나) : -3 ③ (다) : -3
④ (라) : 7 ⑤ (마) : -3

034

⊃7880-0394

다음 연립방정식을 대입법으로 풀어라.

(1) $\begin{cases} 2x-3y=4 \\ x=y+2 \end{cases}$ (2) $\begin{cases} 3x-y=7 \\ y=-2x+3 \end{cases}$

THEME 03 방정식

유형 03-12 복잡한 연립방정식의 풀이

(1) 괄호가 있을 때 : 분배법칙을 이용하여 괄호를 풀고 동류항을 정리하여 간단히 한다.

| 예 | 연립방정식 $\begin{cases} x+y=2 & \cdots\cdots ㉠ \\ 2x-(y-2)=6 & \cdots\cdots ㉡ \end{cases}$에서

㉡에서 괄호를 푼 다음 동류항끼리 정리하여 간단히 하면 $2x-y=4$ $\cdots\cdots$ ㉢

㉠+㉢을 하여 풀면 $x=2$, $y=0$

(2) 계수가 분수일 때 : 양변에 분모의 최소공배수를 곱하여 계수를 정수로 고친다.

(3) 계수가 소수일 때 : 양변에 10의 거듭제곱을 곱하여 계수를 정수로 고친다.

035

➲7880-0395

연립방정식 $\begin{cases} \frac{x}{4}+\frac{y}{2}=1 \\ \frac{1}{2}x+\frac{2}{3}y=1 \end{cases}$ 의 해가 $x=a$, $y=b$일 때, $a-b$의 값을 구하여라.

036

➲7880-0396

연립방정식 $\begin{cases} 0.2x+0.4y=1 \\ 0.5x-\frac{1}{4}y=0 \end{cases}$ 의 해가 $x=a$, $y=b$일 때, $a+b$의 값을 구하여라.

037

➲7880-0397

연립방정식 $\begin{cases} x-2(x+y)=3 \\ 3(2x-y)+2y=-5 \end{cases}$ 의 해를 구하여라.

유형 03-13 $A=B=C$ 꼴의 방정식

$A=B=C$ 꼴의 방정식은

$\begin{cases} A=B \\ B=C \end{cases}$ 또는 $\begin{cases} A=B \\ A=C \end{cases}$ 또는 $\begin{cases} A=C \\ B=C \end{cases}$ 중 하나로 고쳐서 푼다.

| 예 | 방정식 $2x+y=3x-y=5$는

$\begin{cases} 2x+y=3x-y \\ 3x-y=5 \end{cases}$, $\begin{cases} 2x+y=3x-y \\ 2x+y=5 \end{cases}$, $\begin{cases} 2x+y=5 \\ 3x-y=5 \end{cases}$

중 가장 간단한 것을 선택하여 푼다.

038

➲7880-0398

방정식 $\frac{x-y}{2}=\frac{x+y}{3}=1$을 만족시키는 해를 순서쌍 (x, y)로 나타내면?

① $\left(-\frac{5}{2}, -\frac{1}{2}\right)$ ② $\left(-\frac{5}{2}, \frac{1}{2}\right)$ ③ $\left(\frac{5}{2}, -\frac{1}{2}\right)$
④ $\left(\frac{5}{2}, \frac{1}{2}\right)$ ⑤ $(5, 2)$

039

➲7880-0399

방정식 $x+1=\frac{3x-y}{2}=\frac{6x+2y}{5}$의 해를 순서쌍 (x, y)라 할 때, xy의 값을 구하여라.

040

➲7880-0400

세 방정식 $x-y=-3$, $2x+ay=-1$, $5x-2y=-12$가 한 개의 공통인 해를 가질 때, 상수 a의 값을 구하여라.

유형 03-14 연립방정식의 활용 (1)

연립방정식의 활용 문제는 다음과 같이 푼다.

① 문제의 상황에 맞게 미지수 x, y를 정한다.

② x, y를 사용하여 문제의 뜻에 맞게 연립방정식을 세운다.

③ 연립방정식을 풀어 x, y의 값을 구한다.

④ 구한 해가 문제의 뜻에 맞는지 확인한다.

| 예 | 가로의 길이가 세로의 길이보다 2 cm가 긴 직사각형이 있다. 이 직사각형의 둘레의 길이가 20 cm일 때, 세로의 길이를 구하면

① 가로의 길이를 x cm, 세로의 길이를 y cm라 하자.

② 연립방정식을 세우면

$$\begin{cases} x=y+2 & \longrightarrow \text{(가로)=(세로)+2} \\ 2(x+y)=20 & \longrightarrow \text{2(가로+세로)=(둘레)} \end{cases}$$

③ 연립방정식을 풀면 $x=6$, $y=4$

④ 가로의 길이가 세로의 길이보다 2 cm 길고, 가로의 길이가 세로의 길이의 합의 2배가 20이 되므로 문제의 뜻에 맞다.

따라서 세로의 길이는 4 cm이다.

041

➲7880-0401

1000원짜리 사과와 200원짜리 귤을 합하여 7개를 사고 3000원을 냈다. 사과와 귤의 개수를 각각 x, y라 할 때, 알맞은 식은?

① $\begin{cases} x+y=3000 \\ 5x+y=7 \end{cases}$　② $\begin{cases} y=x+7 \\ 5x-y=15 \end{cases}$

③ $\begin{cases} x-y=300 \\ 5x+y=15 \end{cases}$　④ $\begin{cases} x+y=7 \\ 5x+y=15 \end{cases}$

⑤ $\begin{cases} 5x+y=7 \\ x+y=15 \end{cases}$

042

➲7880-0402

두 자리의 자연수가 있다. 일의 자리 숫자는 십의 자리 숫자의 2배이고, 십의 자리 숫자와 일의 자리 숫자의 합은 12이다. 이 자연수를 구하여라.

043

➲7880-0403

사과 3개와 배 2개의 값은 6300원이고, 배가 사과의 값의 3배일 때, 사과 한 개의 값은?

① 500원　② 600원　③ 700원
④ 1400원　⑤ 2100원

044

➲7880-0404

아버지와 어머니의 나이의 합은 87살이고, 아버지는 어머니보다 3살이 많다. 어머니의 나이는?

① 33살　② 36살　③ 39살
④ 42살　⑤ 45살

045

➲7880-0405

닭과 토끼를 합하여 16마리가 있다. 닭과 토끼의 다리의 수의 합이 36일 때, 닭은 모두 몇 마리인지 구하여라.

유형 03-15 연립방정식의 활용 (2)

1. (거리)=(속력)×(시간)

2. (속력)$=\frac{(\text{거리})}{(\text{시간})}$

3. (시간)$=\frac{(\text{거리})}{(\text{속력})}$

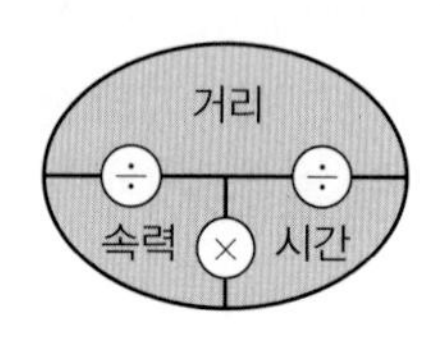

| 예 | 어느 등산길을 올라갈 때에는 시속 2 km로 걷고, 내려올 때에는 다른 길로 시속 2.5 km로 걸었더니 모두 3시간 30분이 걸렸다. 총 거리가 8 km일 때, 올라간 거리를 x km, 내려온 거리를 y km라 하고

(올라간 거리)+(내려온 거리)=(총 거리)

연립방정식을 세우면 $\begin{cases} x+y=8 \\ \frac{x}{2}+\frac{2y}{5}=3\frac{30}{60} \end{cases}$

(올라간 시간)+(내려온 시간)=(총 시간)

즉, $\begin{cases} x+y=8 & \cdots\cdots ㉠ \\ 5x+4y=35 & \cdots\cdots ㉡ \end{cases}$ 이다.

㉠×4−㉡을 하면 $-x=-3$, $x=3$

$x=3$을 ㉠에 대입하면 $3+y=8$, $y=5$

따라서 올라간 거리는 3 km, 내려온 거리는 5 km이다.

046

7880-0406

둘레의 길이가 10 km인 산책로를 시속 6 km의 속력으로 뛰다가 도중에 시속 3 km의 속력으로 걸어서 한 바퀴를 돌았더니 2시간이 걸렸다. 뛰어간 거리는?

① 4 km ② 6 km ③ 8 km
④ 10 km ⑤ 12 km

047

7880-0407

일정한 속력으로 달리는 기차가 400 m 길이의 다리를 완전히 통과하는 데 10초, 600 m 길이의 터널을 완전히 통과하는 데 14초가 걸렸다. 이 기차의 속력은?

① 초속 30 m ② 초속 40 m ③ 초속 50 m
④ 초속 75 m ⑤ 초속 100 m

048

7880-0408

동생이 집을 떠난 지 30분 후에 형이 집을 떠났다. 동생은 시속 3 km로 걷고, 형은 시속 4 km로 걷는다면, 형과 동생이 만나는 것은 형이 집을 떠난 지 몇 분 후인가?

① 180분 ② 90분 ③ 80분
④ 70분 ⑤ 60분

049

7880-0409

철수가 300 m 걷는 동안에 영희는 200 m를 걷는다.
2400 m 떨어진 지점에서 서로 마주보고 걸어가다가 24분 후에 둘이 만났다고 할 때, 철수와 영희가 1분 동안 걸어간 거리는?

① 철수 30 m, 영희 20 m
② 철수 40 m, 영희 60 m
③ 철수 50 m, 영희 50 m
④ 철수 60 m, 영희 40 m
⑤ 철수 90 m, 영희 60 m

유형 03-16 이차방정식의 풀이

1. x에 대한 이차방정식
   $ax^2+bx+c=0$ (a, b, c는 상수, $a\neq0$)
2. 이차방정식의 해(근)
   이차방정식이 참이 되게 하는 미지수 x의 값
   | 예 | 이차방정식 $2x^2-x-1=0$의 x에 1을 대입하면 $2\times1^2-1-1=0$이므로 $x=1$은 이차방정식 $2x^2-x-1=0$의 해이다.

050

➲7880-0410

다음 보기의 등식 중에서 x에 대한 이차방정식의 개수를 구하여라.

| 보기 |

ㄱ. $x^2-x=2$　　ㄴ. $2x^2+x=2(x^2+x)+1$
ㄷ. $(2x)^2=x(x+1)^2$　　ㄹ. $-x^2+2=(x+1)^2$
ㅁ. $(x-1)^2=x(x+1)$

051

➲7880-0411

$3x(ax-2)=1-2x^2$이 이차방정식이 되기 위한 상수 a의 조건은?

① $a\neq-\frac{2}{3}$　② $a\neq-\frac{1}{3}$　③ $a\neq0$
④ $a\neq\frac{1}{3}$　⑤ $a\neq\frac{2}{3}$

052

➲7880-0412

다음 중 [ ] 안의 수가 주어진 이차방정식의 해가 아닌 것은?

① $x^2-4=0$ [2]　② $-x^2+2x=0$ [2]
③ $(x-1)^2-4=0$ [−1]　④ $3x^2+x-2=0$ [−1]
⑤ $(x+3)(x-2)=0$ [−2]

유형 03-17 인수분해를 이용한 이차방정식의 풀이

1. $AB=0$에서 $A=0$ 또는 $B=0$
2. $(ax-b)(cx-d)=0$ ($a\neq0$, $c\neq0$)
   에서 $x=\frac{b}{a}$ 또는 $x=\frac{d}{c}$ → $ax-b=0$ 또는 $cx-d=0$
   | 예 | 이차방정식 $(x+2)(4x-3)=0$의 해는
   $x+2=0$ 또는 $4x-3=0$에서
   $x=-2$ 또는 $x=\frac{3}{4}$

053

➲7880-0413

이차방정식 $6x^2-x-12=0$의 해는?

① $x=-\frac{3}{2}$ 또는 $x=\frac{4}{3}$　② $x=\frac{3}{2}$ 또는 $x=-\frac{4}{3}$
③ $x=-\frac{1}{2}$ 또는 $x=\frac{2}{3}$　④ $x=\frac{1}{2}$ 또는 $x=-\frac{2}{3}$
⑤ $x=2$ 또는 $x=3$

054

➲7880-0414

이차방정식 $x^2-7x-18=0$의 해가 $x=a$ 또는 $x=b$일 때, $a<n<b$를 만족하는 정수 n의 개수를 구하여라.

055

➲7880-0415

이차방정식 $x^2+x-6=0$의 해가 $x=a$ 또는 $x=b$일 때, 이차방정식 $ax^2-5x+b=0$의 해는? (단, $a>b$이다.)

① $x=-3$ 또는 $x=-\frac{1}{2}$　② $x=-3$ 또는 $x=\frac{1}{2}$
③ $x=3$ 또는 $x=-\frac{1}{2}$　④ $x=3$ 또는 $x=\frac{1}{2}$
⑤ $x=3$ 또는 $x=1$

유형 03-18 이차방정식의 중근

1. **이차방정식의 중근**

$x^2+2x+1=0$을 인수분해하면 $(x+1)^2=0$으로 $x=-1$이 중복된다. 이와 같은 근을 중근이라고 한다.

2. **이차방정식이 중근을 가질 조건**

(1) $x^2+ax+b=0$ 꼴 $\Longrightarrow b=\left(\frac{a}{2}\right)^2$

| 예 | 이차방정식 $x^2+8x+16=0$에서

$16=\left(\frac{8}{2}\right)^2=4^2$이므로 중근을 갖는다.

(2) $ax^2+bx+c=0$ 꼴 $\Longrightarrow \frac{c}{a}=\left(\frac{b}{2a}\right)^2$

| 예 | 이차방정식 $2x^2+12x+18=0$에서

$\frac{18}{2}=\left(\frac{12}{2\times2}\right)^2$이므로 중근을 갖는다.

056

7880-0416

다음 보기의 이차방정식 중에서 중근을 갖는 것을 모두 골라라.

보기

ㄱ. $3x^2=0$ ㄴ. $x^2-1=0$

ㄷ. $x^2+9=6x$ ㄹ. $x^2=2x^2-x$

ㅁ. $x^2-8x+16=0$ ㅂ. $(x-3)^2=5-2x$

057

7880-0417

이차방정식 $2x^2-12x+k-5=0$이 중근을 갖기 위한 상수 k의 값은?

① 13 ② 16 ③ 18 ④ 20 ⑤ 23

유형 03-19 제곱근을 이용한 이차방정식의 풀이

1. 이차방정식 $x^2=k\ (k\geq0)$의 해는 $x=\pm\sqrt{k}$이다.
2. 이차방정식 $(x-p)^2=q\ (q\geq0)$의 해는 $x=p\pm\sqrt{q}$이다.

| 예 | 이차방정식 $(x-3)^2=2$의 해는 $x=3\pm\sqrt{2}$

↳ $x-3=\pm\sqrt{2}$

058

7880-0418

이차방정식 $2(x+1)^2=k$의 두 근의 합은? (단, $k>0$인 상수이다.)

① -6 ② -3 ③ -2 ④ 2 ⑤ 6

059

7880-0419

다음 중 이차방정식 $(x+1)^2=1-m$의 해에 대한 설명으로 옳지 않은 것은? (단, m은 상수이다.)

① $m=-3$이면 정수인 해를 갖는다.

② $m=-1$이면 무리수인 해를 갖는다.

③ $m=\frac{1}{2}$이면 유리수인 해를 갖는다.

④ $m=1$이면 정수인 중근을 갖는다.

⑤ $m=2$이면 실수인 해는 없다.

060

7880-0420

이차방정식 $x^2+6x+3=0$을 $(x+p)^2=q$의 꼴로 나타낼 때, 상수 p, q에 대하여 $p-q$의 값은?

① -9 ② -3 ③ 0 ④ 3 ⑤ 9

유형 03-20 완전제곱식을 이용한 이차방정식의 풀이

이차방정식 $ax^2+bx+c=0\ (a\neq0)$에서

① 양변을 x^2의 계수 a로 나눈다.

② 좌변의 상수항을 우변으로 이항한다.

③ 양변에 $\left(\frac{b}{2a}\right)^2$을 더한다.

④ $(x-p)^2=q$ 꼴로 정리한다.

⑤ 제곱근을 이용하여 해를 구한다.

| 예 | 이차방정식 $2x^2-4x-1=0$을 완전제곱식을 이용하여 풀면

① 이차방정식의 양변을 2로 나누면

$$x^2-2x-\frac{1}{2}=0$$

② 좌변의 상수항을 우변으로 이항하면

$$x^2-2x=\frac{1}{2}$$

③ 양변에 $\left(\frac{-2}{2}\right)^2$을 더하면 $x^2-2x+1=\frac{3}{2}$

④ $(x-p)^2=q$ 꼴로 정리하면 $(x-1)^2=\frac{3}{2}$

⑤ 제곱근을 이용하여 해를 구하면

$x-1=\pm\sqrt{\frac{3}{2}}$

$$x=1\pm\frac{\sqrt{6}}{2}$$

061

➲7880-0421

다음은 완전제곱식을 이용하여 이차방정식 $2x^2-8x+1=0$의 해를 구하는 과정이다. ①~⑤에 알맞지 않은 것을 모두 고르면? (정답 2개)

> $2x^2-8x+1=0$에서
> $x^2-4x=$ [①]
> x^2-4x+ [②] $=$ [①] $+$ [②]
> $(x-$ [③] $)^2=$ [④]
> 따라서 $x=$ [⑤]

① $\frac{1}{2}$ ② 4 ③ 4 ④ $\frac{7}{2}$ ⑤ $\frac{4\pm\sqrt{14}}{2}$

062

➲7880-0422

이차방정식 $x^2+10x+k=0$을 완전제곱식을 이용하여 풀었더니 해가 $x=m\pm\sqrt{13}$이었다. 유리수 k, m에 대하여 $k+m$의 값은?

① 5 ② 7 ③ 11 ④ 13 ⑤ 17

063

➲7880-0423

이차방정식 $x^2-6x-3=0$을 완전제곱식을 이용하여 해를 구하여라.

064

➲7880-0424

이차방정식 $3x^2-4x-1=0$을 $(x+a)^2=b$ 꼴로 나타낼 때, 상수 a, b에 대하여 $a+b$의 값은?

① $-\frac{1}{9}$ ② $\frac{1}{9}$ ③ $\frac{5}{9}$ ④ $\frac{8}{9}$ ⑤ $\frac{13}{9}$

유형 03-21 이차방정식의 근의 공식

x에 관한 이차방정식 $ax^2+bx+c=0\ (a\neq0)$의 해는

$$x=\frac{-b\pm\sqrt{b^2-4ac}}{2a}\ (\text{단, } b^2-4ac\geq0)$$

↳ 근의 공식은 완전제곱식을 이용하여 유도할 수 있다.

| 예 | 이차방정식 $2x^2-4x-1=0$의 해를 근의 공식을 이용하여 구하면

$$x=\frac{-(-4)\pm\sqrt{(-4)^2-4\times2\times(-1)}}{2\times2}$$
$$=1\pm\frac{\sqrt{6}}{2}$$

065

⊃7880-0425

이차방정식 $4x^2+2x+a=0$의 근이 $x=\frac{-1\pm\sqrt{13}}{4}$일 때, 유리수 a의 값을 구하여라.

066

⊃7880-0426

이차방정식 $x^2-bx-2=0$의 근이 $x=\frac{-3\pm\sqrt{a}}{2}$일 때, 유리수 a, b에 대하여 $a-b$의 값을 구하여라.

067

⊃7880-0427

다음 중 이차방정식과 그 근이 잘못 짝지어진 것은?

① $x^2-9x+3=0$ ➡ $x=\frac{9\pm\sqrt{69}}{2}$

② $x^2-x-3=0$ ➡ $x=\frac{1\pm\sqrt{13}}{2}$

③ $2x^2+5x+1=0$ ➡ $x=\frac{-5\pm\sqrt{17}}{4}$

④ $2x^2+x-5=0$ ➡ $x=\frac{-1\pm\sqrt{41}}{4}$

⑤ $4x^2-3x-2=0$ ➡ $x=\frac{3\pm\sqrt{41}}{4}$

유형 03-22 복잡한 이차방정식의 풀이

$ax^2+bx+c=0\ (a\neq0)$ 꼴로 정리한 후 인수분해 또는 근의 공식을 이용하여 해를 구한다.

1. 계수가 소수일 때, 10의 거듭제곱을 곱한다.
2. 계수가 분수일 때, 분모의 최소공배수를 곱한다.
3. 괄호가 있으면 괄호를 푼다.

| 예 | 이차방정식 $0.2x^2-0.7x+0.3=0$의 해는 양변에 10을 곱하면

$2x^2-7x+3=0$

$(2x-1)(x-3)=0$

따라서 $x=\frac{1}{2}$ 또는 $x=3$

068

⊃7880-0428

이차방정식 $\frac{1}{2}x^2-\frac{2}{5}x=0.4$의 근이 $x=\frac{A\pm2\sqrt{B}}{5}$일 때, 유리수 A, B에 대하여 $A+B$의 값은?

① 2　② 4　③ 6　④ 8　⑤ 10

069

⊃7880-0429

이차방정식 $\frac{(x-1)^2}{3}=\frac{(x+2)(x-2)}{2}$를 풀어라.

070

⊃7880-0430

이차방정식 $\frac{x}{15}-0.2(x+2)=\frac{2-x^2}{3}$을 풀어라.

유형 03-23 이차방정식의 실근과 허근

계수가 실수인 이차방정식 $ax^2+bx+c=0\ (a\neq0)$의 해

$x=\frac{-b\pm\sqrt{b^2-4ac}}{2a}$에 대하여

(1) $b^2-4ac\geq0$이면 $\sqrt{b^2-4ac}$가 실수이므로 실근을 갖는다.

(2) $b^2-4ac<0$이면 $\sqrt{b^2-4ac}$가 허수이므로 허근을 갖는다.

| 예 | 이차방정식 $2x^2-x-2=0$의 해를 근의 공식을 이용하여 구하면

$$x=\frac{-(-1)\pm\sqrt{(-1)^2-4\times2\times(-2)}}{2\times2}$$

$$=\frac{1\pm\sqrt{17}}{4}$$ ← $17\geq0$이므로 실근을 갖는다.

071
⊃7880-0431

이차방정식 $2x^2-6x+7=(x-1)^2$ 의 두 근을 구하면 $x=\frac{2\pm\sqrt{A}i}{B}$이다. 두 실수 A, B에 대하여 $A+B$의 값을 구하여라.

072
⊃7880-0432

방정식 $5x^2-6|x|+1=0$의 해를 구하면?

① $x=\pm\frac{1}{2}$ 또는 $x=\pm1$　② $x=\pm\frac{1}{5}$ 또는 $x=\pm1$

③ $x=\pm\frac{1}{5}$ 또는 $x=\pm\frac{1}{2}$　④ $x=\pm\frac{1}{5}$ 또는 $x=\pm5$

⑤ $x=\pm5$ 또는 $x=\pm1$

073
⊃7880-0433

다음 중 이차방정식 $x^2+5x+2a=0$이 허근을 가질 때, 정수 a가 될 수 없는 것은?

① 3　② 4　③ 5

④ 6　⑤ 7

유형 03-24 이차방정식의 판별식과 근의 판별

1. 판별식

이차방정식 $ax^2+bx+c=0\ (a\neq0)$의 근은

$x=\frac{-b\pm\sqrt{b^2-4ac}}{2a}$이고, b^2-4ac의 부호에 의해 실근과 허근을 판별할 수 있다. b^2-4ac를 판별식이라 하고 기호로 보통 D로 나타낸다.

2. 이차방정식의 근의 판별

(1) $D>0$이면 서로 다른 두 실근을 갖는다.

(2) $D=0$이면 중근을 갖는다.

(3) $D<0$이면 서로 다른 두 허근을 갖는다.

| 예 | 이차방정식 $2x^2-3x-1=0$에서

$D=(-3)^2-4\times2\times(-1)=17>0$

이므로 서로 다른 두 실근을 갖는다.

074
⊃7880-0434

이차방정식 $x^2+2x+3k-1=0$이 서로 다른 두 실근을 가질 때, 실수 k의 값의 범위는?

① $k<-\frac{2}{3}$　② $k>-\frac{2}{3}$　③ $k<\frac{2}{3}$

④ $k>\frac{2}{3}$　⑤ $k<2$

075
⊃7880-0435

이차방정식 $x^2+(k+2)x+2k+9=0$이 중근 a를 가질 때, $k+a$의 값을 구하여라. (단, $k>0$인 실수이다.)

076
⊃7880-0436

다음 이차방정식 중 서로 다른 두 허근을 갖는 것은?

① $x^2-4x+1=0$　② $x^2-4x+2=0$

③ $x^2-4x+3=0$　④ $x^2-4x+4=0$

⑤ $x^2-4x+5=0$

THEME 03 방정식

유형 03-25 이차방정식의 근과 계수의 관계

이차방정식 $ax^2+bx+c=0(a\neq0)$의 두 근을 α, β라 하면

$$\alpha+\beta=-\frac{b}{a},\ \alpha\beta=\frac{c}{a}$$

→ 근의 공식에 의해 두 근은 $\alpha=\frac{-b+\sqrt{b^2-4ac}}{2a}$, $\beta=\frac{-b-\sqrt{b^2-4ac}}{2a}$ 이므로

두 근의 합은 $\alpha+\beta=\frac{-b+\sqrt{b^2-4ac}}{2a}+\frac{-b-\sqrt{b^2-4ac}}{2a}=\frac{-2b}{2a}=-\frac{b}{a}$,

두 근의 곱은 $\alpha\beta=\frac{-b+\sqrt{b^2-4ac}}{2a}\times\frac{-b-\sqrt{b^2-4ac}}{2a}=\frac{b^2-(b^2-4ac)}{4a^2}=\frac{c}{a}$ 이다.

| 예 | 이차방정식 $3x^2+5x-6=0$의 두 근을 α, β라 하면

$$\alpha+\beta=-\frac{5}{3},\ \alpha\beta=\frac{-6}{3}=-2$$

077

➲7880-0437

이차방정식 $x^2-5x+4=0$의 두 근을 α, β라 할 때, $\alpha+\beta$, $\alpha\beta$의 값을 각각 구하여라.

078

➲7880-0438

이차방정식 $2x^2-7x+3=0$의 두 근을 α, β라 할 때, $(\alpha-\beta)^2$의 값을 구하여라.

079

➲7880-0439

이차방정식 $2x^2-4x-1=0$의 두 근을 α, β라 할 때, $\alpha^3+\beta^3$의 값은?

① 5 ② 7 ③ 9 ④ 11 ⑤ 13

080

➲7880-0440

이차방정식 $x^2-(a+6)x+a=0$의 두 근 α, β가 $\frac{1}{\alpha}+\frac{1}{\beta}=2$를 만족시킬 때, 상수 a의 값을 구하여라.

081

➲7880-0441

이차방정식 $x^2+3x+4=0$의 두 근이 α, β이고, 이차방정식 $x^2+px-12=0$의 두 근이 $\alpha+\beta$, $\alpha\beta$일 때, 상수 p의 값은?

① 1 ② 0 ③ -1 ④ -2 ⑤ -3

082

➲7880-0442

이차방정식 $2x^2-x+b=0$의 두 근이 a, 1이고, 이차방정식 $ax^2+bx+1=0$의 두 근을 α, β라 할 때, $\alpha^2+\beta^2$의 값은? (단, a, b는 상수이다.)

① 6 ② 8 ③ 10 ④ 12 ⑤ 14

유형 03-26 두 수를 근으로 하는 이차방정식

두 수 α, β를 두 근으로 하고 이차항의 계수가 a인 이차방정식은

$a(x-\alpha)(x-\beta)=0$

| 예 | 두 수 2, -3을 두 근으로 하고 이차항의 계수가 2인 이차방정식은

$2(x-2)(x+3)=0$

$2(x^2+x-6)=0$

따라서 $2x^2+2x-12=0$

083

7880-0443

다음 이차방정식 중 두 근이 -1, 4이고, 이차항의 계수가 1인 이차방정식은?

① $x^2-x+4=0$ ② $x^2-3x-4=0$
③ $x^2-3x+4=0$ ④ $x^2+3x-4=0$
⑤ $x^2-4x+3=0$

084

7880-0444

이차방정식 $x^2+3x-2=0$의 두 근을 α, β라 할 때, $\alpha+\beta$, $\alpha\beta$를 두 근으로 하고 이차항의 계수가 1인 이차방정식은?

① $x^2-3x+2=0$ ② $x^2+3x-2=0$
③ $x^2+5x+6=0$ ④ $x^2+5x-6=0$
⑤ $x^2-5x+6=0$

085

7880-0445

이차방정식 $x^2-2x-2=0$의 두 근을 α, β라 할 때, $\frac{\alpha}{\beta}$, $\frac{\beta}{\alpha}$를 두 근으로 하는 이차방정식은 $x^2+ax+b=0$이다. 상수 a, b에 대하여 ab의 값은?

① 1 ② 2 ③ 3
④ 4 ⑤ 5

086

7880-0446

이차방정식 $x^2+ax+b=0$의 두 근이 -2, 3일 때, 두 실수 a, b를 두 근으로 하고 x^2의 계수가 1인 이차방정식은?

① $x^2-7x-6=0$ ② $x^2+7x+6=0$
③ $x^2+7x-6=0$ ④ $x^2-7x+6=0$
⑤ $x^2+6x+7=0$

087

7880-0447

이차방정식 $x^2+(p-2)x+2=0$의 두 근을 α, β라 할 때, $(2+p\alpha+\alpha^2)(2+p\beta+\beta^2)$의 값은?

① 4 ② 6 ③ 8
④ 10 ⑤ 12

유형 03-27 이차식의 계수와 이차방정식의 근의 관계

1. 계수가 유리수인 이차방정식 $ax^2+bx+c=0(a\neq0)$에서 $p+q\sqrt{m}$이 근이면 $p-q\sqrt{m}$도 근이다.
(단, p, q는 유리수, $\sqrt{m}$은 무리수)
| 예 | 계수가 유리수인 이차방정식 $ax^2+bx+c=0$의 한 근이 $-1+2\sqrt{3}$이면 다른 한 근은 $-1-2\sqrt{3}$이다.
2. 계수가 실수인 이차방정식 $ax^2+bx+c=0(a\neq0)$에서 $p+qi$가 근이면 $p-qi$도 근이다.
(단, p, q는 실수, $i=\sqrt{-1}$)
| 예 | 계수가 실수인 이차방정식 $ax^2+bx+c=0$의 한 근이 $-1+\sqrt{2}i$이면 다른 한 근은 $-1-\sqrt{2}i$이다.

088

7880-0448

실수 a, b에 대하여 이차방정식 $x^2+ax+b=0$의 한 근이 $2+2i$일 때, $a+b$의 값은?

① -4 ② 0 ③ 4
④ 8 ⑤ 12

089

7880-0449

유리수 a, b에 대하여 이차방정식 $x^2+ax+b=0$의 한 근이 $2+\sqrt{3}$일 때, $a+b$의 값은?

① -5 ② -4 ③ -3
④ 3 ⑤ 5

090

7880-0450

실수 a, b에 대하여 이차방정식 $x^2+ax+b=0$의 한 근이 $p-qi$일 때, 다음 중 이차방정식 $x^2+bx+a=0$의 두 근에 대한 설명으로 옳은 것은? (단, p, q는 실수이다.)

① 항상 허근을 갖는다.
② 항상 중근을 갖는다.
③ $p>0$이면 서로 다른 두 실근을 갖는다.
④ $q<0$이면 서로 다른 두 실근을 갖는다.
⑤ $p>q$이면 서로 다른 두 실근을 갖는다.

091

7880-0451

유리수 a, b에 대하여 이차방정식 $x^2-ax+b=0$의 한 근이 $3+2\sqrt{2}$일 때, ab의 값은?

① -6 ② -3 ③ 2
④ 6 ⑤ 12

092

7880-0452

실수 a, b에 대하여 이차방정식 $x^2+ax+b=0$의 한 근이 $\frac{2i}{1-i}$일 때, $a+b$의 값은?

① -4 ② -2 ③ 0
④ 2 ⑤ 4

유형 03-28 이차방정식의 실근의 부호

이차방정식 $ax^2+bx+c=0(a\neq0)$의 두 근을 α, β라 하고, 판별식을 D라 하면
$D=b^2-4ac$

(1) 두 근이 모두 양수일 조건 :
$D\geq0$, $\alpha+\beta>0$, $\alpha\beta>0$

(2) 두 근이 모두 음수일 조건 :
$D\geq0$, $\alpha+\beta<0$, $\alpha\beta>0$

(3) 두 근이 서로 다른 부호일 조건 : $\alpha\beta<0$

| 예 | 이차방정식 $x^2-4x+2=0$의 판별식 D는
$D=(-4)^2-4\times1\times2=8>0$
(두 근의 합)$=4>0$, (두 근의 곱)$=2>0$
이므로 두 근은 모두 양수이다.

093

⊃7880-0453

이차방정식 $2x^2-4x-a+5=0$의 두 근이 모두 양수가 되도록 하는 모든 정수 a의 값의 합은?

① 7 ② 8 ③ 9
④ 10 ⑤ 11

094

⊃7880-0454

이차방정식 $x^2+4x+a-1=0$의 두 근이 모두 음수일 때, 실수 a의 값의 범위는?

① $a<1$ 또는 $a\geq5$ ② $1<a\leq5$
③ $a\leq0$ 또는 $a>5$ ④ $1\leq a\leq5$
⑤ 실수 전체

095

⊃7880-0455

이차방정식 $2x^2-(k-1)x+k-1=0$의 두 근이 서로 다른 부호를 가질 때, 실수 k의 값의 범위는?

① $k\leq-1$ ② $k<1$
③ $k>1$ ④ $-1<k<1$
⑤ $k<-1$ 또는 $k>1$

096

⊃7880-0456

x에 대한 이차방정식 $x^2+(a^2-a-2)x+a=0$의 두 실근의 절댓값이 같고 부호가 서로 다를 때, 실수 a의 값은?

① -3 ② -2 ③ -1
④ 1 ⑤ 2

097

⊃7880-0457

이차방정식 $x^2+3ax+a-3=0$의 두 실근의 부호가 서로 다르고, 음의 근의 절댓값이 양의 근보다 클 때, 정수 a의 개수는?

① 1 ② 2 ③ 3
④ 4 ⑤ 5

유형 03-29 삼차방정식과 사차방정식의 뜻과 풀이

1. (1) 다항식 $f(x)$가 x에 대한 삼차식인 방정식 $f(x)=0$
   $\Longrightarrow$ x에 대한 삼차방정식
   (2) 다항식 $f(x)$가 x에 대한 사차식인 방정식 $f(x)=0$
   $\Longrightarrow$ x에 대한 사차방정식
2. **삼 · 사차방정식 $f(x)=0$의 풀이**
   ① 인수분해 공식을 이용하여 근을 구한다.
   ② $f(x)=0$에 대하여 $f(\alpha)=0$인 상수 α를 찾아 조립제법을 이용하여 $f(x)$를 인수분해하여 근을 구한다.
3. **$ax^4+bx^2+c=0$ 꼴의 방정식**
   $x^2=t$로 치환하여 근을 구하거나 $A^2-B^2=0$ 꼴로 변형하여 푼다.

| 예 | 사차방정식 $x^4-3x^2+2=0$의 해를 인수분해를 이용하여 근을 구하면
$(x^2-1)(x^2-2)=0$
$(x-1)(x+1)(x-\sqrt{2})(x+\sqrt{2})=0$
따라서 $x=\pm1$ 또는 $x=\pm\sqrt{2}$

098
7880-0458

다음 중 삼차방정식 $x^3+2x^2-x-2=0$의 해가 될 수 있는 것은?

① $x=-3$ ② $x=-2$ ③ $x=0$
④ $x=2$ ⑤ $x=3$

099
7880-0459

다음 중 사차방정식 $x^4-4x^2+12x-9=0$의 해가 아닌 것은?

① $x=-3$ ② $x=-1$ ③ $x=1$
④ $x=1-\sqrt{2}i$ ⑤ $x=1+\sqrt{2}i$

100
7880-0460

삼차방정식 $x^3-x^2-x+1=0$의 해를 구하면 $x=a$(중근), $x=b$이다. a, b의 값을 각각 구하여라.

101
7880-0461

삼차방정식 $x^3+x^2-2x-2=0$의 모든 실근의 합은?

① 2 ② 1 ③ 0
④ -1 ⑤ -2

102
7880-0462

사차방정식 $x^4-6x^2+5=0$의 근 중에서 양수인 모든 근의 합은?

① $3-\sqrt{5}$ ② 1 ③ $-1+\sqrt{5}$
④ $\sqrt{5}$ ⑤ $1+\sqrt{5}$

유형 03-30 세 수를 근으로 하는 삼차방정식

세 수 α, β, γ를 근으로 하고 삼차항의 계수가 1인 삼차방정식은

$$(x-\alpha)(x-\beta)(x-\gamma)=0$$

즉, $x^3-(\alpha+\beta+\gamma)x^2+(\alpha\beta+\beta\gamma+\gamma\alpha)x-\alpha\beta\gamma=0$

| 예 | 세 수 1, -2, 3을 근으로 하는 x^3의 계수가 1인 삼차방정식은

$(x-1)(x+2)(x-3)=0$

따라서 $x^3-2x^2-5x+6=0$

103

⊃7880-0463

삼차방정식 $x^3+2x^2+ax+b=0$의 두 근이 -1, 2일 때, 나머지 한 근과 상수 a, b의 값을 모두 더하면?

① -10 ② -12 ③ -14 ④ -16 ⑤ -18

104

⊃7880-0464

삼차방정식 $x^3+ax^2+bx-3=0$의 한 근이 $1+\sqrt{2}i$일 때, 두 실수 a, b에 대하여 ab의 값은?

① -15 ② -10 ③ 0 ④ 5 ⑤ 10

105

⊃7880-0465

삼차방정식 $x^3+x^2+ax+b=0$의 한 근이 $2i$일 때, 실수 a, b의 값과 나머지 두 근을 각각 구하여라.

유형 03-31 삼차방정식의 허근의 성질

삼차방정식 $x^3=1$의 한 허근을 ω라 하면

(단, $\overline{\omega}$는 ω의 켤레복소수이다.)

(1) $\omega^3=1$, $\omega^2+\omega+1=0$

(2) $\overline{\omega}^3=1$, $\overline{\omega}^2+\overline{\omega}+1=0$

(3) $\omega+\overline{\omega}=-1$, $\omega\overline{\omega}=1$

(4) $\omega^2=\dfrac{1}{\omega}=\overline{\omega}$, $\overline{\omega}^2=\dfrac{1}{\overline{\omega}}=\omega$

| 예 | 삼차방정식 $x^3=1$의 한 허근을 ω라 하면 ($\omega^3=1$)

$\omega^{100}=\omega\times(\omega^3)^{33}=\omega\times1^{33}=\omega$

106

⊃7880-0466

삼차방정식 $x^3=1$의 한 허근을 ω라 할 때, $\omega^{10}+\omega^5+1$의 값은?

① -1 ② 0 ③ 1 ④ 2 ⑤ 3

107

⊃7880-0467

삼차방정식 $x^3=1$의 한 허근을 ω라 할 때, $(2-\omega^4)(2-\overline{\omega}^4)$의 값은? (단, $\overline{\omega}$는 ω의 켤레복소수이다.)

① 3 ② 5 ③ 7 ④ ω ⑤ ω^2

108

⊃7880-0468

삼차방정식 $x^3=1$의 한 허근을 ω라 할 때, $\omega^{20}+\dfrac{1}{\omega^{15}}$의 값은?

① 1 ② $-\omega$ ③ ω ④ ω^2 ⑤ $-\omega^2$

유형 03-32 미지수가 3개인 연립일차방정식

3개의 미지수 중에서 1개의 미지수를 소거하여 미지수가 2개인 연립일차방정식으로 변형하여 근을 구한다.

| 예 | 연립방정식 $\begin{cases} x+y+z=3 & \cdots\cdots ㉠ \\ x-y+2z=3 & \cdots\cdots ㉡ \\ 2x+y-z=-1 & \cdots\cdots ㉢ \end{cases}$ 의 해는

㉠+㉡을 하면 $2x+3z=6$ ······ ㉣

㉡+㉢을 하면 $3x+z=2$ ······ ㉤

㉤×3−㉣을 하면 $7x=0$, $x=0$

$x=0$을 ㉤에 대입하면 $z=2$

$x=0$, $z=2$를 ㉠에 대입하면 $y=1$

따라서 $x=0$, $y=1$, $z=2$

109

➲7880-0469

연립방정식 $\begin{cases} 2x+y+z=1 \\ x+y+2z=5 \\ 2x+3y+3z=11 \end{cases}$ 의 해를 $x=a$, $y=b$, $z=c$라 할 때, abc의 값은?

① -12 ② -6 ③ 4
④ 6 ⑤ 12

110

➲7880-0470

연립방정식 $\begin{cases} x+y+z=1 \\ x+2y-5z=3 \\ ax+3y-4z=-2 \end{cases}$ 의 해가 없을 때, 상수 a의 값은?

① -2 ② -1 ③ 1
④ 2 ⑤ 3

111

➲7880-0471

연립방정식 $\begin{cases} x+2y-3z=4 \\ x+y+z=3 \\ x-2y+13z=0 \end{cases}$ 을 풀어라.

유형 03-33 특별한 형태의 연립일차방정식

$\begin{cases} x+y=a \\ y+z=b \\ z+x=c \end{cases}$ 와 같은 연립일차방정식은 세 일차방정식을 변끼리 더하여 얻은 식 $x+y+z=\dfrac{a+b+c}{2}$ 를 이용하여 푼다.

| 예 | 연립방정식 $\begin{cases} x+y=5 & \cdots\cdots ㉠ \\ y+z=35 & \cdots\cdots ㉡ \\ z+x=20 & \cdots\cdots ㉢ \end{cases}$ 의 해는

㉠, ㉡, ㉢을 모두 변끼리 더하면

$2(x+y+z)=60$

$x+y+z=30$ ······ ㉣

㉠을 ㉣에 대입하면 $5+z=30$

㉡을 ㉣에 대입하면 $35+x=30$

㉢을 ㉣에 대입하면 $20+y=30$

따라서 $x=-5$, $y=10$, $z=25$

112

➲7880-0472

연립방정식 $\begin{cases} x+y=-1 \\ y+z=8 \\ z+x=3 \end{cases}$ 의 해를 $x=a$, $y=b$, $z=c$라 할 때, $a-b+c$의 값을 구하여라.

113

➲7880-0473

연립방정식 $\begin{cases} x+2y=-1 \\ 2y+3z=4 \\ 3z+x=7 \end{cases}$ 의 해를 $x=a$, $y=b$, $z=c$라 할 때, $a-b-c$의 값을 구하여라.

114

➲7880-0474

방정식 $\dfrac{3x+2z}{4}=\dfrac{3y+z}{5}=\dfrac{5x+y-z}{6}=2$를 풀어라.

유형 03-34 미지수가 2개인 연립이차방정식

1. 연립방정식 $\begin{cases} (\text{일차식})=0 & \cdots\cdots ㉠ \\ (\text{이차식})=0 & \cdots\cdots ㉡ \end{cases}$

㉠을 정리하여 ㉡에 대입하여 방정식을 푼다.

| 예 | 연립방정식 $\begin{cases} x-y=3 & \cdots\cdots ㉠ \\ x^2+y^2=5 & \cdots\cdots ㉡ \end{cases}$

㉠에서 $y=x-3$ ······ ㉢

㉢을 ㉡에 대입하면 $x^2+(x-3)^2=5$

$2x^2-6x+4=0$, $x^2-3x+2=0$

$(x-1)(x-2)=0$, $x=1$ 또는 $x=2$

㉢에 대입하면

$x=1$일 때, $y=1-3=-2$

$x=2$일 때, $y=2-3=-1$

2. 연립방정식 $\begin{cases} (\text{이차식})=0 \\ (\text{이차식})=0 \end{cases}$은 두 이차식 중 하나를 일차식으로 변형하여 다른 이차식에 대입한다.

3. 연립방정식 $\begin{cases} x+y=a \\ xy=b \end{cases}$와 같이 합과 곱이 주어진 연립방정식은 x, y가 t에 대한 이차방정식 $t^2-at+b=0$의 두 근임을 이용한다.

115

⊃7880-0475

연립방정식 $\begin{cases} x+2y=0 \\ x^2-3y^2=4 \end{cases}$를 풀어라.

116

⊃7880-0476

연립방정식 $\begin{cases} x+y=1 \\ xy=-2 \end{cases}$를 만족하는 x, y에 대하여 $x-y$의 값을 구하여라.

117

⊃7880-0477

연립방정식 $\begin{cases} x^2-xy-2y^2=0 \\ x^2-5y^2+4=0 \end{cases}$을 만족하는 x, y에 대하여 xy의 최솟값을 구하여라.

유형 03-35 부정방정식

방정식의 개수가 미지수의 개수보다 적어 그 해가 무수히 많아 해를 정할 수 없는 방정식이다.

1. 정수 조건이 주어진 경우

(일차식) × (일차식) = (정수) 꼴로 변형한다.

2. 실수 조건이 주어진 경우

(1) $A^2+B^2=0$ 꼴로 변형하여 $A=B=0$을 이용한다.

(2) 내림차순으로 정리하여 판별식 $D\geq 0$을 이용한다.

| 예 | 방정식 $xy-2x+y-8=0$을 만족하는 양의 정수는

$(x+1)(y-2)=6$에서

x가 양의 정수이면 $x+1\geq 2$이므로

$x+1$	2	3	6
$y-2$	3	2	1

이때 x, y의 값은 다음과 같다.

x	1	2	5
y	5	4	3

118

⊃7880-0478

방정식 $xy-x-3y=2$를 만족하는 정수 x, y의 순서쌍 (x, y)의 개수를 구하여라.

119

⊃7880-0479

방정식 $xy+2x+2y+3=0$을 만족하는 정수 x, y에 대하여 $x-y$의 값을 구하여라.

120

⊃7880-0480

방정식 $x^2+y^2-4x+2y+5=0$을 만족하는 실수 x, y에 대하여 xy의 값을 구하여라.

THEME

04

부등식

유형 04-1 부등식의 뜻

등호가 있는 식은 등식, 부등호가 있는 식은 부등식이다.

| 예 | (1) 부등식인 예 : $-3<5$, $-2<1$, $x+2\le 4$

(부등호가 있으면 부등식 / 참이 아니라도 부등호가 있으면 부등식이다.)

(2) 부등식이 아닌 예 : $x-3=5$, $2x-1$

(등호가 있으면 등식 / 다항식)

유형 04-2 부등식의 표현

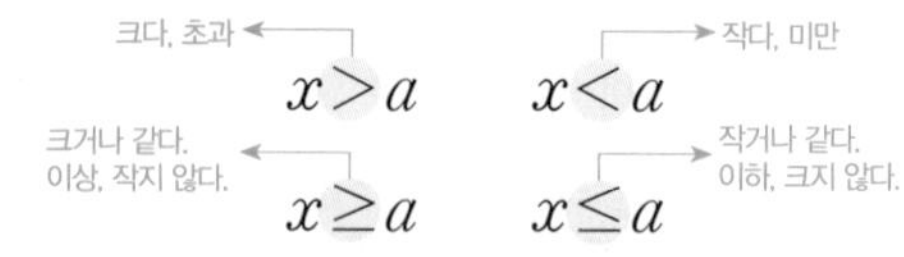

→ 이상, 이하, 초과, 미만과 관련된 다른 많은 표현이 있다.

| 예 | (1) x는 5보다 작다. ⇨ $x<5$

(2) x는 5보다 작지 않다. ⇨ $x\ge 5$

(작지 않다. → 크거나 같다.)

001

⊃7880-0481

다음 중 부등식인 것은?

① $x+1=0$　② $-x+2$　③ $2+x>1$
④ $3x-1$　⑤ $-1+x=x-1$

002

⊃7880-0482

다음 중 부등식이 <u>아닌</u> 것은?

① $-2<-3+2$　② $-2x+3\le -1$　③ $3(x+2)>3$
④ $x+3\le 2x$　⑤ $1-x=5$

003

⊃7880-0483

다음 **보기** 중 부등식의 개수를 구하여라.

보기

ㄱ. $2x+3$　ㄴ. $\frac{x}{2}>3$
ㄷ. $1+x=x-1$　ㄹ. $3\times 8-9=15$
ㅁ. $-2<-3$　ㅂ. $2x-5\le 2x-3$

004

⊃7880-0484

'x의 3배에서 2를 뺀 수는 x의 5배보다 크지 않다.'를 부등식으로 나타내면?

① $3x-2>5x$　② $3x-2\ge 5x$　③ $3x-2<5x$
④ $3x-2\le 5x$　⑤ $3x-2=5x$

005

⊃7880-0485

다음 문장을 부등식으로 나타내어라.

(1) 한 개에 x원인 사과 5개의 값은 10000원 초과이다.

(2) 올해 x세인 지홍이의 10년 후의 나이는 올해 나이의 2배보다 크거나 같다.

(3) 500원짜리 볼펜 x자루와 700원짜리 공책 한 권의 값의 합은 4500원 이상이다.

유형 04-3 부등식의 해

부등식의 해는 부등식을 참이 되게 하는 미지수의 값이다.

| 예 | $x=-1, 0, 1$일 때, 부등식 $x+2<3$의 해 구하기

$x=-1$일 때, $-1+2=1<3$ (○)

$x=0$일 때, $0+2=2<3$ (○)

$x=1$일 때, $1+2=3<3$ (×)

따라서 $x=-1$, $x=0$ → 부등식의 해

006

➲7880-0486

다음 **보기** 중 $x=-1$일 때 참이 되는 부등식을 모두 골라라.

보기

ㄱ. $x+3\geq4$　　ㄴ. $3x+2\leq3$

ㄷ. $-2x\geq1-x$　　ㄹ. $x-5<-6$

007

➲7880-0487

다음 중 부등식 $4x-4\leq-3$의 해가 아닌 것은?

① -2　② -1　③ 0

④ $\frac{1}{4}$　⑤ 1

008

➲7880-0488

다음 중 [ ] 안의 수가 주어진 부등식의 해가 아닌 것은?

① $x+3>1$ [1]　② $-3x\geq-6$ [2]

③ $x-1<-1$ [-1]　④ $4x+3\leq-3$ [-2]

⑤ $\frac{x}{3}<-1$ [3]

유형 04-4 부등식의 성질

부등식의 양변에 음수를 곱하거나 양변을 음수로 나누면 부등호의 방향이 바뀐다.

| 예 | $2<4$에서

(1) $2+2<4+2$, $2-2<4-2$

(2) $2\times2<4\times2$, $2\div2<4\div2$

(1), (2): 부등호의 방향은 그대로이다.

(3) $2\times(-2)>4\times(-2)$

$2\div(-2)>4\div(-2)$

(3): 양변에 같은 음수를 곱하거나 나눌 경우 부등호의 방향은 반대이다.

009

➲7880-0489

$a>b$일 때, 다음 □ 안에 알맞은 부등호를 써 넣어라.

(1) $2a+3$ □ $2b+3$　(2) $-3a+4$ □ $-3b+4$

(3) $\frac{a}{4}-3$ □ $\frac{b}{4}-3$　(4) $\frac{2-a}{3}$ □ $\frac{2-b}{3}$

010

➲7880-0490

다음 □ 안에 알맞은 부등호를 써 넣어라.

(1) $a-3<b-3$ ⇨ a □ b

(2) $-2a\leq-2b$ ⇨ a □ b

(3) $\frac{a}{7}\geq\frac{b}{7}$ ⇨ a □ b

(4) $4-\frac{5}{6}a>4-\frac{5}{6}b$ ⇨ a □ b

011

➲7880-0491

$a<b$일 때, 다음 중 옳은 것은?

① $\frac{a}{2}>\frac{b}{2}$　② $a-5>b-5$

③ $2a+1<2b+1$　④ $-3a-1<-3b-1$

⑤ $-\frac{a}{2}+5<-\frac{b}{2}+5$

유형 04-5 부등식의 해와 수직선

(1) 크면(크거나 같으면) 그 수의 오른쪽 방향으로 화살표

(2) 작으면(작거나 같으면) 그 수의 왼쪽 방향으로 화살표

| 예 | 부등식의 해를 수직선 위에 나타내기

(1) $x>2$ (2) $x<2$

(3) $x\geq 2$ (4) $x\leq 2$

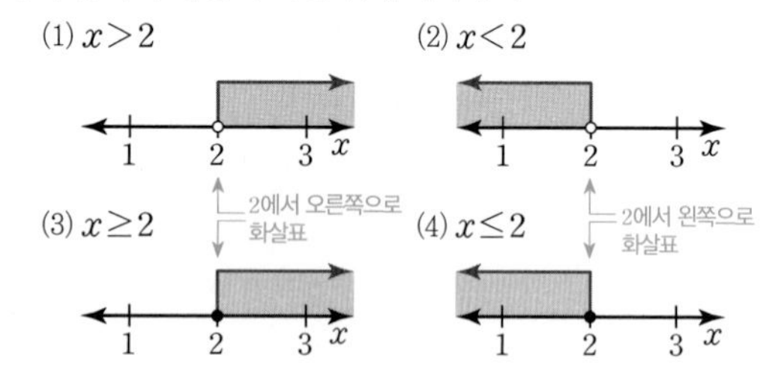

| 참고 | $x>a$, $x<a$이면 a에 대응하는 수직선 위의 점을 ○로 나타내고, $x\geq a$, $x\leq a$이면 a에 대응하는 수직선 위의 점을 ●로 나타낸다.

012

⊃7880-0492

다음 부등식의 해를 수직선 위에 나타내어라.

(1) $x>2$ ⇨ 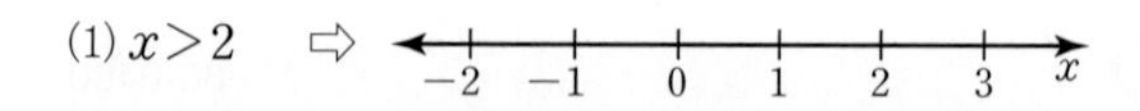

(2) $x<-4$ ⇨

(3) $x\leq 0$ ⇨

(4) $x\geq 3$ ⇨

013

⊃7880-0493

다음 수직선 위에 나타낸 x의 값의 범위를 부등식으로 나타내어라.

(1) 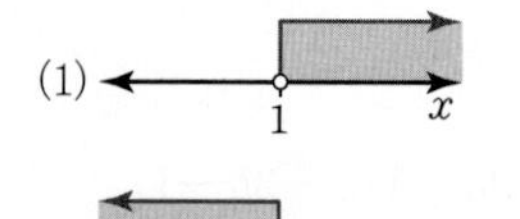

(2) 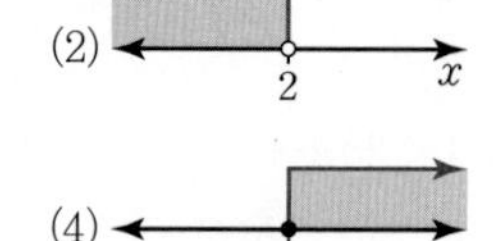

(3)

(4)

유형 04-6 일차부등식의 풀이

일차부등식도 일차방정식과 같이 이항하여 풀 수 있다. 단, 양변을 음수로 나눌 때, 부등호의 방향이 바뀜에 주의한다.

| 예 | 일차부등식 $2-4x\geq 5-x$를 풀고, 그 해를 수직선 위에 나타내기

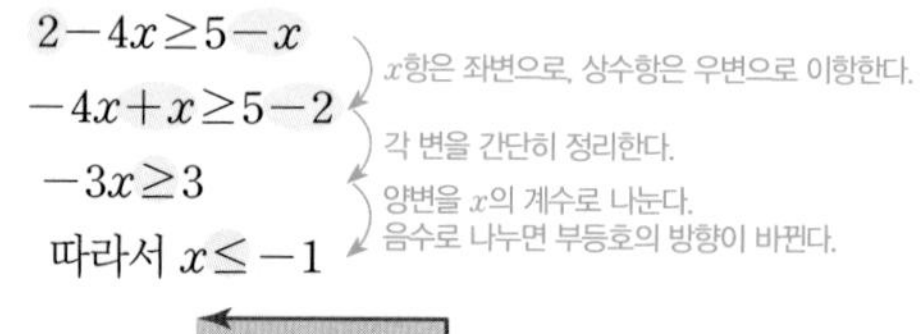

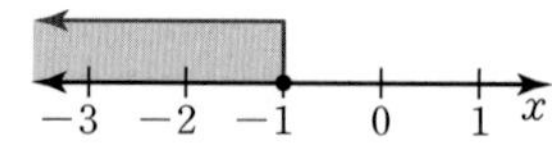

014

⊃7880-0494

일차부등식 $-8-2x>2x+4$를 풀면?

① $x>-2$ ② $x<-2$ ③ $x>-3$
④ $x<-3$ ⑤ $x<3$

015

⊃7880-0495

다음 중 부등식의 해가 나머지 넷과 다른 하나는?

① $\frac{x}{4}>-1$ ② $-2x>-8$ ③ $x+4>0$
④ $3x>-12$ ⑤ $5x+20>0$

016

⊃7880-0496

다음 부등식 중 해가 $x\leq -4$인 것은?

① $x-5\leq 1$ ② $-3x-4\leq 8$ ③ $3x\geq -12$
④ $2x-11\leq -3$ ⑤ $2-4x\geq 18$

유형 04-7 여러 가지 일차부등식

1. **괄호가 있는 부등식** : 분배법칙을 이용하여 괄호를 먼저 푼다.
2. **계수에 소수 또는 분수가 있는 부등식** : 양변에 적당한 수를 곱하여 계수를 모두 정수로 고친 후 푼다.

| 예 | (1) 괄호가 있을 때

$2(x-3)\geq 4x-7 \xrightarrow{\text{괄호를 푼다.}} 2x-6\geq 4x-7$

→ 분배법칙을 이용하여 괄호를 푼다.

(2) 계수에 분수가 있을 때

$\frac{1}{2}x-3\leq -\frac{1}{4} \xrightarrow{\times 4} 2x-12\leq -1$

→ 양변에 분모의 최소공배수를 곱해서 계수를 정수로 고친다.

(3) 계수에 소수가 있을 때

$0.1x+0.9\geq -x \xrightarrow{\times 10} x+9\geq -10x$

→ 양변에 10의 거듭제곱을 곱해서 계수를 정수로 고친다.

→ 양변에 적당한 수를 곱하여 계수를 정수로 바꿀 때, 모든 항에 똑같은 수를 곱해야 한다.

017

7880-0497

일차부등식 $4(x-3)+8\leq 1-x$를 풀면?

① $x\geq -1$ ② $x\leq -1$ ③ $x\geq 1$
④ $x\leq 1$ ⑤ $x\geq 3$

018

7880-0498

다음 중 일차부등식 $1-(4+8x)\geq -2(x-1)+7$의 해를 수직선 위에 바르게 나타낸 것은?

①
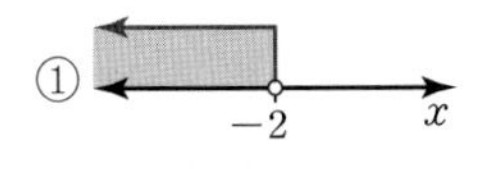
②
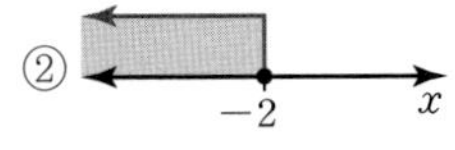
③
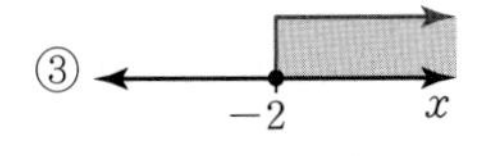
④
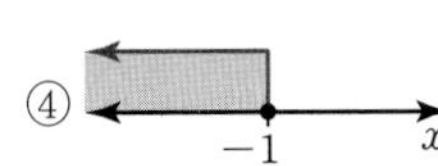
⑤
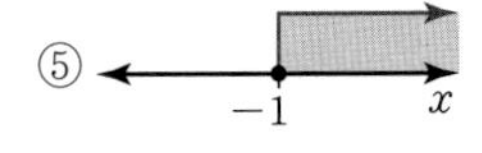

019

7880-0499

일차부등식 $\frac{3}{4}x-\frac{1}{2}<\frac{2}{3}x$를 풀면?

① $x<-4$ ② $x>-2$ ③ $x>-1$
④ $x<3$ ⑤ $x<6$

020

7880-0500

일차부등식 $1.1x-0.7\geq 0.5x-1$을 풀어라.

021

7880-0501

일차부등식 $\frac{3}{5}x-0.3\geq 0.7x+\frac{1}{2}$을 만족하는 x의 값의 범위가 $x\leq a$일 때, a의 값을 구하여라.

022

7880-0502

일차부등식 $\frac{x}{2}-0.4(x-1)<1$을 만족하는 자연수 x의 개수는?

① 3 ② 4 ③ 5
④ 6 ⑤ 7

023

7880-0503

다음 일차부등식 중 해가 $x\leq -3$인 것을 모두 고르면? (정답 2개)

① $2x+4\leq x+1$ ② $3(x+1)\leq 2x-2$
③ $0.4x+0.6\geq 0.1x-0.3$ ④ $0.5x-0.6\geq x+0.9$
⑤ $-\frac{1}{2}x\geq \frac{1}{4}x+\frac{3}{2}$

유형 04-8 일차부등식의 활용

일차부등식의 활용 문제는 다음 순서에 따라 푼다.

미지수 정하기 ⇨ 부등식 세우기 ⇨ 부등식 풀기 ⇨ 문제에 맞는 답 구하기

| 예 | 한 개에 500원인 초콜릿을 1000원짜리 상자에 담아서 사는 데 총 금액이 4500원 이하가 되게 하려고 한다. 초콜릿을 최대 몇 개까지 살 수 있는지 구하여라.

① 미지수 정하기
초콜릿을 x개 산다고 하자.

② 부등식 세우기
(초콜릿 x개의 가격)+(상자의 가격)$\leq$4500(원)
⇨ $500\times x+1000\leq 4500$

③ 부등식 풀기
$500x+1000\leq 4500$, $500x\leq 3500$
따라서 $x\leq 7$

④ 문제에 맞는 답 구하기
초콜릿은 최대 7개까지 살 수 있다.

→ 개수, 사람 수, 횟수 등을 미지수 x로 놓았을 때 ⇨ 자연수만 답으로 택한다.
→ 가격, 넓이, 무게, 거리 등을 미지수 x로 놓았을 때 ⇨ 양수만 답으로 택한다.

024
7880-0504

어떤 정수를 3배하여 2를 빼면 22보다 크거나 같다. 이와 같은 정수 중 가장 작은 수는?

① 7 ② 8 ③ 9
④ 10 ⑤ 11

025
7880-0505

연속하는 세 자연수의 합이 45보다 클 때, 합이 가장 작은 경우에 세 자연수 중 가장 작은 자연수를 구하여라.

026
7880-0506

밑변의 길이가 8 cm인 삼각형의 넓이가 80 cm^2 이상일 때, 삼각형의 높이는 몇 cm 이상이어야 하는지 구하여라.

027
7880-0507

한 개에 1500원인 빵과 한 개에 1200원인 음료수를 합하여 10개를 사려고 한다. 전체 가격이 15000원 이하가 되게 하려면 빵은 최대 몇 개까지 살 수 있는가?

① 8개 ② 9개 ③ 10개
④ 11개 ⑤ 12개

028
7880-0508

어느 수학체험관의 입장료는 한 사람당 1500원이고, 15명 이상의 단체인 경우에는 한 사람당 1200원이라 한다. 15명 미만인 단체는 몇 명 이상일 때 15명의 단체 입장권을 사는 것이 더 유리한지 구하여라.

029
7880-0509

서연이는 버스가 출발하기 전까지 1시간의 여유가 있어서 이 시간 동안 상점에 가서 물건을 사 오려고 한다. 시속 3 km로 걷고, 물건을 사는 데 20분이 걸린다고 할 때, 버스 정류장에서 몇 km 이내에 있는 상점까지 다녀올 수 있는지 구하여라.

유형 04-9 연립부등식과 그 해

1. **연립일차부등식** : 일차부등식 두 개를 한 쌍으로 묶어 나타낸 것
2. **연립부등식의 해** : 두 부등식의 공통인 해

| 예 | 연립부등식 $\begin{cases} x>-3 \\ x\le 2 \end{cases}$의 해를 수직선을 이용하여 구하기

$\begin{cases} x>-3 \\ x\le 2 \end{cases}$ ⇨

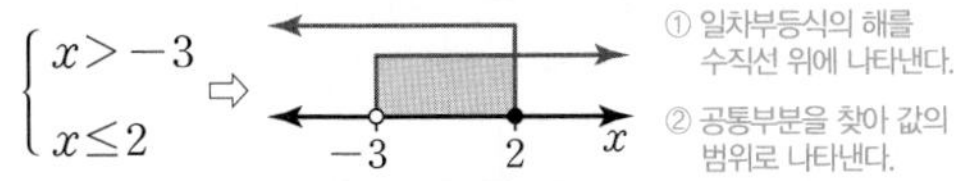

따라서 $-3<x\le 2$

⟶ 연립부등식의 해 ⇨ 각 부등식을 동시에 만족시키는 값
⇨ 수직선 위에서 공통부분

030

➲7880-0510

다음 중 연립부등식 $\begin{cases} 3x+8>2 \\ 2x-6\le 0 \end{cases}$의 해를 수직선 위에 바르게 나타낸 것은?

①
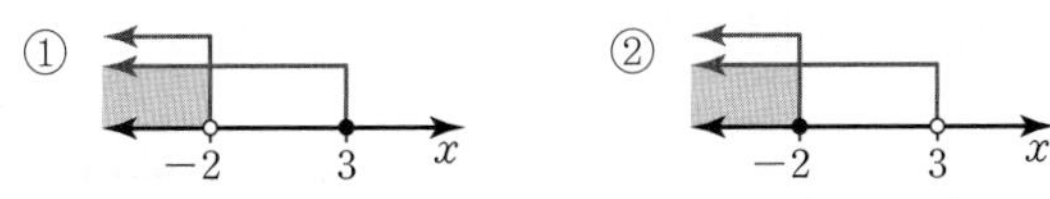

②
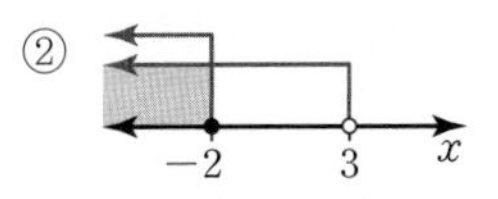

③
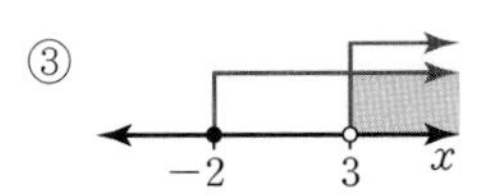

④

⑤
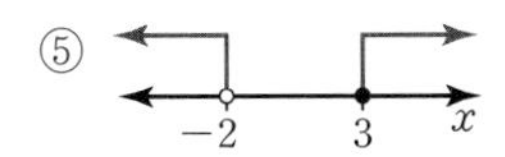

031

➲7880-0511

연립부등식 $\begin{cases} 7-3x>1 \\ 2x-3\ge -5 \end{cases}$의 해가 $a\le x<b$일 때, $a+b$의 값을 구하여라.

032

➲7880-0512

연립부등식 $\begin{cases} 3x+7\le -x-5 \\ x-9<-2x-15 \end{cases}$를 풀면?

① $-3\le x<-2$ ② $-3<x\le -2$ ③ $-3\le x<2$
④ $x\le -3$ ⑤ $x<-2$

033

➲7880-0513

연립부등식 $\begin{cases} 0.5x-3.5\le -0.2x \\ 0.4x-0.1>0.3x+0.2 \end{cases}$를 만족하는 자연수 x의 개수는?

① 1 ② 2 ③ 3
④ 4 ⑤ 5

034

➲7880-0514

다음 중 연립부등식 $\begin{cases} 2x-3\ge 4x+7 \\ \dfrac{x+6}{3}\le \dfrac{x-1}{2}-x \end{cases}$를 만족하는 x의 값이 될 수 있는 것은?

① -5 ② -4.5 ③ -3
④ $-\dfrac{1}{2}$ ⑤ 0

035

➲7880-0515

연립부등식 $\begin{cases} \dfrac{x}{4}\le \dfrac{x}{3}+1 \\ 0.5(x-4)\le 0.1x \end{cases}$를 만족하는 x의 값 중 가장 큰 정수를 M, 가장 작은 정수를 m이라 할 때, $M-m$의 값을 구하여라.

유형 04-10 $A<B<C$ 꼴의 부등식

$A<B<C$ 꼴의 부등식은 $A<B$이고 $B<C$이므로

$\begin{cases} A<B \\ B<C \end{cases}$로 고쳐서 푼다.

| 예 | 부등식 $-2\le 3x-5<4$의 해 구하기

$\overset{㉠}{-2\le} \boxed{3x-5} \overset{㉡}{<4}$ ⇨ $\begin{cases} -2\le 3x-5 & \cdots\cdots ㉠ \\ 3x-5<4 & \cdots\cdots ㉡ \end{cases}$

부등식 ㉠을 풀면 $x\ge 1$

부등식 ㉡을 풀면 $x<3$

⇨ 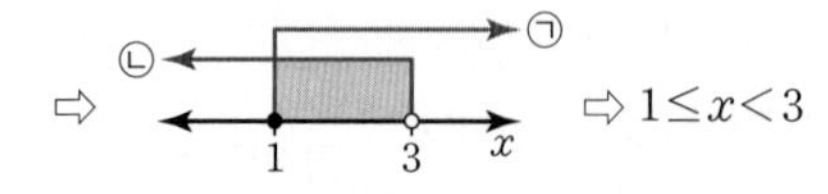 ⇨ $1\le x<3$

⟶ 부등식 $A<B<C$를 $\begin{cases} A<B \\ A<C \end{cases}$ 또는 $\begin{cases} A<C \\ B<C \end{cases}$ 꼴로 고치지 않도록 주의한다.

036

⊃7880-0516

부등식 $-3<2x+1\le 5$를 풀어라.

037

⊃7880-0517

부등식 $2-x<2x+3<x+6$의 해가 $a<x<b$일 때, ab의 값은?

① -3　② -1　③ 1　④ 3　⑤ 5

038

⊃7880-0518

부등식 $\frac{x-2}{2}<\frac{x+1}{3}<\frac{3x-2}{4}$를 만족하는 모든 정수 x의 값의 합을 구하여라.

유형 04-11 특수한 해를 갖는 연립부등식

연립부등식의 해는 한 개인 경우도 있고, 없는 경우도 있다.

| 예 | (1) 연립부등식의 해가 1개인 경우

$\begin{cases} x\ge -1 \\ x\le -1 \end{cases}$ ⇒

⇒ 공통부분이 $x=-1$뿐 ⇒ $x=-1$ (해가 1개뿐이다.)

(2) 연립부등식의 해가 없는 경우

$\begin{cases} x\le 1 \\ x>2 \end{cases}$ ⇒

⇒ 공통부분이 없다. ⇒ 해가 없다.

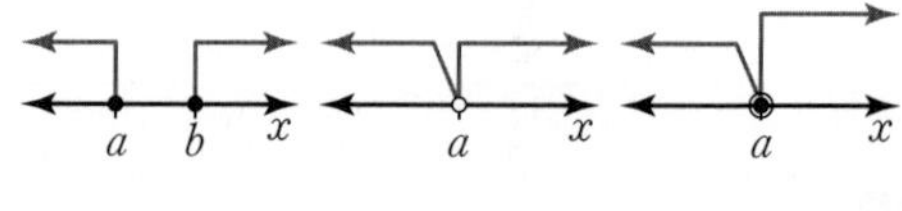

(단, $a\ne b$)

039

⊃7880-0519

다음 연립부등식의 해를 수직선을 이용하여 구하여라.

(1) $\begin{cases} x\ge 4 & \cdots\cdots ㉠ \\ x\le -2 & \cdots\cdots ㉡ \end{cases}$

⇨ 해 :

(2) $\begin{cases} x\ge -5 & \cdots\cdots ㉠ \\ x\le -5 & \cdots\cdots ㉡ \end{cases}$

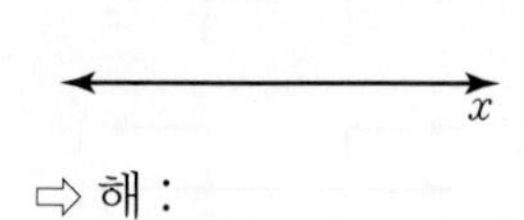

⇨ 해 :

(3) $\begin{cases} x\ge 4 & \cdots\cdots ㉠ \\ x<4 & \cdots\cdots ㉡ \end{cases}$

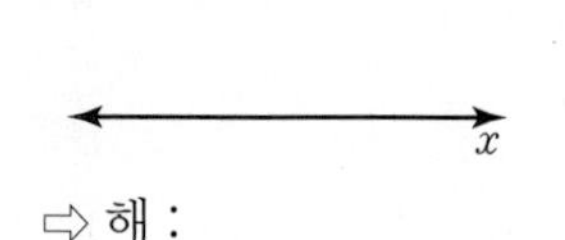

⇨ 해 :

040

⊃7880-0520

다음 연립부등식을 풀어라.

(1) $\begin{cases} 3x+4\le 2x+6 \\ 5x\ge 3x+4 \end{cases}$

(2) $\begin{cases} \frac{x-1}{3}>\frac{1-x}{2} \\ \frac{4-x}{3}\ge 1 \end{cases}$

유형 04-12 연립부등식의 활용

연립부등식의 활용 문제는 다음 순서에 따라 푼다.

미지수 정하기 ⇨ 연립부등식 세우기 ⇨ 연립부등식 풀기 ⇨ 문제에 맞는 답 구하기

| 예 | 어떤 정수를 2배하여 3을 빼면 13보다 작고, 어떤 정수에서 3을 빼고 2배를 하면 6보다 크다고 할 때, 어떤 정수 구하기

① 미지수 정하기
어떤 정수를 x라 하자.

② 부등식 세우기
어떤 정수를 2배하여 3을 빼면 13보다 작으므로
$2x-3<13$ …… ㉠
어떤 정수에서 3을 빼고 2배를 하면 6보다 크므로
$2(x-3)>6$ …… ㉡

③ 연립부등식 풀기
부등식 ㉠을 풀면 $2x<16$, $x<8$
부등식 ㉡을 풀면 $2x-6>6$, $x>6$
⇨ $6<x<8$

④ 문제에 맞는 답 구하기
구하는 정수는 7이다.

041
7880-0521

어떤 정수를 3배하여 2를 빼면 22보다 크고, 어떤 정수에 5를 더하여 2배하면 30보다 작다고 한다. 이 정수는?

① 7 ② 8 ③ 9
④ 10 ⑤ 11

042
7880-0522

연속하는 세 홀수의 합이 30보다 크고 36보다 작을 때, 세 홀수 중 가장 작은 수는?

① 7 ② 9 ③ 11
④ 13 ⑤ 15

043
7880-0523

한 권에 1000원 하는 공책과 한 권에 800원 하는 공책을 합하여 15권을 사려고 한다. 전체 금액을 13000원 이상 14000원 미만이 되게 하려고 할 때, 1000원짜리 공책은 최소 몇 권을 살 수 있는지 구하여라.

044
7880-0524

한 개에 500원인 과자와 한 개에 600원인 빵을 합하여 14개를 사는데 빵을 과자보다 더 많이 사고, 총 금액이 8000원 미만이 되게 하려고 한다. 살 수 있는 과자의 수를 모두 구하여라.

045
7880-0525

세로의 길이가 가로의 길이보다 20 m 더 짧은 직사각형 모양의 땅이 있다. 이 땅의 둘레의 길이가 240 m 이상 360 m 미만일 때, 이 땅의 가로의 길이의 범위를 구하여라.

046
7880-0526

등산을 하는 데 올라갈 때는 시속 4 km, 내려올 때는 같은 길을 시속 3 km로 걸어서 전체 걸리는 시간을 2시간 이상 3시간 이하로 하려고 한다. 올라갔다 내려올 수 있는 거리의 범위를 구하여라.

유형 04-13 절대부등식

1. **절대부등식** : 문자를 포함한 부등식에서 그 문자에 어떤 실수를 대입하여도 항상 성립하는 부등식
2. **절대부등식의 증명에 이용되는 실수의 기본 성질**
   a, b가 실수일 때
   (1) $a>b \Longleftrightarrow a-b>0$ (2) $a^2\geq 0$, $a^2+b^2\geq 0$
   (3) $a^2+b^2=0 \Longleftrightarrow a=0$, $b=0$
   (4) $|a|+|b|=0 \Longleftrightarrow a=0$, $b=0$
   (5) $|a|^2=a^2$, $|a||b|=|ab|$
   (6) $a>0$, $b>0$일 때, $a>b \Longleftrightarrow a^2>b^2$, $\sqrt{a}>\sqrt{b}$

| 예 | 실수 x, y에 대하여 $x^2+y^2\geq 2xy$ 증명하기
좌변의 식에서 우변의 식을 빼면
$x^2+y^2-2xy=(x-y)^2$에서 x, y가 실수이므로
$(x-y)^2\geq 0$ → $(실수)^2\geq 0$
따라서 $x^2+y^2\geq 2xy$ (단, 등호는 $x=y$일 때 성립한다.)

047
7880-0527

다음은 실수 a, b에 대하여 $a^2+b^2\geq ab$임을 증명한 것이다. □ 안에 알맞은 것을 써넣어라.

$a^2-ab+b^2=a^2-ab+\frac{b^2}{4}+\frac{3b^2}{4}=\square+\frac{3b^2}{4}$
이때 $\square\geq 0$, $\frac{3b^2}{4}\geq 0$이므로
$a^2-ab+b^2\geq 0$
따라서 $a^2+b^2\geq ab$ (단, 등호는 □일 때 성립한다.)

048
7880-0528

다음은 a, b가 실수일 때, 부등식 $|a|+|b|\geq|a+b|$를 증명한 것이다. □ 안에 알맞은 것을 써넣어라.

$(|a|+|b|)^2-|a+b|^2=2(\square)\geq 0$
$(|a|+|b|)^2\geq|a+b|^2$
그런데 $|a|+|b|\geq 0$, $|a+b|\geq 0$이므로
$|a|+|b|\geq|a+b|$
(단, 등호는 □일 때 성립한다.)

유형 04-14 산술평균과 기하평균의 관계

$a>0$, $b>0$일 때
$\frac{a+b}{2}\geq\sqrt{ab}$ (단, 등호는 $a=b$일 때 성립한다.)
→ 산술평균 → 기하평균

| 참고 | $a+b\geq 2\sqrt{ab}$로 쓰기도 한다.

| 예 | $x>0$일 때, $x+\frac{4}{x}$의 최솟값 구하기
$x>0$, $\frac{4}{x}>0$이므로 산술평균과 기하평균의 관계에서
$x+\frac{4}{x}\geq 2\sqrt{x\times\frac{4}{x}}=2\times 2=4$
즉, $x+\frac{4}{x}\geq 4$에서 $x+\frac{4}{x}$의 최솟값은 4
→ 등호가 성립할 때, 주어진 식은 최솟값을 갖는다.
즉, $x=\frac{4}{x}$, $x^2=4$에서 $x>0$이므로 $x=2$일 때, 등호가 성립한다.

049
7880-0529

$x>0$일 때, 다음 식의 최솟값을 구하여라.

(1) $x+\frac{9}{x}$

(2) $x+\frac{1}{9x}$

050
7880-0530

$x>0$, $y>0$일 때, $\frac{y}{x}+\frac{x}{y}$의 최솟값을 구하여라.

051
7880-0531

$x>0$, $y>0$일 때, 다음 식의 최솟값을 구하여라.

(1) $\left(x+\frac{1}{y}\right)\left(y+\frac{1}{x}\right)$

(2) $\left(3x+\frac{2}{y}\right)\left(\frac{2}{x}+3y\right)$

052

➲7880-0532

$a>0$, $b>0$일 때, $\left(a+\dfrac{2}{b}\right)\left(b+\dfrac{3}{a}\right)$의 최솟값을 구하여라.

053

➲7880-0533

$x>0$, $y>0$이고 $xy=4$일 때, $2x+4y$의 최솟값을 구하여라.

054

➲7880-0534

양수 a, b에 대하여 $a+2b=16$일 때, $\dfrac{2}{a}+\dfrac{1}{b}$의 최솟값을 구하여라.

055

➲7880-0535

$x>1$일 때, $x+\dfrac{4}{x-1}$의 최솟값은?

① 1 ② 2 ③ 3
④ 4 ⑤ 5

유형 04-15 코시 - 슈바르츠 부등식

a, b, x, y가 실수일 때

$$(a^2+b^2)(x^2+y^2)\geq(ax+by)^2$$

$\left(\text{단, 등호는 } \dfrac{x}{a}=\dfrac{y}{b}\text{일 때 성립한다.}\right)$

| 예 | 두 실수 x, y에 대하여 $x^2+y^2=5$일 때, $x+2y$의 최댓값과 최솟값 구하기

$(1^2+2^2)(x^2+y^2)\geq(x+2y)^2$

→ $a=1$, $b=2$로 놓고 코시-슈바르츠 부등식을 적용한다.

$\left(\text{단, 등호는 } x=\dfrac{y}{2}\text{일 때 성립한다.}\right)$

그런데 $x^2+y^2=5$이므로

$5^2\geq(x+2y)^2$

$-5\leq x+2y\leq5$

따라서 $x+2y$의 최댓값은 5, 최솟값은 -5이다.

056

➲7880-0536

실수 a, b, x, y에 대하여 다음을 구하여라.

(1) $a^2+b^2=3$이고 $x^2+y^2=48$일 때, $ax+by$의 최댓값

(2) $a^2+b^2=28$이고 $x^2+y^2=7$일 때, $ax+by$의 최솟값

057

➲7880-0537

실수 x, y에 대하여 다음을 구하여라.

(1) $x^2+y^2=4$일 때, $3x+4y$의 최댓값

(2) $x^2+y^2=5$일 때, $x+2y$의 최솟값

058

➲7880-0538

실수 x, y에 대하여 $4x+3y=20$일 때, x^2+y^2의 최솟값을 구하여라.

제곱근표(1)

수	0	1	2	3	4	5	6	7	8	9
1.0	1.000	1.005	1.010	1.015	1.020	1.025	1.030	1.034	1.039	1.044
1.1	1.049	1.054	1.058	1.063	1.068	1.072	1.077	1.082	1.086	1.091
1.2	1.095	1.100	1.105	1.109	1.114	1.118	1.122	1.127	1.131	1.136
1.3	1.140	1.145	1.149	1.153	1.158	1.162	1.166	1.170	1.175	1.179
1.4	1.183	1.187	1.192	1.196	1.200	1.204	1.208	1.212	1.217	1.221
1.5	1.225	1.229	1.233	1.237	1.241	1.245	1.249	1.253	1.257	1.261
1.6	1.265	1.269	1.273	1.277	1.281	1.285	1.288	1.292	1.296	1.300
1.7	1.304	1.308	1.311	1.315	1.319	1.323	1.327	1.330	1.334	1.338
1.8	1.342	1.345	1.349	1.353	1.356	1.360	1.364	1.367	1.371	1.375
1.9	1.378	1.382	1.386	1.389	1.393	1.396	1.400	1.404	1.407	1.411
2.0	1.414	1.418	1.421	1.425	1.428	1.432	1.435	1.439	1.442	1.446
2.1	1.449	1.453	1.456	1.459	1.463	1.466	1.470	1.473	1.476	1.480
2.2	1.483	1.487	1.490	1.493	1.497	1.500	1.503	1.507	1.510	1.513
2.3	1.517	1.520	1.523	1.526	1.530	1.533	1.536	1.539	1.543	1.546
2.4	1.549	1.552	1.556	1.559	1.562	1.565	1.568	1.572	1.575	1.578
2.5	1.581	1.584	1.587	1.591	1.594	1.597	1.600	1.603	1.606	1.609
2.6	1.612	1.616	1.619	1.622	1.625	1.628	1.631	1.634	1.637	1.640
2.7	1.643	1.646	1.649	1.652	1.655	1.658	1.661	1.664	1.667	1.670
2.8	1.673	1.676	1.679	1.682	1.685	1.688	1.691	1.694	1.697	1.700
2.9	1.703	1.706	1.709	1.712	1.715	1.718	1.720	1.723	1.726	1.729
3.0	1.732	1.735	1.738	1.741	1.744	1.746	1.749	1.752	1.755	1.758
3.1	1.761	1.764	1.766	1.769	1.772	1.775	1.778	1.780	1.783	1.786
3.2	1.789	1.792	1.794	1.797	1.800	1.803	1.806	1.808	1.811	1.814
3.3	1.817	1.819	1.822	1.825	1.828	1.830	1.833	1.836	1.838	1.841
3.4	1.844	1.847	1.849	1.852	1.855	1.857	1.860	1.863	1.865	1.868
3.5	1.871	1.873	1.876	1.879	1.881	1.884	1.887	1.889	1.892	1.895
3.6	1.897	1.900	1.903	1.905	1.908	1.910	1.913	1.916	1.918	1.921
3.7	1.924	1.926	1.929	1.931	1.934	1.936	1.939	1.942	1.944	1.947
3.8	1.949	1.952	1.954	1.957	1.960	1.962	1.965	1.967	1.970	1.972
3.9	1.975	1.977	1.980	1.982	1.985	1.987	1.990	1.992	1.995	1.997
4.0	2.000	2.002	2.005	2.007	2.010	2.012	2.015	2.017	2.020	2.022
4.1	2.025	2.027	2.030	2.032	2.035	2.037	2.040	2.042	2.045	2.047
4.2	2.049	2.052	2.054	2.057	2.059	2.062	2.064	2.066	2.069	2.071
4.3	2.074	2.076	2.078	2.081	2.083	2.086	2.088	2.090	2.093	2.095
4.4	2.098	2.100	2.102	2.105	2.107	2.110	2.112	2.114	2.117	2.119
4.5	2.121	2.124	2.126	2.128	2.131	2.133	2.135	2.138	2.140	2.142
4.6	2.145	2.147	2.149	2.152	2.154	2.156	2.159	2.161	2.163	2.166
4.7	2.168	2.170	2.173	2.175	2.177	2.179	2.182	2.184	2.186	2.189
4.8	2.191	2.193	2.195	2.198	2.200	2.202	2.205	2.207	2.209	2.211
4.9	2.214	2.216	2.218	2.220	2.223	2.225	2.227	2.229	2.232	2.234
5.0	2.236	2.238	2.241	2.243	2.245	2.247	2.249	2.252	2.254	2.256
5.1	2.258	2.261	2.263	2.265	2.267	2.269	2.272	2.274	2.276	2.278
5.2	2.280	2.283	2.285	2.287	2.289	2.291	2.293	2.296	2.298	2.300
5.3	2.302	2.304	2.307	2.309	2.311	2.313	2.315	2.317	2.319	2.322
5.4	2.324	2.326	2.328	2.330	2.332	2.335	2.337	2.339	2.341	2.343

제곱근표(2)

수	0	1	2	3	4	5	6	7	8	9
5.5	2.345	2.347	2.349	2.352	2.354	2.356	2.358	2.360	2.362	2.364
5.6	2.366	2.369	2.371	2.373	2.375	2.377	2.379	2.381	2.383	2.385
5.7	2.387	2.390	2.392	2.394	2.396	2.398	2.400	2.402	2.404	2.406
5.8	2.408	2.410	2.412	2.415	2.417	2.419	2.421	2.423	2.425	2.427
5.9	2.429	2.431	2.433	2.435	2.437	2.439	2.441	2.443	2.445	2.447
6.0	2.449	2.452	2.454	2.456	2.458	2.460	2.462	2.464	2.466	2.468
6.1	2.470	2.472	2.474	2.476	2.478	2.480	2.482	2.484	2.486	2.488
6.2	2.490	2.492	2.494	2.496	2.498	2.500	2.502	2.504	2.506	2.508
6.3	2.510	2.512	2.514	2.516	2.518	2.520	2.522	2.524	2.526	2.528
6.4	2.530	2.532	2.534	2.536	2.538	2.540	2.542	2.544	2.546	2.548
6.5	2.550	2.551	2.553	2.555	2.557	2.559	2.561	2.563	2.565	2.567
6.6	2.569	2.571	2.573	2.575	2.577	2.579	2.581	2.583	2.585	2.587
6.7	2.588	2.590	2.592	2.594	2.596	2.598	2.600	2.602	2.604	2.606
6.8	2.608	2.610	2.612	2.613	2.615	2.617	2.619	2.621	2.623	2.625
6.9	2.627	2.629	2.631	2.632	2.634	2.636	2.638	2.640	2.642	2.644
7.0	2.646	2.648	2.650	2.651	2.653	2.655	2.657	2.659	2.661	2.663
7.1	2.665	2.666	2.668	2.670	2.672	2.674	2.676	2.678	2.680	2.681
7.2	2.683	2.685	2.687	2.689	2.691	2.693	2.694	2.696	2.698	2.700
7.3	2.702	2.704	2.706	2.707	2.709	2.711	2.713	2.715	2.717	2.718
7.4	2.720	2.722	2.724	2.726	2.728	2.729	2.731	2.733	2.735	2.737
7.5	2.739	2.740	2.742	2.744	2.746	2.748	2.750	2.751	2.753	2.755
7.6	2.757	2.759	2.760	2.762	2.764	2.766	2.768	2.769	2.771	2.773
7.7	2.775	2.777	2.778	2.780	2.782	2.784	2.786	2.787	2.789	2.791
7.8	2.793	2.795	2.796	2.798	2.800	2.802	2.804	2.805	2.807	2.809
7.9	2.811	2.812	2.814	2.816	2.818	2.820	2.821	2.823	2.825	2.827
8.0	2.828	2.830	2.832	2.834	2.835	2.837	2.839	2.841	2.843	2.844
8.1	2.846	2.848	2.850	2.851	2.853	2.855	2.857	2.858	2.860	2.862
8.2	2.864	2.865	2.867	2.869	2.871	2.872	2.874	2.876	2.877	2.879
8.3	2.881	2.883	2.884	2.886	2.888	2.890	2.891	2.893	2.895	2.897
8.4	2.898	2.900	2.902	2.903	2.905	2.907	2.909	2.910	2.912	2.914
8.5	2.915	2.917	2.919	2.921	2.922	2.924	2.926	2.927	2.929	2.931
8.6	2.933	2.934	2.936	2.938	2.939	2.941	2.943	2.944	2.946	2.948
8.7	2.950	2.951	2.953	2.955	2.956	2.958	2.960	2.961	2.963	2.965
8.8	2.966	2.968	2.970	2.972	2.973	2.975	2.977	2.978	2.980	2.982
8.9	2.983	2.985	2.987	2.988	2.990	2.992	2.993	2.995	2.997	2.998
9.0	3.000	3.002	3.003	3.005	3.007	3.008	3.010	3.012	3.013	3.015
9.1	3.017	3.018	3.020	3.022	3.023	3.025	3.027	3.028	3.030	3.032
9.2	3.033	3.035	3.036	3.038	3.040	3.041	3.043	3.045	3.046	3.048
9.3	3.050	3.051	3.053	3.055	3.056	3.058	3.059	3.061	3.063	3.064
9.4	3.066	3.068	3.069	3.071	3.072	3.074	3.076	3.077	3.079	3.081
9.5	3.082	3.084	3.085	3.087	3.089	3.090	3.092	3.094	3.095	3.097
9.6	3.098	3.100	3.102	3.103	3.105	3.106	3.108	3.110	3.111	3.113
9.7	3.114	3.116	3.118	3.119	3.121	3.122	3.124	3.126	3.127	3.129
9.8	3.130	3.132	3.134	3.135	3.137	3.138	3.140	3.142	3.143	3.145
9.9	3.146	3.148	3.150	3.151	3.153	3.154	3.156	3.158	3.159	3.161

제곱근표(3)

수	0	1	2	3	4	5	6	7	8	9
10	3.162	3.178	3.194	3.209	3.225	3.240	3.256	3.271	3.286	3.302
11	3.317	3.332	3.347	3.362	3.376	3.391	3.406	3.421	3.435	3.450
12	3.464	3.479	3.493	3.507	3.521	3.536	3.550	3.564	3.578	3.592
13	3.606	3.619	3.633	3.647	3.661	3.674	3.688	3.701	3.715	3.728
14	3.742	3.755	3.768	3.782	3.792	3.808	3.821	3.834	3.847	3.860
15	3.873	3.886	3.899	3.912	3.924	3.937	3.950	3.962	3.975	3.987
16	4.000	4.012	4.025	4.037	4.050	4.062	4.074	4.087	4.099	4.111
17	4.123	4.135	4.147	4.159	4.171	4.183	4.195	4.207	4.219	4.231
18	4.234	4.254	4.266	4.278	4.290	4.301	4.313	4.324	4.336	4.347
19	4.359	4.370	4.382	4.393	4.405	4.416	4.427	4.438	4.450	4.461
20	4.472	4.483	4.494	4.506	4.517	4.528	4.539	4.550	4.561	4.572
21	4.583	4.593	4.604	4.615	4.626	4.637	4.648	4.658	4.669	4.680
22	4.690	4.701	4.712	4.722	4.733	4.743	4.754	4.764	4.775	4.785
23	4.796	4.806	4.817	4.827	4.837	4.848	4.858	4.868	4.879	4.889
24	4.899	4.909	4.919	4.930	4.940	4.950	4.960	4.970	4.980	4.990
25	5.000	5.010	5.020	5.030	5.040	5.050	5.060	5.070	5.079	5.089
26	5.099	5.109	5.119	5.128	5.138	5.148	5.158	5.167	5.177	5.187
27	5.196	5.206	5.215	5.225	5.235	5.244	5.254	5.263	5.273	5.282
28	5.292	5.301	5.310	5.320	5.329	5.339	5.348	5.357	5.367	5.376
29	5.385	5.394	5.404	5.413	5.422	5.431	5.441	5.450	5.459	5.468
30	5.477	5.486	5.495	5.505	5.514	5.523	5.532	5.541	5.550	5.559
31	5.568	5.577	5.586	5.595	5.604	5.612	5.621	5.630	5.639	5.648
32	5.657	5.666	5.675	5.683	5.692	5.701	5.710	5.718	5.727	5.736
33	5.745	5.753	5.762	5.771	5.779	5.788	5.797	5.805	5.814	5.822
34	5.831	5.840	5.848	5.857	5.865	5.874	5.882	5.891	5.899	5.908
35	5.961	5.925	5.933	5.941	5.950	5.958	5.967	5.975	5.983	5.992
36	6.000	6.008	6.017	6.025	6.033	6.042	6.050	6.058	6.066	6.075
37	6.083	6.091	6.099	6.107	6.116	6.124	6.132	6.140	6.148	6.156
38	6.164	6.173	6.181	6.189	6.197	6.205	6.213	6.221	6.229	6.237
39	6.245	6.253	6.261	6.269	6.277	6.285	6.293	6.301	6.309	6.317
40	6.325	6.332	6.340	6.348	6.356	6.364	6.372	6.380	6.387	6.395
41	6.403	6.411	6.419	6.427	6.434	6.442	6.450	6.458	6.465	6.473
42	6.481	6.488	6.496	6.504	6.512	6.519	6.527	6.535	6.542	6.550
43	6.557	6.565	6.573	6.580	6.588	6.595	6.603	6.611	6.618	6.626
44	6.633	6.641	6.648	6.656	6.663	6.671	6.678	6.686	6.693	6.701
45	6.708	6.716	6.723	6.731	6.738	6.745	6.753	6.760	6.768	6.775
46	6.782	6.790	6.797	6.804	6.812	6.819	6.826	6.834	6.841	6.848
47	6.856	6.863	6.870	6.877	6.885	6.892	6.899	6.907	6.914	6.921
48	6.928	6.935	6.943	6.950	6.957	6.964	6.971	6.979	6.986	6.993
49	7.000	7.007	7.014	7.021	7.029	7.036	7.043	7.050	7.057	7.064
50	7.071	7.078	7.085	7.092	7.099	7.106	7.113	7.120	7.127	7.134
51	7.141	7.148	7.155	7.162	7.169	7.176	7.183	7.190	7.197	7.204
52	7.211	7.218	7.225	7.232	7.239	7.246	7.253	7.259	7.266	7.273
53	7.280	7.287	7.294	7.301	7.308	7.314	7.321	7.328	7.335	7.342
54	7.348	7.355	7.362	7.369	7.376	7.382	7.389	7.396	7.403	7.409

제곱근표(4)

수	0	1	2	3	4	5	6	7	8	9
55	7.416	7.423	7.430	7.436	7.443	7.450	7.457	7.463	7.470	7.477
56	7.483	7.490	7.497	7.503	7.510	7.517	7.523	7.530	7.537	7.543
57	7.550	7.556	7.563	7.570	7.576	7.583	7.589	7.596	7.603	7.609
58	7.616	7.622	7.629	7.635	7.642	7.649	7.655	7.662	7.668	7.675
59	7.681	7.688	7.694	7.701	7.707	7.714	7.720	7.727	7.733	7.740
60	7.746	7.752	7.759	7.765	7.772	7.778	7.785	7.791	7.797	7.804
61	7.810	7.817	7.823	7.829	7.836	7.842	7.849	7.855	7.861	7.868
62	7.874	7.880	7.887	7.893	7.899	7.906	7.912	7.918	7.925	7.931
63	7.937	7.944	7.950	7.956	7.962	7.969	7.975	7.981	7.987	7.994
64	8.000	8.006	8.012	8.019	8.025	8.031	8.037	8.044	8.050	8.056
65	8.062	8.068	8.075	8.081	8.087	8.093	8.099	8.106	8.112	8.118
66	8.124	8.130	8.136	8.142	8.149	8.155	8.161	8.167	8.173	8.179
67	8.185	8.191	8.198	8.204	8.210	8.216	8.222	8.228	8.234	8.240
68	8.246	8.252	8.258	8.264	8.270	8.276	8.283	8.289	8.295	8.301
69	8.307	8.313	8.319	8.325	8.331	8.337	8.343	8.349	8.355	8.361
70	8.367	8.373	8.379	8.385	8.390	8.396	8.402	8.408	8.414	8.420
71	8.426	8.432	8.438	8.444	8.450	8.456	8.462	8.468	8.473	8.479
72	8.485	8.491	8.497	8.503	8.509	8.515	8.521	8.526	8.532	8.538
73	8.544	8.550	8.556	8.562	8.567	8.573	8.579	8.585	8.591	8.597
74	8.602	8.608	8.614	8.620	8.626	8.631	8.637	8.643	8.649	8.654
75	8.660	8.666	8.672	8.678	8.683	8.689	8.695	8.701	8.706	8.712
76	8.718	8.724	8.729	8.735	8.741	8.746	8.752	8.758	8.764	8.769
77	8.775	8.781	8.786	8.792	8.798	8.803	8.809	8.815	8.820	8.826
78	8.832	8.837	8.843	8.849	8.854	8.860	8.866	8.871	8.877	8.883
79	8.888	8.894	8.899	8.905	8.911	8.916	8.922	8.927	8.933	8.939
80	8.944	8.950	8.955	8.961	8.967	8.972	8.978	8.983	8.989	8.994
81	9.000	9.006	9.011	9.017	9.022	9.028	9.033	9.039	9.044	9.050
82	9.055	9.061	9.066	9.072	9.077	9.083	9.088	9.094	9.099	9.105
83	9.110	9.116	9.121	9.127	9.132	9.138	9.143	9.149	9.154	9.160
84	9.165	9.171	9.176	9.182	9.187	9.192	9.198	9.203	9.209	9.214
85	9.220	9.225	9.230	9.236	9.241	9.247	9.252	9.257	9.263	9.268
86	9.274	9.279	9.284	9.290	9.295	9.301	9.306	9.311	9.317	9.322
87	9.327	9.333	9.338	9.343	9.349	9.354	9.359	9.365	9.370	9.375
88	9.381	9.386	9.391	9.397	9.402	9.407	9.413	9.418	9.423	9.429
89	9.434	9.439	9.445	9.450	9.455	9.460	9.466	9.471	9.476	9.482
90	9.487	9.492	9.497	9.503	9.508	9.513	9.518	9.524	9.529	9.534
91	9.539	9.545	9.550	9.555	9.560	9.566	9.571	9.576	9.581	9.586
92	9.592	9.597	9.602	9.607	9.612	9.618	9.623	9.628	9.633	9.638
93	9.644	9.649	9.654	9.659	9.664	9.670	9.675	9.680	9.685	9.690
94	9.695	9.701	9.706	9.711	9.716	9.721	9.726	9.731	9.737	9.742
95	9.747	9.752	9.757	9.762	9.767	9.772	9.778	9.783	9.788	9.793
96	9.798	9.803	9.808	9.813	9.818	9.823	9.829	9.834	9.839	9.844
97	9.849	9.854	9.859	9.864	9.869	9.874	9.879	9.884	9.889	9.894
98	9.899	9.905	9.910	9.915	9.920	9.925	9.930	9.935	9.940	9.945
99	9.950	9.955	9.960	9.965	9.970	9.975	9.980	9.985	9.990	9.995

Memo

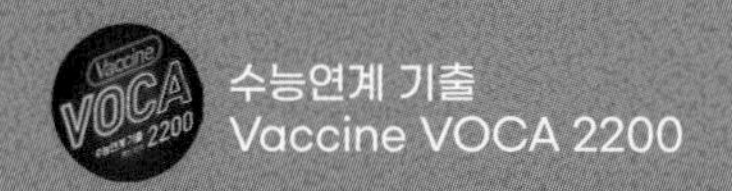

수능연계 기출
Vaccine VOCA 2200

* 본 교재 광고의 교재는 수능을 준비하는 모든 학생에게 추천하며 지금 바로 학습할수록 효과가 좋습니다.

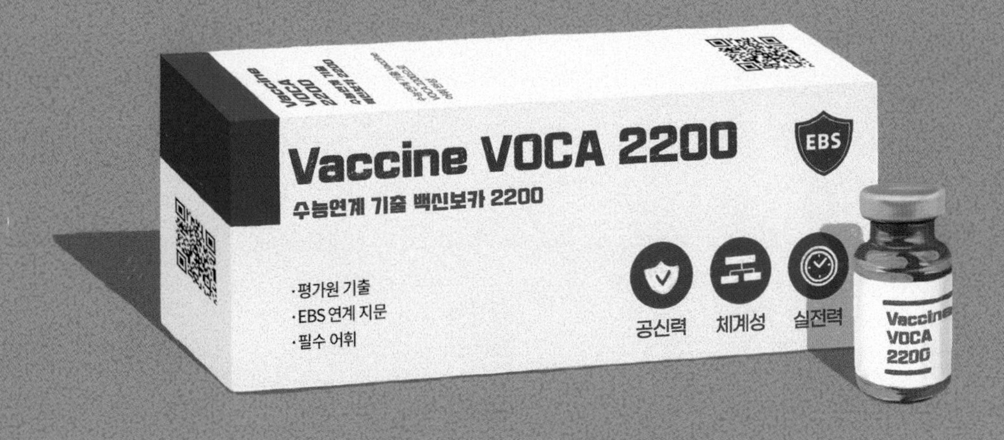

수능 영단어장의 끝판왕!
10개년 수능 빈출 어휘 + 7개년 연계교재 핵심 어휘

수능 적중 어휘 자동암기 3종 세트 제공
휴대용 포켓 단어장 / 표제어 & 예문 MP3 파일 / 수능형 어휘 문항 실전 테스트

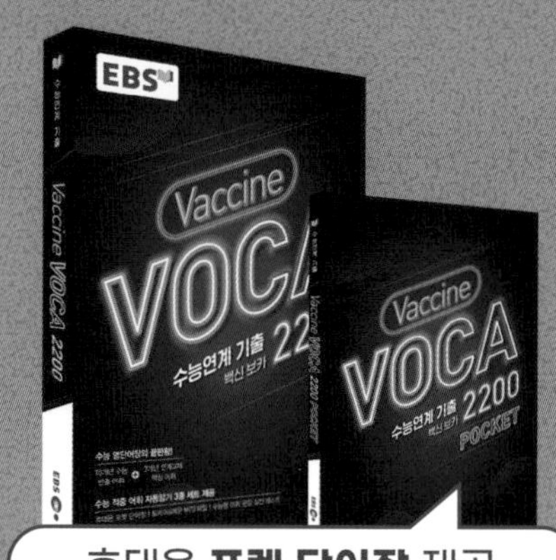

휴대용 **포켓 단어장** 제공

50일 수학 상

정답과 풀이

초·중·고 수학의 맥을 잡는 "50일"
- 수학 개념 단기 보충 특강
- 취약점 보완을 위한 긴급 학습

EBS 50일 수학 ㊤

정답과 풀이

EBS 50일 수학 (상)

한눈에 보는 정답

본문 6~47쪽

THEME 01 다항식

001 (1) $\frac{4}{9}$ (2) $\frac{11}{7}$ (3) $\frac{3}{8}$ (4) $\frac{1}{9}$ **002** ⑤
003 (1) 1, 3, 9 (2) 1, 2, 3, 4, 6, 12 (3) 1, 2, 4, 5, 10, 20
004 ④ **005** ⑤ **006** 96 **007** 7개 **008** ③
009 (1) 4 (2) 7 (3) 12 **010** 4개 **011** ④
012 (1) 12 (2) 30 (3) 24 **013** 4개 **014** ②, ⑤
015 $\frac{16}{28}$, $\frac{8}{14}$, $\frac{4}{7}$ **016** $\frac{7}{12}$, $\frac{19}{28}$ **017** ③
018 $\frac{27}{30}$, $\frac{10}{30}$ **019** $\frac{24}{50}$, $\frac{35}{50}$ **020** ③
021 (1) $\frac{29}{24}$ (2) $\frac{19}{24}$ (3) $\frac{1}{12}$ (4) $\frac{13}{36}$ **022** ⑤
023 (1) $\frac{15}{2}$ (2) $\frac{14}{3}$ (3) $\frac{1}{10}$ (4) $\frac{7}{16}$ **024** $\frac{22}{9}$
025 ⑤ **026** (1) $\frac{1}{12}$ (2) $\frac{2}{9}$ (3) 8 (4) $\frac{7}{5}$ **027** ④
028 (1) 1.1 (2) 1.49 (3) 17.048 (4) 8.25 **029** 1.22
030 ③ **031** (1) 0.8 (2) 0.32 (3) 0.869 (4) 11.87
032 ③ **033** ③ **034** (1) 10.5 (2) 13.8 (3) 0.15
(4) 9.54 **035** ⑤ **036** ④ **037** (1) 1.3 (2) 0.85
(3) 1.33 (4) 1.42 **038** ㄱ, ㄹ **039** ㄴ, ㄹ, ㄱ, ㄷ
040 (1) $\frac{9}{2}$ (2) $\frac{19}{5}$ (3) $\frac{3}{2}$ (4) 15 **041** ②
042 (1) 8 (2) $\frac{129}{5}$ **043** ㉣, ㉡, ㉢, ㉠ **044** 12
045 ㄱ **046** ④ **047** 5개 **048** ④ **049** ⑤
050 3 **051** ④ **052** 21개 **053** 6 **054** ④
055 14 mm **056** 28 **057** ④ **058** 9, 36, 72
059 5개 **060** ④ **061** 11 **062** ③ **063** ②
064 ④ **065** ② **066** 105 cm
067 60 cm **068** (1) 270 (2) 192 (3) 960
069 1440 **070** ③ **071** 6 **072** 240 **073** 96

074 (1) $3x$ (2) axy (3) $5(x+2y)$ (4) $\frac{x}{2}$ (5) $-\frac{4}{a}$ (6) $\frac{3a}{2}$
075 ④ **076** $\frac{xy}{z}$ **077** (1) $2x+7y$ (2) $-a-2b$
078 ①, ③ **079** 14 **080** ③ **081** ③ **082** ①
083 ⑤ **084** ③ **085** 686 m **086** 1 **087** ③
088 12 **089** 35 **090** ④ **091** x, $-2x$, $-\frac{1}{3}x$
092 ①, ⑤ **093** ② **094** ④ **095** ⑤ **096** -1
097 2 **098** ① **099** ② **100** ③ **101** ⑤
102 ② **103** ① **104** ⑤ **105** ④ **106** 14
107 -10 **108** ③ **109** $-18x^{15}y^{14}$ **110** $\frac{3xy^2}{z^2}$
111 ② **112** $-\frac{2y}{x^2}$ **113** ② **114** $-8x^5y^8$
115 4 **116** ⑤ **117** $2x-14y+9$ **118** ①
119 -5 **120** ② **121** $2x^2-5x+3$ **122** 9
123 ③, ④ **124** ③ **125** ③ **126** -15
127 $\frac{1}{6}x-1$ **128** ③ **129** 0 **130** 42 **131** ②
132 ⑤ **133** ② **134** ⑤ **135** $1-x^4$ **136** 13
137 ③ **138** 13 **139** ⑤ **140** 1 **141** ②
142 ③ **143** ④ **144** -1 **145** ④ **146** ③
147 $\frac{5}{2}$ **148** $14x-1$ **149** ③ **150** $-7x+18y$
151 ④ **152** ④ **153** ③ **154** $2x(x+y)$
155 ③ **156** $(x-4)^2$ **157** $(5x+6y)^2$ **158** ⑤
159 ④ **160** $\pm\frac{1}{2}$ **161** $\frac{2}{5}$ **162** ③ **163** ⑤
164 28 **165** $2x+2$ **166** ② **167** ④
168 $(3x+2y)(x-4y)$ **169** ① **170** ②, ④ **171** ③
172 ④ **173** $(8x+13)(2x+1)$ **174** $4x+2y-5$
175 ④ **176** ① **177** ④ **178** 5000 **179** ⑤
180 ② **181** -30 **182** (1) $4x^3-x^2+7x-4$
(2) $2x^3+3x^2-3x+2$ **183** $8x^2-xy+3y^2$
184 $-x^2-3x-2$ **185** (1) x^3+3x^2+x+3
(2) $6a^2-2a^2b-7ab+ab^2+2b^2$ **186** ② **187** ①

188 (1) $a^2+b^2+4c^2-2ab-4bc+4ca$
(2) $a^3+6a^2b+12ab^2+8b^3$ (3) x^3+1 (4) x^3-1

189 $-x^4-x^3+2$ **190** ⑤ **191** (1) 36 (2) 56

192 5 **193** 7 **194** ④ **195** (1) 몫 : x^2-2, 나머지 : -1 (2) 몫 : $x-3$, 나머지 : $x-8$

196 x^2+2x-3 **197** x^3+1

198 (1) $a=-2,\ b=0,\ c=0$ (2) $a=0,\ b=2,\ c=1$
(3) $a=-2,\ b=3,\ c=-2$ (4) $a=4,\ b=-3,\ c=-6$

199 $a=2,\ b=-6,\ c=-2$

200 (1) $a=2,\ b=2$ (2) $a=2,\ x=1$

201 (1) $a=6,\ b=2,\ c=6$ (2) $a=2,\ b=-1,\ c=-2$

202 (1) $a=2,\ b=2$ (2) $a=1,\ b=-3,\ c=3$ **203** ③

204 ⑤ **205** ④ **206** (1) 256 (2) 0

207 (1) -2 (2) 10 (3) $-\frac{25}{8}$ (4) $-\frac{10}{27}$ **208** 5

209 ③ **210** ① **211** 5 **212** ②

213 (1) 4 (2) 2 (3) $-\frac{5}{4}$ (4) $\frac{10}{3}$ **214** -3 **215** ①

216 1 **217** -30 **218** $a=-1,\ b=-16$ **219** 48

220 (1) -1 (2) 0, 7 (3) $\frac{1}{2}$, -1 (4) -3, -5

221 (1) 몫 : $2x^2+x+3$, 나머지 : 11
(2) 몫 : $2x^2-x-1$, 나머지 : 0

222 ③ **223** 몫 : x^2+x-3, 나머지 : 4

224 (1) 몫 : x^2-x+2, 나머지 : 2
(2) 몫 : x^2+2x-2, 나머지 : 7

225 (1) $(x+1)^3$ (2) $(x-3y)^3$ (3) $(x+1)(x^2-x+1)$
(4) $(2x-y)(4x^2+2xy+y^2)$ (5) $(x+y-z)^2$

226 2 **227** ④

228 (1) $(x+y+5)(x+y-4)$ (2) $(x-4)(x-7)$
(3) $(x^2+x-3)(x^2+x+2)$ (4) $2x(x+1)(x^2+x+3)$

229 ⑤ **230** $(x^2+x-5)(x^2+x-9)$

231 (1) $(x-1)(x+1)(x^2+2)$ (2) $(x^2+x+1)(x^2-x+1)$

232 ④ **233** 8

234 (1) $(x+2)(xy-y+1)$ (2) $(x+3y-1)(x+y-2)$

235 ① **236** ① **237** (1) $(x-1)^2(x+3)$
(2) $(x+2)(2x^2-4x+3)$ **238** 6 **239** ③, ⑤

240 ① **241** (1) $(x-1)(x+1)^2(x+2)$
(2) $(x+1)^2(x-3)^2$ **242** ③ **243** ①

THEME 02

복소수

001 양수 : $+4$, $+0.5$, 6, 음수 : -2, $-\frac{1}{3}$

002 (1) +5일 (2) +500원 (3) -7 ℃ (4) $+50$ m

003 ③ **004** 6 **005** 3 **006** ④ **007** 5

008 ③ **009** ⑤ **010** ③

011 (1) $+9$ (2) $+5$ (3) -3 (4) -15

012 (1) $+8.1$ (2) $+3.7$ (3) $-\frac{5}{6}$ (4) $-\frac{13}{5}$

013 ③ **014** ③ **015** -8 **016** ③

017 (ㄱ) 덧셈의 교환법칙, (ㄴ) 덧셈의 결합법칙 **018** -6

019 0 **020** ④ **021** ② **022** ③ **023** ④

024 ③ **025** $-\frac{1}{10}$ **026** ④ **027** ④ **028** ②

029 ③ **030** ① **031** ④ **032** $-\frac{1}{100}$

033 (ㄱ) 곱셈의 교환법칙, (ㄴ) 곱셈의 결합법칙

034 (ㄱ), (ㄷ) 곱셈의 교환법칙, (ㄴ), (ㄹ) 곱셈의 결합법칙, (ㅁ) $+\frac{3}{4}$, (ㅂ) $+\frac{1}{2}$ **035** ③ **036** 7 **037** $\frac{1}{5}$

038 ② **039** $-\frac{1}{5}$ **040** ③ **041** ③ **042** $-\frac{1}{12}$

043 $\frac{5}{2}$ **044** ⑤ **045** ④ **046** $-\frac{18}{5}$

047 (1) 215 (2) 2 **048** ㉣ → ㉢ → ㉡ → ㉤ → ㉠

049 $\frac{4}{9}$ **050** ③ **051** ① **052** ㄱ, ㄹ, ㅁ, ㅂ

053 ⑤ **054** ② **055** ③ **056** $\pm\sqrt{5}$, $\sqrt{5}$

057 ③ **058** ⑤ **059** ⑤ **060** ④ **061** $\pm\frac{1}{7}$

062 ⑤ **063** ④ **064** ③ **065** $-a-b$

066 ② **067** ④ **068** ④ **069** 6 **070** ④

071 ② **072** 4 **073** ① **074** ② **075** ⑤

076 4 **077** $5-\sqrt{2}$ **078** ③ **079** ② **080** ③

081 ②, ③ **082** ① **083** $4-\sqrt{13}$ **084** ②

085 ⑤ **086** ③ **087** ⑤ **088** ③ **089** ①

090 ④ **091** ③ **092** ④ **093** ② **094** ②

095 ③ **096** ⑤ **097** ① **098** ⑤ **099** ③

100 ⑤ **101** ⑤ **102** ⑤ **103** ③

104 (1) $\sqrt{2}i$ (2) $2i$ (3) $-\sqrt{5}i$ (4) $-3i$

105 ㄱ, ㄴ, ㄹ **106** -1 **107** ⑤ **108** ④
109 $-6+4i$ **110** -6
111 (1) $-3-i$ (2) $-3i+2$ (3) $2-i$ (4) $-\sqrt{2}i$ **112** ④
113 ③ **114** $1+i$ 또는 $1-i$ **115** 5 **116** i
117 ③

본문 68~89쪽

THEME 03
방정식

001 (1) $\square+13=25$ (2) $42-\square=14$ **002** (1) 8 (2) 8 (3) 13 (4) 15 **003** 2 **004** ② **005** ④
006 ② **007** 방정식 : ㄷ, ㄹ, 항등식 : ㄱ, ㅁ **008** ③
009 ③ **010** ④ **011** ④ **012** ㄴ, ㄹ **013** ②
014 ⑤ **015** $x=-2$ **016** 5 **017** ④
018 ③ **019** ③ **020** ③ **021** ⑤
022 80 m **023** 10 **024** 10 **025** 4 **026** ②
027 ① **028** $x=2$, $y=4$ **029** 2 **030** ③
031 ④ **032** $x=10$, $y=7$ **033** ④
034 (1) $x=2$, $y=0$ (2) $x=2$, $y=-1$
035 -5 **036** 3 **037** $x=-1$, $y=-1$ **038** ④
039 3 **040** 3 **041** ④ **042** 48 **043** ③
044 ④ **045** 14마리 **046** ③ **047** ③ **048** ②
049 ④ **050** 2 **051** ① **052** ⑤ **053** ②
054 10 **055** ③ **056** ㄱ, ㄷ, ㅁ, ㅂ **057** ⑤
058 ③ **059** ③ **060** ② **061** ①, ③ **062** ②
063 $x=3\pm2\sqrt{3}$ **064** ② **065** -3 **066** 20
067 ⑤ **068** ④ **069** $x=-2\pm3\sqrt{2}$
070 $x=-\frac{8}{5}$ 또는 $x=2$ **071** 3 **072** ②
073 ① **074** ③ **075** 3 **076** ⑤
077 $\alpha+\beta=5$, $\alpha\beta=4$ **078** $\frac{25}{4}$ **079** ④ **080** 6
081 ③ **082** ② **083** ② **084** ③ **085** ④
086 ② **087** ③ **088** ③ **089** ③ **090** ③
091 ④ **092** ⑤ **093** ① **094** ② **095** ②
096 ③ **097** ② **098** ② **099** ②

100 $a=1$, $b=-1$ **101** ④ **102** ⑤ **103** ③
104 ① **105** $a=4$, $b=4$, 나머지 두 근 : $-2i$, -1
106 ② **107** ③ **108** ② **109** ① **110** ④
111 해가 무수히 많다. **112** 1 **113** 0
114 $x=2$, $y=3$, $z=1$ **115** $\begin{cases}x=4\\y=-2\end{cases}$ 또는 $\begin{cases}x=-4\\y=2\end{cases}$
116 -3 또는 3 **117** -1 **118** 4 **119** 0
120 -2

본문 90~99쪽

001 ③ **002** ⑤ **003** 3개 **004** ④
005 (1) $5x>10000$ (2) $x+10\geq2x$ (3) $500x+700\geq4500$
006 ㄴ, ㄷ **007** ⑤ **008** ⑤
009 (1) $>$ (2) $<$ (3) $>$ (4) $<$
010 (1) $<$ (2) $\geq$ (3) $\geq$ (4) $<$ **011** ③
012 풀이 참조
013 (1) $x>1$ (2) $x<2$ (3) $x\leq3$ (4) $x\geq-5$
014 ④ **015** ② **016** ⑤ **017** ④
018 ② **019** ⑤ **020** $x\geq-\frac{1}{2}$ **021** -8
022 ③ **023** ①, ④ **024** ② **025** 15
026 20 cm **027** ③ **028** 13명 **029** 1 km **030** ④
031 1 **032** ④ **033** ② **034** ① **035** 17
036 $-2<x\leq2$ **037** ② **038** 25
039 풀이 참조 **040** (1) $x=2$ (2) 해가 없다.
041 ③ **042** ② **043** 5권 **044** 5개 또는 6개
045 70 m 이상 100 m 미만
046 $\frac{24}{7}$ km 이상 $\frac{36}{7}$ km 이하 **047** 풀이 참조
048 $|ab|-ab$, $ab\geq0$ **049** (1) 6 (2) $\frac{2}{3}$ **050** 2
051 (1) 4 (2) 24 **052** $2\sqrt{6}+5$ **053** $8\sqrt{2}$ **054** $\frac{1}{2}$
055 ⑤ **056** (1) 12 (2) -14 **057** (1) 10 (2) -5
058 16

본문 6~47쪽

THEME 01 다항식

001_ 답 (1) $\frac{4}{9}$ (2) $\frac{11}{7}$ (3) $\frac{3}{8}$ (4) $\frac{1}{9}$

(1) $\frac{3}{9}+\frac{1}{9}=\frac{3+1}{9}=\frac{4}{9}$

(2) $\frac{5}{7}+\frac{6}{7}=\frac{5+6}{7}=\frac{11}{7}$

(3) $\frac{5}{8}-\frac{2}{8}=\frac{5-2}{8}=\frac{3}{8}$

(4) $\frac{4}{9}-\frac{3}{9}=\frac{4-3}{9}=\frac{1}{9}$

002_ 답 ⑤

① $\frac{4}{5}+\frac{3}{5}=\frac{7}{5}$ ② $\frac{5}{7}+\frac{1}{7}=\frac{6}{7}$

③ $\frac{7}{9}-\frac{6}{9}=\frac{1}{9}$ ④ $\frac{11}{19}-\frac{5}{19}=\frac{6}{19}$

003_ 답 (1) 1, 3, 9 (2) 1, 2, 3, 4, 6, 12 (3) 1, 2, 4, 5, 10, 20

(1) $9\div1=9$, $9\div3=3$, $9\div9=1$이므로 9의 약수는 1, 3, 9이다.

(2) $12\div1=12$, $12\div2=6$, $12\div3=4$, $12\div4=3$, $12\div6=2$, $12\div12=1$이므로 12의 약수는 1, 2, 3, 4, 6, 12이다.

(3) $20\div1=20$, $20\div2=10$, $20\div4=5$, $20\div5=4$, $20\div10=2$, $20\div20=1$이므로 20의 약수는 1, 2, 4, 5, 10, 20이다.

004_ 답 ④

$48\div1=48$, $48\div2=24$, $48\div3=16$, $48\div4=12$, $48\div6=8$, $48\div8=6$, $48\div12=4$, $48\div16=3$, $48\div24=2$, $48\div48=1$

⇨ 48의 약수 : 1, 2, 3, 4, 6, 8, 12, 16, 24, 48

따라서 48의 약수가 아닌 것은 ④ 36이다.

005_ 답 ⑤

① 12의 약수 : 1, 2, 3, 4, 6, 12 ⇨ 6개

② 30의 약수 : 1, 2, 3, 5, 6, 10, 15, 30 ⇨ 8개

③ 49의 약수 : 1, 7, 49 ⇨ 3개

④ 52의 약수 : 1, 2, 4, 13, 26, 52 ⇨ 6개

⑤ 65의 약수 : 1, 5, 13, 65 ⇨ 4개

006_ 답 96

$\cdots$, $12\times6=72$, $12\times7=84$, $\underline{12\times8=96}$, $12\times9=108$, $\cdots$

따라서 12의 배수 중에서 가장 큰 두 자리 수는 96이다.

007_ 답 7개

$\cdots$, $6\times8=48$, $\underline{6\times9=54}$, $\underline{6\times10=60}$, $\underline{6\times11=66}$, $\underline{6\times12=72}$, $\underline{6\times13=78}$, $\underline{6\times14=84}$, $\underline{6\times15=90}$, $6\times16=96$, $\cdots$

따라서 50부터 90까지의 자연수 중에서 6의 배수는 모두 7개이다.

008_ 답 ③

③ 42의 약수는 1, 2, 3, 6, 7, 14, 21, 42이다.

009_ 답 (1) 4 (2) 7 (3) 12

(1) 4의 약수 : 1, 2, 4

12의 약수 : 1, 2, 3, 4, 6, 12

4와 12의 공약수 : 1, 2, 4

4와 12의 최대공약수 : 4

다른 풀이

$$\begin{array}{r|rr} 2 & 4 & 12 \\ 2 & 2 & 6 \\ \hline & 1 & 3 \end{array}$$

따라서 최대공약수는 $2\times2=4$

(2) 7의 약수 : 1, 7

63의 약수 : 1, 3, 7, 9, 21, 63

7과 63의 공약수 : 1, 7

7과 63의 최대공약수 : 7

(3) 24의 약수 : 1, 2, 3, 4, 6, 8, 12, 24

60의 약수 : 1, 2, 3, 4, 5, 6, 10, 12, 15, 20, 30, 60

24와 60의 공약수 : 1, 2, 3, 4, 6, 12

24와 60의 최대공약수 : 12

다른 풀이

$$\begin{array}{r|rr} 2 & 24 & 60 \\ 2 & 12 & 30 \\ 3 & 6 & 15 \\ \hline & 2 & 5 \end{array}$$

따라서 최대공약수는 $2\times2\times3=12$

010_ 답 4개

30의 약수 : 1, 2, 3, 5, 6, 10, 15, 30

45의 약수 : 1, 3, 5, 9, 15, 45

따라서 30과 45의 공약수는 1, 3, 5, 15의 4개이다.

011_ 답 ④

36의 약수 : 1, 2, 3, 4, 6, 9, 12, 18, 36

48의 약수 : 1, 2, 3, 4, 6, 8, 12, 16, 24, 48

따라서 36과 48의 공약수는 1, 2, 3, 4, 6, 12이다.

012_ 답 (1) 12 (2) 30 (3) 24

(1) 4의 배수 : 4, 8, 12, 16, 20, 24, 28, 32, 36, 40, ⋯

6의 배수 : 6, 12, 18, 24, 30, 36, 42, ⋯

4와 6의 공배수 : 12, 24, 36, ⋯

4와 6의 최소공배수 : 12

▌다른 풀이▐

$$\begin{array}{r|rr} 2 & 4 & 6 \\ \hline & 2 & 3 \end{array}$$

따라서 최소공배수는 $2\times2\times3=12$

(2) 6의 배수 : 6, 12, 18, 24, 30, 36, 42, 48, 54, 60, ⋯

10의 배수 : 10, 20, 30, 40, 50, 60, ⋯

6과 10의 공배수 : 30, 60, ⋯

6과 10의 최소공배수 : 30

▌다른 풀이▐

$$\begin{array}{r|rr} 2 & 6 & 10 \\ \hline & 3 & 5 \end{array}$$

따라서 최소공배수는 $2\times3\times5=30$

(3) 8의 배수 : 8, 16, 24, 32, 40, 48, 56, 64, ⋯

12의 배수 : 12, 24, 36, 48, 60, ⋯

8과 12의 공배수 : 24, 48, ⋯

8과 12의 최소공배수 : 24

▌다른 풀이▐

$$\begin{array}{r|rr} 2 & 8 & 12 \\ \hline 2 & 4 & 6 \\ \hline & 2 & 3 \end{array}$$

따라서 최소공배수는 $2\times2\times2\times3=24$

013_ 답 4개

4의 배수 : 4, 8, 12, 16, 20, 24, 28, 32, 36, 40, 44, ⋯

5의 배수 : 5, 10, 15, 20, 25, 30, 35, 40, 45, ⋯

4와 5의 공배수 : 20, 40, 60, 80, 100, 120, ⋯

따라서 4와 5의 공배수 중에서 두 자리 수는 20, 40, 60, 80으로 모두 4개이다.

014_ 답 ②, ⑤

8의 배수 : 8, 16, 24, 32, 40, 48, 56, 64, ⋯

16의 배수 : 16, 32, 48, 64, 80, ⋯

따라서 8과 16의 공배수는 16, 32, 48, 64, ⋯이다.

015_ 답 $\frac{16}{28}$, $\frac{8}{14}$, $\frac{4}{7}$

32와 56의 공약수 : 1, 2, 4, 8

$\frac{32}{56}=\frac{32\div2}{56\div2}=\frac{16}{28}$, $\frac{32}{56}=\frac{32\div4}{56\div4}=\frac{8}{14}$, $\frac{32}{56}=\frac{32\div8}{56\div8}=\frac{4}{7}$

016_ 답 $\frac{7}{12}$, $\frac{19}{28}$

분모와 분자의 공약수가 1뿐인 분수는 $\frac{7}{12}$, $\frac{19}{28}$이다.

017_ 답 ③

① $\frac{12}{15}=\frac{12\div3}{15\div3}=\frac{4}{5}$

② $\frac{20}{25}=\frac{20\div5}{25\div5}=\frac{4}{5}$

③ $\frac{21}{30}=\frac{21\div3}{30\div3}=\frac{7}{10}$

④ $\frac{32}{40}=\frac{32\div8}{40\div8}=\frac{4}{5}$

⑤ $\frac{36}{45}=\frac{36\div9}{45\div9}=\frac{4}{5}$

018_ 답 $\frac{27}{30}$, $\frac{10}{30}$

$\left(\frac{9}{10}, \frac{1}{3}\right) \Rightarrow \left(\frac{9\times3}{10\times3}, \frac{1\times10}{3\times10}\right) \Rightarrow \left(\frac{27}{30}, \frac{10}{30}\right)$

019_ 답 $\frac{24}{50}$, $\frac{35}{50}$

25와 10의 최소공배수가 50이므로

$\left(\frac{12}{25}, \frac{7}{10}\right) \Rightarrow \left(\frac{12\times2}{25\times2}, \frac{7\times5}{10\times5}\right) \Rightarrow \left(\frac{24}{50}, \frac{35}{50}\right)$

020_ 답 ③

① 4와 9의 최소공배수 : 36

② 5와 8의 최소공배수 : 40

③ 10과 15의 최소공배수 : 30

④ 11과 5의 최소공배수 : 55

⑤ 14와 21의 최소공배수 : 42

021_ 답 (1) $\frac{29}{24}$ (2) $\frac{19}{24}$ (3) $\frac{1}{12}$ (4) $\frac{13}{36}$

(1) $\frac{5}{6}+\frac{3}{8}=\frac{5\times8}{6\times8}+\frac{3\times6}{8\times6}$

$=\frac{40}{48}+\frac{18}{48}=\frac{58}{48}=\frac{29}{24}$

다른 풀이

$\frac{5}{6}+\frac{3}{8}=\frac{5\times4}{6\times4}+\frac{3\times3}{8\times3}=\frac{20}{24}+\frac{9}{24}=\frac{29}{24}$

(2) $\frac{5}{12}+\frac{3}{8}=\frac{5\times8}{12\times8}+\frac{3\times12}{8\times12}=\frac{40}{96}+\frac{36}{96}=\frac{76}{96}=\frac{19}{24}$

다른 풀이

$\frac{5}{12}+\frac{3}{8}=\frac{5\times2}{12\times2}+\frac{3\times3}{8\times3}=\frac{10}{24}+\frac{9}{24}=\frac{19}{24}$

(3) $\frac{5}{6}-\frac{3}{4}=\frac{5\times4}{6\times4}-\frac{3\times6}{4\times6}=\frac{20}{24}-\frac{18}{24}=\frac{2}{24}=\frac{1}{12}$

다른 풀이

$\frac{5}{6}-\frac{3}{4}=\frac{5\times2}{6\times2}-\frac{3\times3}{4\times3}=\frac{10}{12}-\frac{9}{12}=\frac{1}{12}$

(4) $\frac{7}{9}-\frac{5}{12}=\frac{7\times12}{9\times12}-\frac{5\times9}{12\times9}=\frac{84}{108}-\frac{45}{108}=\frac{39}{108}=\frac{13}{36}$

다른 풀이

$\frac{7}{9}-\frac{5}{12}=\frac{7\times4}{9\times4}-\frac{5\times3}{12\times3}=\frac{28}{36}-\frac{15}{36}=\frac{13}{36}$

022_ 답 ⑤

⑤ $\frac{2}{3}-\frac{3}{8}=\frac{16}{24}-\frac{9}{24}=\frac{7}{24}$

023_ 답 (1) $\frac{15}{2}$ (2) $\frac{14}{3}$ (3) $\frac{1}{10}$ (4) $\frac{7}{16}$

(1) $\frac{3}{4}\times10=\frac{3\times10}{4}=\frac{30}{4}=\frac{15}{2}$

다른 풀이

$\frac{3}{\cancel{4}_{2}}\times\cancel{10}^{5}=\frac{3\times5}{2}=\frac{15}{2}$

(2) $8\times\frac{7}{12}=\frac{8\times7}{12}=\frac{56}{12}=\frac{14}{3}$

다른 풀이

$\cancel{8}_{2}\times\frac{7}{\cancel{12}_{3}}=\frac{2\times7}{3}=\frac{14}{3}$

(3) $\frac{1}{2}\times\frac{1}{5}=\frac{1}{2\times5}=\frac{1}{10}$

(4) $\frac{5}{8}\times\frac{7}{10}=\frac{5\times7}{8\times10}=\frac{35}{80}=\frac{7}{16}$

다른 풀이

$\frac{\cancel{5}^{1}}{8}\times\frac{7}{\cancel{10}_{2}}=\frac{7}{16}$

024_ 답 $\frac{22}{9}$

$\frac{\cancel{5}^{1}}{9}\times\frac{11}{\cancel{8}_{1}}\times\frac{\cancel{16}^{2}}{\cancel{5}_{1}}=\frac{11\times2}{9}=\frac{22}{9}$

025_ 답 ⑤

$\frac{6}{11}\div3=\frac{6}{11}\times\frac{1}{3}$

026_ 답 (1) $\frac{1}{12}$ (2) $\frac{2}{9}$ (3) 8 (4) $\frac{7}{5}$

(1) $\frac{2}{3}\div8=\frac{2}{3}\times\frac{1}{8}=\frac{1}{12}$

(2) $\frac{10}{9}\div5=\frac{10}{9}\times\frac{1}{5}=\frac{2}{9}$

(3) $\frac{8}{9}\div\frac{1}{9}=\frac{8}{9}\times9=8$

(4) $\frac{14}{15}\div\frac{6}{9}=\frac{14}{15}\times\frac{9}{6}=\frac{7}{5}$

027_ 답 ④

① $1\div5=1\times\frac{1}{5}=\frac{1}{5}$

② $\frac{1}{5}\div3=\frac{1}{5}\times\frac{1}{3}=\frac{1}{15}$

③ $\frac{4}{5}\div3=\frac{4}{5}\times\frac{1}{3}=\frac{4}{15}$

④ $\frac{5}{6}\div\frac{2}{3}=\frac{5}{6}\times\frac{3}{2}=\frac{5}{4}$

⑤ $\frac{14}{15}\div\frac{7}{30}=\frac{14}{15}\times\frac{30}{7}=4$

028_ 답 (1) 1.1 (2) 1.49 (3) 17.048 (4) 8.25

(1) $0.4+0.7=1.1$

(2) $0.8+0.69=1.49$

(3) $10.47+6.578=17.048$

(4) $6.34+1.91=8.25$

029_ 답 1.22

주어진 수 중에서 가장 큰 수는 1.1, 가장 작은 수는 0.12이므로 그 합은 $1.1+0.12=1.22$

030_ 답 ③

① $0.23+0.59=0.82$

② $0.12+0.89=1.01$

③ $0.14+0.95=1.09$

④ $0.53+0.42=0.95$

⑤ $0.61+0.31=0.92$

031_ 답 (1) 0.8 (2) 0.32 (3) 0.869 (4) 11.87

(1) $1.3-0.5=0.8$

(2) $0.7-0.38=0.32$

(3) $7.26-6.391=0.869$

(4) $12.36-0.49=11.87$

032_ 답 ③

$23.41-17.48=5.93$

033_ 답 ③

① $7.41-4.19=3.22$

② $12.58-9.75=2.83$

③ $4.53-2.04=2.49$

④ $9.12-6.23=2.89$

⑤ $15.78-12.91=2.87$

034_ 답 (1) 10.5 (2) 13.8 (3) 0.15 (4) 9.54

(1) $1.5\times7=\frac{15}{10}\times7=\frac{105}{10}=10.5$

다른 풀이

$15\times7=105$ ⇨ $1.5\times7=10.5$

(2) $6\times2.3=6\times\frac{23}{10}=\frac{138}{10}=13.8$

다른 풀이

$6\times23=138$ ⇨ $6\times2.3=13.8$

(3) $0.3\times0.5=\frac{3}{10}\times\frac{5}{10}=\frac{15}{100}=0.15$

다른 풀이

$3\times5=15$ ⇨ $0.3\times0.5=0.15$

(4) $1.8\times5.3=\frac{18}{10}\times\frac{53}{10}=\frac{954}{100}=9.54$

다른 풀이

$18\times53=954$ ⇨ $1.8\times5.3=9.54$

035_ 답 ⑤

⑤ $2.6\times8.32=21.632$

036_ 답 ④

① $3.1\times8.6=26.66$

② $310\times0.86=266.6$

③ $31\times0.086=2.666$

④ $0.031\times8.6=0.2666$

⑤ $0.31\times86=26.66$

037_ 답 (1) 1.3 (2) 0.85 (3) 1.33 (4) 1.42

(1) $5.2\div4=\frac{52}{10}\div4=\frac{52}{10}\times\frac{1}{4}=\frac{13}{10}=1.3$

다른 풀이

$52\div4=13$ ⇨ $5.2\div4=1.3$

(2) $4.25\div5=\frac{425}{100}\div5=\frac{425}{100}\times\frac{1}{5}=\frac{85}{100}=0.85$

다른 풀이

$425\div5=85$ ⇨ $4.25\div5=0.85$

(3) $7.98\div6=\frac{798}{100}\div6=\frac{798}{100}\times\frac{1}{6}=\frac{133}{100}=1.33$

다른 풀이

$798\div6=133$ ⇨ $7.98\div6=1.33$

(4) $12.78\div9=\frac{1278}{100}\div9=\frac{1278}{100}\times\frac{1}{9}=\frac{142}{100}=1.42$

다른 풀이

$1278\div9=142$ ⇨ $12.78\div9=1.42$

038_ 답 ㄱ, ㄹ

ㄱ. $28.8 \div 12 = \frac{288}{10} \div 12 = \frac{288}{10} \times \frac{1}{12} = \frac{24}{10} = 2.4$

ㄴ. $32.5 \div 13 = \frac{325}{10} \div 13 = \frac{325}{10} \times \frac{1}{13} = \frac{25}{10} = 2.5$

ㄷ. $25.3 \div 11 = \frac{253}{10} \div 11 = \frac{253}{10} \times \frac{1}{11} = \frac{23}{10} = 2.3$

ㄹ. $38.4 \div 16 = \frac{384}{10} \div 16 = \frac{384}{10} \times \frac{1}{16} = \frac{24}{10} = 2.4$

따라서 계산 결과가 2.4인 것은 ㄱ, ㄹ이다.

다른 풀이

ㄱ. $288 \div 12 = 24$ ⇨ $28.8 \div 12 = 2.4$

ㄴ. $325 \div 13 = 25$ ⇨ $32.5 \div 13 = 2.5$

ㄷ. $253 \div 11 = 23$ ⇨ $25.3 \div 11 = 2.3$

ㄹ. $384 \div 16 = 24$ ⇨ $38.4 \div 16 = 2.4$

따라서 계산 결과가 2.4인 것은 ㄱ, ㄹ이다.

039_ 답 ㄴ, ㄹ, ㄱ, ㄷ

ㄱ. $16.5 \div 5 = \frac{165}{10} \div 5 = \frac{165}{10} \times \frac{1}{5} = \frac{33}{10} = 3.3$

ㄴ. $24.5 \div 7 = \frac{245}{10} \div 7 = \frac{245}{10} \times \frac{1}{7} = \frac{35}{10} = 3.5$

ㄷ. $28.8 \div 9 = \frac{288}{10} \div 9 = \frac{288}{10} \times \frac{1}{9} = \frac{32}{10} = 3.2$

ㄹ. $57.8 \div 17 = \frac{578}{10} \div 17 = \frac{578}{10} \times \frac{1}{17} = \frac{34}{10} = 3.4$

따라서 계산 결과가 큰 것부터 차례로 나열하면 ㄴ, ㄹ, ㄱ, ㄷ이다.

다른 풀이

ㄱ. $165 \div 5 = 33$ ⇨ $16.5 \div 5 = 3.3$

ㄴ. $245 \div 7 = 35$ ⇨ $24.5 \div 7 = 3.5$

ㄷ. $288 \div 9 = 32$ ⇨ $28.8 \div 9 = 3.2$

ㄹ. $578 \div 17 = 34$ ⇨ $57.8 \div 17 = 3.4$

따라서 계산 결과가 큰 것부터 차례로 나열하면 ㄴ, ㄹ, ㄱ, ㄷ이다.

040_ 답 (1) $\frac{9}{2}$ (2) $\frac{19}{5}$ (3) $\frac{3}{2}$ (4) 15

(1) $3.6 \div \frac{4}{5} = \frac{36}{10} \div \frac{4}{5} = \frac{36}{10} \times \frac{5}{4} = \frac{9}{2}$

(2) $5.7 \div \frac{3}{2} = \frac{57}{10} \div \frac{3}{2} = \frac{57}{10} \times \frac{2}{3} = \frac{19}{5}$

(3) $\frac{6}{5} \div 0.8 = \frac{6}{5} \div \frac{8}{10} = \frac{6}{5} \times \frac{10}{8} = \frac{3}{2}$

(4) $\frac{15}{2} \div 0.5 = \frac{15}{2} \div \frac{5}{10} = \frac{15}{2} \times \frac{10}{5} = 15$

041_ 답 ②

곱셈, 덧셈, 뺄셈이 섞여 있는 식에서는 곱셈을 먼저 계산한다.

042_ 답 (1) 8 (2) $\frac{129}{5}$

(1) $\frac{8}{3} \times 2.4 \div 0.8 = \frac{8}{3} \times \frac{24}{10} \div \frac{8}{10}$

$= \frac{8}{3} \times \frac{24}{10} \times \frac{10}{8} = 8$

(2) $7.2 \div \frac{1}{2} + \frac{3}{4} \times 15.2 = \frac{72}{10} \div \frac{1}{2} + \frac{3}{4} \times \frac{152}{10}$

$= \frac{72}{10} \times \frac{2}{1} + \frac{3}{4} \times \frac{152}{10}$

$= \frac{72}{5} + \frac{57}{5} = \frac{129}{5}$

043_ 답 ㉣, ㉢, ㉡, ㉠

044_ 답 12

$\frac{15}{2} \times \left(\frac{1}{2} + 1.5\right) \div 1.25 = \frac{15}{2} \times \left(\frac{1}{2} + \frac{3}{2}\right) \div \frac{125}{100}$

$= \frac{15}{2} \times 2 \times \frac{4}{5} = 12$

045_ 답 ㄱ

ㄱ. $1.2 + \frac{9}{5} \times \frac{1}{3} = \frac{12}{10} + \frac{9}{5} \times \frac{1}{3} = \frac{6}{5} + \frac{3}{5} = \frac{9}{5}$

ㄴ. $\left(1.2 + \frac{9}{5}\right) \times \frac{1}{3} = \left(\frac{12}{10} + \frac{9}{5}\right) \times \frac{1}{3} = \left(\frac{6}{5} + \frac{9}{5}\right) \times \frac{1}{3}$

$= \frac{15}{5} \times \frac{1}{3} = 1$

따라서 계산 결과가 더 큰 것은 ㄱ이다.

046_ 답 ④

공약수는 최대공약수의 약수이므로 A와 B의 공약수는 96의 약수인 1, 2, 3, 4, 6, 8, 12, 16, 24, 32, 48, 96이다.

047_ 답 5개

공약수는 최대공약수의 약수이므로 공약수의 개수는 16의 약수의 개수와 같다.

따라서 16의 약수는 1, 2, 4, 8, 16의 5개이다.

048_ 답 ④

두 수의 최대공약수를 각각 구하면

① 1　　② 1　　③ 1　　④ 7　　⑤ 1

따라서 서로소가 아닌 것은 ④이다.

049_ 답 ⑤

두 수 $2^2\times3\times5^2$, $2^3\times3^2\times7$의 최대공약수는 $2^2\times3$이므로 두 수의 공약수가 아닌 것은 ⑤이다.

050_ 답 3

$$\begin{array}{rccccc} & 2^3 & \times & 3^a & \times 5^2 & \\ & 2^b & \times & 3^3 & & \times 11 \\ \hline \text{최대공약수 :} & 2 & \times & 3^2 & & \end{array}$$

따라서 $a=2$, $b=1$이므로

$a+b=2+1=3$

051_ 답 ④

구하는 사람 수는 108과 180의 최대공약수이다.

$$\begin{array}{r|rr} 2 & 108 & 180 \\ \hline 2 & 54 & 90 \\ \hline 3 & 27 & 45 \\ \hline 3 & 9 & 15 \\ \hline & 3 & 5 \end{array}$$

108과 180의 최대공약수는 $2^2\times3^2=36$이므로 36명에게 나누어 줄 수 있다.

052_ 답 21개

각 조에 속하는 남학생 수와 여학생 수를 각각 같게 하여 가능한 한 많은 조를 편성하여야 하므로 조의 개수는 63과 84의 최대공약수이다.

$$\begin{array}{r|rr} 3 & 63 & 84 \\ \hline 7 & 21 & 28 \\ \hline & 3 & 4 \end{array}$$

63과 84의 최대공약수는 $3\times7=21$이므로 구하는 조의 개수는 21개이다.

053_ 답 6

$\dfrac{12}{n}$가 자연수가 되도록 하는 n은 12의 약수이고, $\dfrac{18}{n}$이 자연수가 되도록 하는 n은 18의 약수이다.

즉, n은 12와 18의 공약수이므로 이러한 자연수 n의 값 중 가장 큰 수는 12, 18의 최대공약수인 $2\times3=6$이다.

$$\begin{array}{r|rr} 2 & 12 & 18 \\ \hline 3 & 6 & 9 \\ \hline & 2 & 3 \end{array}$$

054_ 답 ④

구하는 타일의 한 변의 길이는 48과 64의 최대공약수이다.

$$\begin{array}{r|rr} 2 & 48 & 64 \\ \hline 2 & 24 & 32 \\ \hline 2 & 12 & 16 \\ \hline 2 & 6 & 8 \\ \hline & 3 & 4 \end{array}$$

48과 64의 최대공약수는 $2^4=16$이므로 타일의 한 변의 길이는 16 cm이다.

055_ 답 14 mm

만들려고 하는 정육면체 모양의 치즈 조각의 한 모서리의 길이는 28, 42, 56의 최대공약수이다.

$$\begin{array}{r|rrr} 2 & 28 & 42 & 56 \\ \hline 7 & 14 & 21 & 28 \\ \hline & 2 & 3 & 4 \end{array}$$

28, 42, 56의 최대공약수는 $2\times7=14$이므로 정육면체 모양의 치즈 조각의 한 모서리의 길이는 14 mm이다.

056_ 답 28

어떤 수로 89, 117, 145를 나누면 나머지가 모두 5이므로 어떤 수는 $89-5=84$, $117-5=112$, $145-5=140$의 공약수 중 5보다 큰 수이고, 어떤 수 중 가장 큰 수는 84, 112, 140의 최대공약수이다.

$$\begin{array}{r|rrr} 2 & 84 & 112 & 140 \\ \hline 2 & 42 & 56 & 70 \\ \hline 7 & 21 & 28 & 35 \\ \hline & 3 & 4 & 5 \end{array}$$

84, 112, 140의 최대공약수는 $2^2\times7=28$이므로 어떤 수 중 가장 큰 수는 28이다.

057_ 답 ④

공배수는 최소공배수의 배수이므로 12의 배수가 아닌 것을 찾는다.

① $12=12\times1$ ② $48=12\times4$

③ $60=12\times5$ ⑤ $156=12\times13$

058_ 답 9, 36, 72

두 자연수의 공배수는 최소공배수 9의 배수이므로 9, 36, 72이다.

059_ 답 5개

공배수는 최소공배수의 배수이므로 200 이하의 35의 배수는 35, 70, 105, 140, 175의 5개이다.

060_ 답 ④

두 수의 공배수는 최소공배수의 배수와 같으므로 두 수의 최소공배수를 구하면

$2\times5^3\times7$

$2^2\times5\times7^2$

최소공배수 : $2^2\times5^3\times7^2$

5^2은 5^3의 배수가 아니므로 ④ $2^2\times5^2\times7^2$은 두 수의 공배수가 아니다.

061_ 답 11

$2^2\times3^2$

$2\times3^4\times5$

최소공배수 : $2^2\times3^4\times5$

$a=2$ $b=4$ $c=5$

따라서 $a+b+c=2+4+5=11$

062_ 답 ③

두 버스가 다시 동시에 출발하는 때는 6과 9의 최소공배수인 $3\times2\times3=18$(분) 후이다.

3 | 6 9
  2 3

따라서 처음으로 다시 출발하는 시각은 오전 10시 18분이다.

063_ 답 ②

6, 8의 최소공배수는 $2\times3\times4=24$

2 | 6 8
  3 4

따라서 오전 9시에 두 시료를 동시에 측정하였을 때, 다시 처음으로 두 시료를 동시에 측정하게 되는 것은 24분 후이므로 구하는 시각은 오전 9시 24분이다.

064_ 답 ④

세 명이 3월 1일에 함께 봉사 활동을 한 후, 처음으로 다시 함께 봉사 활동을 하는 때는 (3, 6, 9의 최소공배수)일 후이다.

3 | 3 6 9
  1 2 3

따라서 3, 6, 9의 최소공배수는 $3\times1\times2\times3=18$이므로 세 명이 처음으로 다시 함께 봉사 활동을 하는 날짜는 18일 후인 3월 19일이다.

065_ 답 ②

24와 36의 최소공배수는 $2^3\times3^2=72$

2 | 24 36
2 | 12 18
3 | 6 9
  2 3

따라서 두 톱니바퀴가 같은 톱니에서 처음으로 다시 맞물리려면 톱니바퀴 A는 $72\div24=3$(바퀴) 회전해야 한다.

066_ 답 105 cm

만들 수 있는 정사각형의 한 변의 길이는 15와 21의 최소공배수이다.

15와 21의 최소공배수는 $3\times5\times7=105$

3 | 15 21
  5 7

따라서 정사각형의 한 변의 길이는 105 cm이다.

067_ 답 60 cm

2 | 10 12 15
5 | 5 6 15
3 | 1 6 3
  1 2 1

정육면체 모양의 블록의 한 모서리의 길이는 10, 12, 15의 최소공배수인 $2\times5\times3\times1\times2\times1=60$(cm)이다.

068_ 답 (1) 270 (2) 192 (3) 960

$A\times B=$(최대공약수)$\times$(최소공배수)이므로

(1) $A\times B=3\times90=270$

(2) $A\times B=4\times48=192$

(3) $A\times B=8\times120=960$

069_ 답 1440

(두 자연수의 곱)$=$(최대공약수)$\times$(최소공배수)

$=4\times360=1440$

070_ 답 ③

$42\times A=6\times336$

따라서 $A=48$

071_ 답 6

최대공약수를 G라 하면

$84\times G=504$

따라서 $G=6$

072_ 답 240

최소공배수를 L이라 하면

$L\times4=960$

따라서 $L=240$

073_ 답 96

두 수의 최대공약수가 12이므로

두 수를 각각 $12\times a$, $12\times b$ (a, b는 서로소, $a<b$)라 하자.

두 수의 최소공배수가 84이므로

$12\times a\times b=84$, $a\times b=7$

이때 a, b는 서로소이고 $a<b$이므로

$a=1$, $b=7$

따라서 두 수는 $12\times1=12$, $12\times7=84$이므로 그 합은

$12+84=96$

074_ 답 (1) $3x$ (2) axy (3) $5(x+2y)$

(4) $\frac{x}{2}$ (5) $-\frac{4}{a}$ (6) $\frac{3a}{2}$

(6) $a\div\frac{2}{3}=a\times\frac{3}{2}=\frac{3a}{2}$

075_ 답 ④

① $x\times(-2)=-2x$

② $x\times x=x^2$

③ $x\times2=2x$

⑤ $0.1\times a=0.1a$

076_ 답 $\frac{xy}{z}$

$x\times(y\div z)=x\times\frac{y}{z}=\frac{xy}{z}$

077_ 답 (1) $2x+7y$ (2) $-a-2b$

078_ 답 ①, ③

② $x\times3+y\times(-1)=3x-y$

④ $a\div b+c\times(-1)=\frac{a}{b}-c$

⑤ $(x+y)\div3+(x+y)\div z=\frac{x+y}{3}+\frac{x+y}{z}$

079_ 답 14

$-5x+(-x)^2=-5\times(-2)+\{-(-2)\}^2$

$=10+4=14$

080_ 답 ③

$-x-4y+xy=-(-2)-4\times\frac{1}{3}+(-2)\times\frac{1}{3}$

$=2-\frac{4}{3}-\frac{2}{3}=0$

081_ 답 ③

① $-a=-(-1)=1$

② $a^2=(-1)^2=1$

③ $-a^2=-(-1)^2=-1$

④ $(-a)^2=a^2=(-1)^2=1$

⑤ $-a^3=-(-1)^3=-(-1)=1$

082_ 답 ①

$-6x+10$에 $x=3$을 대입하면

$-6\times3+10=-18+10=-8$(℃)

083_ 답 ⑤

$30t-5t^2$에 $t=4$를 대입하면

$30\times4-5\times4^2=120-80=40(\mathrm{m})$

084_ 답 ③

$\frac{36}{5}a-32$에 $a=25$를 대입하면

$\frac{36}{5}\times25-32=180-32=148$(회)

085_ 답 686 m

$331+0.6x$에 $x=20$을 대입하면

$331+0.6\times20=343(\mathrm{m})$

따라서 2초 동안 소리가 전달되는 거리는

$343\times2=686(\mathrm{m})$

086_ 답 1

다항식 $-x^2+2x-3$에서

다항식의 차수는 2이므로 $a=2$

x의 계수는 2이므로 $b=2$

상수항은 -3이므로 $c=-3$

따라서 $a+b+c=2+2+(-3)=1$

087_ 답 ③

① x^2-4x-3의 상수항은 -3이다.

② $2x-5y+4$에서 y의 계수는 -5이다.

④ x^2-x+1의 항은 x^2, $-x$, 1의 3개이다.

⑤ $-\frac{x}{3}-4y+1$에서 x의 계수는 $-\frac{1}{3}$이다.

088_ 답 12

$(2x-6)\times\frac{3}{2}=2x\times\frac{3}{2}-6\times\frac{3}{2}=3x-9$

따라서 $a=3$, $b=-9$이므로

$a-b=3-(-9)=12$

089_ 답 35

$(42x-12)\div\frac{6}{7}=(42x-12)\times\frac{7}{6}$

$=42x\times\frac{7}{6}-12\times\frac{7}{6}$

$=49x-14$

따라서 x의 계수는 49, 상수항은 -14이므로

x의 계수와 상수항의 합은 $49+(-14)=35$

090_ 답 ④

① $2(a-3)=2a-6$

② $(-3x)\times(-5)=15x$

③ $-(3x+4)=-3x-4$

⑤ $\frac{14x+3}{7}=2x+\frac{3}{7}$

091_ 답 x, $-2x$, $-\frac{1}{3}x$

$2x$와 동류항인 것은 x, $-2x$, $-\frac{1}{3}x$이다.

092_ 답 ①, ⑤

② $2x$와 x^2은 차수가 다르다.

③ $3a$와 $3b$는 차수는 같지만 문자가 다르다.

④ $-4x^2$과 $-4y^2$은 차수는 같지만 문자가 다르다.

093_ 답 ②

$2x-5-7x+1=2x-7x-5+1$

$=(2-7)x+(-5+1)$

$=-5x-4$

094_ 답 ④

$3(1-x)-(2x+3)=3-3x-2x-3=-5x$

즉, x의 계수는 -5이고 상수항은 0이므로 $-5+0=-5$

095_ 답 ⑤

② $(-x-1)+2(3x-1)=-x-1+6x-2$

$=5x-3$

③ $-(x+5)-3(x-1)=-x-5-3x+3$

$=-4x-2$

④ $(x-3)-\frac{1}{3}(6x+9)=x-3-2x-3$

$=-x-6$

⑤ $\frac{2}{3}(6x+9)-3(2x+1)=4x+6-6x-3$

$=-2x+3$

096_ 답 -1

$1-2x-\{3x-(4+5x)+6\}$
$=1-2x-(3x-4-5x+6)$
$=1-2x-(-2x+2)$
$=1-2x+2x-2=-1$

097_ 답 2

$(x-3)-[8x-\{2x+1-(-3x-1)\}]$
$=x-3-\{8x-(2x+1+3x+1)\}$
$=x-3-\{8x-(5x+2)\}$
$=x-3-(8x-5x-2)$
$=x-3-(3x-2)$
$=x-3-3x+2$
$=-2x-1$
따라서 $a=-2$, $b=-1$이므로
$ab=(-2)\times(-1)=2$

098_ 답 ①

$$\frac{x-3}{2}-\frac{x-1}{3}=\frac{3(x-3)}{6}-\frac{2(x-1)}{6}=\frac{3(x-3)-2(x-1)}{6}=\frac{3x-9-2x+2}{6}=\frac{x-7}{6}$$

099_ 답 ②

$32=2^5$이므로 $2^2\times32=2^2\times2^5=2^7$
따라서 $x=7$

100_ 답 ③

$27^5=(3^3)^5=3^{15}=(3^5)^3=A^3$

101_ 답 ⑤

① $a\times a^2=a^3$
② $a^3\times a^2=a^5$
③ $(a^2)^5=a^{10}$
④ $a\times b^3\times a^2=a^3b^3$
⑤ $(a^2)^4\times a^7=a^8\times a^7=a^{15}$

102_ 답 ②

$x^8\div x^{n+1}=x^{8-(n+1)}=x^{7-n}$
$x^{7-n}=x^4$이므로 $7-n=4$
따라서 $n=3$

103_ 답 ①

$a^{12}\times a^8\div(a^3)^6=a^{12}\times a^8\div a^{3\times6}=a^{12}\times a^8\div a^{18}$
$=a^{12+8}\div a^{18}=a^{20}\div a^{18}=a^{20-18}=a^2$

104_ 답 ⑤

① $a^3\div a^5=\frac{1}{a^{5-3}}=\frac{1}{a^2}$
② $\frac{a}{a^3}=a\div a^3=\frac{1}{a^{3-1}}=\frac{1}{a^2}$
③ $a^{10}\div a^7\div a^3=a^{10-7}\div a^3=a^3\div a^3=1$
④ $(a^3)^4\div(a^2)^2\div a^5=a^{12}\div a^4\div a^5=a^{12-4}\div a^5$
$=a^8\div a^5=a^3$
⑤ $a^3\div(a^2\div a)=a^3\div a^{2-1}=a^3\div a=a^{3-1}=a^2$

105_ 답 ④

① $(ab^2)^3=a^3b^6$
② $(-ab^3)^2=(-1)^2a^2b^6=a^2b^6$
③ $\left(\frac{1}{2}ab\right)^3=\left(\frac{1}{2}\right)^3a^3b^3=\frac{1}{8}a^3b^3$
④ $(3a^2b^3)^3=3^3a^6b^9=27a^6b^9$
⑤ $(2ab^3)^3=2^3a^3b^9=8a^3b^9$

106_ 답 14

$(2x^2y^a)^b=2^bx^{2b}y^{ab}=8x^cy^{15}$이므로
$2^b=8=2^3$에서 $b=3$
$x^{2b}=x^{2\times3}=x^6=x^c$에서 $c=6$
$y^{ab}=y^{3a}=y^{15}$에서 $3a=15$, $a=5$
따라서 $a+b+c=5+3+6=14$

107_ 답 -10

$\left(-\frac{2y}{x^a}\right)^b=(-1)^b\times\frac{2^by^b}{x^{ab}}=\frac{cy^4}{x^8}$이므로
$y^b=y^4$에서 $b=4$
$(-1)^4\times2^4=c$에서 $c=16$
$x^{ab}=x^{4a}=x^8$에서 $4a=8$, $a=2$
따라서 $a+b-c=2+4-16=-10$

108_ 답 ③

① $(-2x)\times 3x^2=-6x^3$

② $3xy\times 4x^2y=12x^3y^2$

④ $\frac{a}{3b^3}\times(-6ab^3)=-2a^2$

⑤ $\frac{x^2}{y^3}\times\frac{2y^4}{x^3}=\frac{2y}{x}$

109_ 답 $-18x^{15}y^{14}$

$(xy^3)^3\times(-3x^5y)^2\times(-2x^2y^3)$

$=x^3y^9\times 9x^{10}y^2\times(-2x^2y^3)$

$=\{9\times(-2)\}\times(x^3\times x^{10}\times x^2)\times(y^9\times y^2\times y^3)$

$=-18x^{15}y^{14}$

110_ 답 $\frac{3xy^2}{z^2}$

$\left(\frac{3y^2}{x}\right)^3\times\left(-\frac{x^2}{3y^2z}\right)^2=\frac{27y^6}{x^3}\times\frac{x^4}{9y^4z^2}=\frac{3xy^2}{z^2}$

111_ 답 ②

① $6a^3\div 2a=\frac{6a^3}{2a}=3a^2$

② $(-3a^4)\div\frac{1}{3}a^2=(-3a^4)\times\frac{3}{a^2}=-9a^2$

③ $6a^2b\div 3a^4b=\frac{6a^2b}{3a^4b}=\frac{2}{a^2}$

④ $(-2ab^3)^3\div 2a^2b^5=(-8a^3b^9)\div 2a^2b^5$

$=\frac{-8a^3b^9}{2a^2b^5}=-4ab^4$

⑤ $\left(-\frac{2}{3}a^2b\right)\div\frac{a^2}{6b}=\left(-\frac{2}{3}a^2b\right)\times\frac{6b}{a^2}=-4b^2$

112_ 답 $-\frac{2y}{x^2}$

$3xy^2\div\left(-\frac{1}{2}xy\right)\div 3x^2=3xy^2\times\left(-\frac{2}{xy}\right)\times\frac{1}{3x^2}$

$=-\frac{2y}{x^2}$

113_ 답 ②

$(-2x^2y^a)^3\div\frac{2}{3}x^by^5=(-8x^6y^{3a})\times\frac{3}{2x^by^5}$

$=-12x^{6-b}y^{3a-5}=cx^2y$

에서 $c=-12$

$x^{6-b}=x^2$에서 $6-b=2$, $b=4$

$y^{3a-5}=y$에서 $3a-5=1$, $3a=6$, $a=2$

따라서 $a+b+c=2+4+(-12)=-6$

114_ 답 $-8x^5y^8$

$(-x^2y^3)^3\div\left(\frac{x^3}{2y}\right)^3\times\left(-\frac{x^4}{y^2}\right)^2=(-x^6y^9)\div\frac{x^9}{8y^3}\times\frac{x^8}{y^4}$

$=(-x^6y^9)\times\frac{8y^3}{x^9}\times\frac{x^8}{y^4}$

$=-8x^5y^8$

115_ 답 4

$-\frac{5}{2}x^3y^2\times\left(\frac{6}{5}x^2y\div 3xy^2\right)=-\frac{5}{2}x^3y^2\times\left(\frac{6}{5}x^2y\times\frac{1}{3xy^2}\right)$

$=-\frac{5}{2}x^3y^2\times\frac{2x}{5y}$

$=-x^4y=ax^by^c$

따라서 $a=-1$, $b=4$, $c=1$이므로

$a+b+c=(-1)+4+1=4$

116_ 답 ⑤

⑤ $x\div(y\div z)=x\div\frac{y}{z}=x\times\frac{z}{y}=\frac{xz}{y}$

117_ 답 $2x-14y+9$

$(4x-8y+5)-2(x+3y-2)$

$=4x-8y+5-2x-6y+4$

$=2x-14y+9$

118_ 답 ①

$2x-5y-3-\square=5x-3y-1$에서

$\square=(2x-5y-3)-(5x-3y-1)$

$=2x-5y-3-5x+3y+1$

$=-3x-2y-2$

119_ 답 -5

$(6x^2-2)-(5x^2-3x+4)=6x^2-2-5x^2+3x-4$

$=x^2+3x-6$

이때 이차항의 계수는 1, 상수항은 -6이므로 구하는 합은

$1+(-6)=-5$

120_ 답 ②

$$\frac{x^2-7x}{3}+\frac{5x-x^2+1}{2}=\frac{2(x^2-7x)+3(5x-x^2+1)}{6}$$
$$=\frac{2x^2-14x+15x-3x^2+3}{6}$$
$$=\frac{-x^2+x+3}{6}$$

121_ 답 $2x^2-5x+3$

어떤 다항식을 A라 하면

$A+(x^2+4x+1)=3x^2-x+4$

따라서 $A=3x^2-x+4-(x^2+4x+1)=2x^2-5x+3$

122_ 답 9

$-3x(2x-5y)=-3x\times 2x-3x\times(-5y)$

$=-6x^2+15xy$

따라서 $a=-6$, $b=15$이므로

$a+b=(-6)+15=9$

123_ 답 ③, ④

① $x(x-3)=x\times x+x\times(-3)=x^2-3x$

② $-2xy(x-y)=-2xy\times x-2xy\times(-y)$

$=-2x^2y+2xy^2$

⑤ $-2x^2(x^2+5)=-2x^2\times x^2-2x^2\times 5$

$=-2x^4-10x^2$

124_ 답 ③

$-2x(3x+4y)-3y(y-3x)$

$=-2x\times 3x-2x\times 4y-3y\times y-3y\times(-3x)$

$=-6x^2-8xy-3y^2+9xy$

$=-6x^2+xy-3y^2$

따라서 xy의 계수는 1이다.

125_ 답 ③

③ $(8x^2-4x)\div\left(-\frac{1}{2}x\right)=(8x^2-4x)\times\left(-\frac{2}{x}\right)$

$=-16x+8$

따라서 옳지 않은 것은 ③이다.

126_ 답 -15

$(4x^2y-8xy^2+6xy)\div\left(-\frac{2}{3}xy\right)$

$=(4x^2y-8xy^2+6xy)\times\left(-\frac{3}{2xy}\right)$

$=-6x+12y-9$

따라서 x의 계수는 -6, 상수항은 -9이므로 구하는 합은

$(-6)+(-9)=-15$

127_ 답 $\frac{1}{6}x-1$

$(x^3-2x^2)\div(-2x^2)+(2x^2-6x)\div 3x$

$=\frac{x^3-2x^2}{-2x^2}+\frac{2x^2-6x}{3x}$

$=-\frac{x}{2}+1+\frac{2}{3}x-2$

$=\frac{1}{6}x-1$

128_ 답 ③

$2x(5x-10)+(21x^3y-14x^2y)\div(-7xy)$

$=2x(5x-10)+\frac{21x^3y-14x^2y}{-7xy}$

$=10x^2-20x+(-3x^2+2x)$

$=7x^2-18x$

129_ 답 0

$2x^2-\{x(5-2x)+(8x^3-12x^2)\div(-2x)^2\}$

$=2x^2-\{x(5-2x)+(8x^3-12x^2)\div 4x^2\}$

$=2x^2-\{5x-2x^2+(2x-3)\}$

$=2x^2-(-2x^2+7x-3)$

$=4x^2-7x+3$

따라서 $A=4$, $B=-7$, $C=3$이므로

$A+B+C=4+(-7)+3=0$

130_ 답 42

$(x+a)^2=x^2+2ax+a^2=x^2+14x+b$이므로

$2a=14$, $a^2=b$

따라서 $a=7$, $b=49$이므로

$b-a=49-7=42$

131_ 답 ②

$\left(\frac{1}{3}x-\frac{1}{2}y\right)^2=\frac{1}{9}x^2-\frac{1}{3}xy+\frac{1}{4}y^2$

따라서 xy의 계수는 $-\frac{1}{3}$이다.

132_ 답 ⑤

$\left(-\frac{1}{2}x-1\right)^2=\left\{-\frac{1}{2}(x+2)\right\}^2=\frac{1}{4}(x+2)^2$

133_ 답 ②

$(2x+y)(y-2x)=(y+2x)(y-2x)$
$=y^2-(2x)^2=y^2-4x^2$

134_ 답 ⑤

① $(x-y)(x+y)=x^2-y^2$
② $-(y+x)(y-x)=-(y^2-x^2)=x^2-y^2$
③ $(-y+x)(y+x)=(x-y)(x+y)=x^2-y^2$
④ $(-y-x)(y-x)=-(y+x)(y-x)$
$=-(y^2-x^2)=x^2-y^2$
⑤ $(x+y)(-x-y)=-(x+y)^2=-(x^2+2xy+y^2)$
$=-x^2-2xy-y^2$

135_ 답 $1-x^4$

$(1-x)(1+x)(1+x^2)=(1-x^2)(1+x^2)$
$=1-x^4$

136_ 답 13

$(x-a)(x-3)=x^2-(a+3)x+3a=x^2-bx+15$이므로
$-(a+3)=-b$, $3a=15$
따라서 $a=5$, $b=8$이므로
$a+b=5+8=13$

137_ 답 ③

$(x-5)\left(x+\frac{5}{2}\right)=x^2+\left(-5+\frac{5}{2}\right)x+(-5)\times\frac{5}{2}$
$=x^2-\frac{5}{2}x-\frac{25}{2}$

138_ 답 13

$(x+4)(x-A)=x^2+(4-A)x-4A$에서
x의 계수가 -9이므로
$4-A=-9$
따라서 $A=13$

139_ 답 ⑤

$(2x+3)(5x-4)=10x^2+7x-12$
$=10x^2+(3a-2)x-12$
이므로 $3a-2=7$
따라서 $a=3$

140_ 답 1

$(2x-y)(6x+7y)=12x^2+8xy-7y^2$
따라서 xy의 계수는 8, y^2의 계수는 -7이므로 그 합은
$8+(-7)=1$

141_ 답 ②

① $(2x+1)(x+3)=2x^2+7x+3$ ⇨ 7
② $(3x-1)(2x+5)=6x^2+13x-5$ ⇨ 13
③ $(4x+3)(5x-2)=20x^2+7x-6$ ⇨ 7
④ $(6x+4)(7x-3)=42x^2+10x-12$ ⇨ 10
⑤ $(9x-7)(3x+2)=27x^2-3x-14$ ⇨ -3
따라서 x의 계수가 가장 큰 것은 ②이다.

142_ 답 ③

$99.8\times100.2=(100-0.2)(100+0.2)$에서
$100=a$, $0.2=b$로 놓으면 $(a-b)(a+b)$이므로
곱셈 공식 $(a+b)(a-b)=a^2-b^2$을 이용하면 가장 편리하다.

143_ 답 ④

① $999^2=(1000-1)^2$
② $205^2=(200+5)^2$
③ $54\times46=(50+4)(50-4)$
④ $102\times105=(100+2)(100+5)$
⑤ $49.9\times50.1=(50-0.1)(50+0.1)$

144_ 답 -1

$2-1=1$이므로

$(2+1)(2^2+1)(2^4+1)$

$=1\times(2+1)(2^2+1)(2^4+1)$

$=(2-1)(2+1)(2^2+1)(2^4+1)$

$=(2^2-1)(2^2+1)(2^4+1)$

$=(2^4-1)(2^4+1)$

$=2^8-1=2^8+a$

따라서 $a=-1$

145_ 답 ④

$x^2+y^2=(x+y)^2-2xy$

$=6^2-2\times4=28$

146_ 답 ③

$(a+b)^2=(a-b)^2+4ab$

$=5^2+4\times3$

$=25+12=37$

147_ 답 $\frac{5}{2}$

$(x+y)^2=x^2+y^2+2xy$이므로

$9^2=45+2xy$, $2xy=36$, $xy=18$

따라서 $\frac{y}{x}+\frac{x}{y}=\frac{x^2+y^2}{xy}=\frac{45}{18}=\frac{5}{2}$

148_ 답 $14x-1$

$5x+3y-7=5x+3(3x+2)-7$

$=5x+9x+6-7$

$=14x-1$

149_ 답 ③

$4(2x+y)-(x+2y+8)=8x+4y-x-2y-8$

$=7x+2y-8$

$=7x+2(5x-2)-8$

$=7x+10x-4-8$

$=17x-12$

150_ 답 $-7x+18y$

$2(A-B)+A-3B=2A-2B+A-3B$

$=3A-5B$

$=3(x+y)-5(2x-3y)$

$=3x+3y-10x+15y$

$=-7x+18y$

151_ 답 ④

$6x-5y-1=3x-2y+5$를 y에 관하여 풀면

$-5y+2y=3x+5-6x+1$

$-3y=-3x+6$

따라서 $y=x-2$

152_ 답 ④

① $x=\frac{y}{2}$

② $y=2x-4$

③ $3a=-2b+9$, $a=-\frac{2}{3}b+3$

④ $F-32=\frac{9}{5}C$, $F=\frac{9}{5}C+32$

⑤ $a+b=\frac{l}{2}$, $b=\frac{l}{2}-a$

153_ 답 ③

$6x^2-4x=2x(3x-2)$

이므로 인수가 아닌 것은 ③ $2x^2$이다.

154_ 답 $2x(x+y)$

$(x+y)^2+(x-y)(x+y)=(x+y)(x+y+x-y)$

$=2x(x+y)$

155_ 답 ③

① $3xy+x^2=x(3y+x)$

② $2a^2-6a=2a(a-3)$

④ $xy(x+y)+xy=xy(x+y+1)$

⑤ $(a-1)a+b(a-1)=(a-1)(a+b)$

156_ 답 $(x-4)^2$

$x^2-8x+16=x^2-2\times x\times4+4^2=(x-4)^2$

157_ 답 $(5x+6y)^2$

$25x^2+60xy+36y^2=(5x)^2+2\times5x\times6y+(6y)^2$
$=(5x+6y)^2$

158_ 답 ⑤

⑤ $16x^2+16xy+4y^2=4(4x^2+4xy+y^2)$
$=4(2x+y)^2$

159_ 답 ④

① $x^2+2x+1=(x+1)^2$
② $x^2+6x+9=(x+3)^2$
③ $x^2-x+\frac{1}{4}=\left(x-\frac{1}{2}\right)^2$
⑤ $4x^2-12x+9=(2x-3)^2$

160_ 답 $\pm\frac{1}{2}$

$\frac{1}{16}=\left(\pm\frac{1}{4}\right)^2$이므로
$x^2+\square x+\frac{1}{16}=x^2+2\times x\times\left(\pm\frac{1}{4}\right)+\left(\pm\frac{1}{4}\right)^2$
따라서 $\square=\pm\frac{1}{2}$

161_ 답 $\frac{2}{5}$

$4x^2-4x+a=(2x)^2-2\times2x\times1+1^2=(2x-1)^2$이고,
$x^2+bx+\frac{1}{25}=\left(x\pm\frac{1}{5}\right)^2$에서
$bx=\pm2\times x\times\frac{1}{5}=\pm\frac{2}{5}x$
$b>0$이므로 $b=\frac{2}{5}$
따라서 $a=1$, $b=\frac{2}{5}$이므로
$ab=1\times\frac{2}{5}=\frac{2}{5}$

162_ 답 ③

$x^8-1=(x^4)^2-1^2$
$=(x^4+1)(x^4-1)$
$=(x^4+1)(x^2+1)(x^2-1)$
$=(x^4+1)(x^2+1)(x+1)(x-1)$

163_ 답 ⑤

$25x^2-64y^2=(5x)^2-(8y)^2$
$=(5x+8y)(5x-8y)$

164_ 답 28

$-49x^2+16y^2=-(49x^2-16y^2)$
$=-\{(7x)^2-(4y)^2\}$
$=-(7x+4y)(7x-4y)$
따라서 $a=7$, $b=4$이므로 $ab=7\times4=28$

165_ 답 $2x+2$

$x^2+2x-15=(x-3)(x+5)$
따라서 두 일차식의 합은
$(x-3)+(x+5)=2x+2$

166_ 답 ②

$x^2+ax+35=(x-5)(x+b)=(x-5)(x-7)$
$=x^2-12x+35$
따라서 $a=-12$, $b=-7$이므로
$a-b=(-12)-(-7)=-5$

167_ 답 ④

$x^2-7xy+12y^2=(x-3y)(x-4y)$
$x^2-5xy-14y^2=(x+2y)(x-7y)$
따라서 나오지 않는 인수는 ④ $x+y$이다.

168_ 답 $(3x+2y)(x-4y)$

$3x^2-10xy-8y^2=(3x+2y)(x-4y)$

169_ 답 ①

$8x^2+2x-15=(2x+3)(4x-5)$
따라서 $a=2$, $b=4$이므로 $a+b=2+4=6$

170_ 답 ②, ④

① $2x^2+x-1=(2x-1)(x+1)$
② $6x^2+7x-3=(3x-1)(2x+3)$
③ $6x^2+5x-4=(2x-1)(3x+4)$
④ $6x^2+11x+4=(2x+1)(3x+4)$
⑤ $8x^2-14x+5=(2x-1)(4x-5)$

171_ 답 ③

$a+b=A$로 치환하면

$1-(a+b)^2=1-A^2$

$=(1+A)(1-A)$

$=\{1+(a+b)\}\{1-(a+b)\}$

$=(1+a+b)(1-a-b)$

172_ 답 ④

$x+2=A$로 치환하면

$(x+2)^2+(x+2)-12=A^2+A-12$

$=(A+4)(A-3)$

$=\{(x+2)+4\}\{(x+2)-3\}$

$=(x+6)(x-1)$

173_ 답 $(8x+13)(2x+1)$

$2x+3=A$로 치환하면

$4(2x+3)^2-7(2x+3)-2$

$=4A^2-7A-2$

$=(4A+1)(A-2)$

$=\{4(2x+3)+1\}\{(2x+3)-2\}$

$=(8x+13)(2x+1)$

174_ 답 $4x+2y-5$

$2x+y=A$로 치환하면

$(2x+y)(2x+y-5)+6$

$=A(A-5)+6$

$=A^2-5A+6$

$=(A-2)(A-3)$

$=(2x+y-2)(2x+y-3)$

따라서 두 일차식의 합은

$(2x+y-2)+(2x+y-3)=4x+2y-5$

175_ 답 ④

$x^3+x^2-x-1=x^2(x+1)-(x+1)$

$=(x+1)(x^2-1)$

$=(x+1)(x+1)(x-1)$

$=(x+1)^2(x-1)$

176_ 답 ①

$4x^2-4xy+y^2-9z^2=(4x^2-4xy+y^2)-9z^2$

$=(2x-y)^2-(3z)^2$

$=(2x-y+3z)(2x-y-3z)$

177_ 답 ④

$102=x$라 하면

$102^2-7\times102+10=x^2-7x+10$

$=(x-2)(x-5)$

$=(102-2)(102-5)$

$=100\times97=9700$

이므로 가장 편리한 인수분해 공식은

④ $x^2+(a+b)x+ab=(x+a)(x+b)$이다.

178_ 답 5000

$60^2\times2.5-40^2\times2.5=2.5(60^2-40^2)$

$=2.5(60+40)(60-40)$

$=2.5\times100\times20=5000$

179_ 답 ⑤

$x=108$이므로

$x^2-16x+64=(x-8)^2=(108-8)^2$

$=100^2=10000$

180_ 답 ②

$x=\dfrac{1}{2+\sqrt{5}}=\sqrt{5}-2,\ y=\dfrac{1}{2-\sqrt{5}}=-\sqrt{5}-2$이므로

$x^2-y^2=(x-y)(x+y)$

$=\{(\sqrt{5}-2)-(-\sqrt{5}-2)\}\{(\sqrt{5}-2)+(-\sqrt{5}-2)\}$

$=(\sqrt{5}-2+\sqrt{5}+2)(\sqrt{5}-2-\sqrt{5}-2)$

$=2\sqrt{5}\times(-4)=-8\sqrt{5}$

181_ 답 -30

$a+b=7,\ a-b=-4$이므로

$a^2-2a+1-b^2=(a^2-2a+1)-b^2$

$=(a-1)^2-b^2$

$=\{(a-1)+b\}\{(a-1)-b\}$

$=(a+b-1)(a-b-1)$

$=(7-1)\times(-4-1)$

$=6\times(-5)=-30$

182_ 답 (1) $4x^3-x^2+7x-4$ (2) $2x^3+3x^2-3x+2$

(1) $A+B=(3x^3+x^2+2x-1)+(x^3-2x^2+5x-3)$
$=4x^3-x^2+7x-4$

(2) $A-B=(3x^3+x^2+2x-1)-(x^3-2x^2+5x-3)$
$=3x^3+x^2+2x-1-x^3+2x^2-5x+3$
$=2x^3+3x^2-3x+2$

183_ 답 $8x^2-xy+3y^2$

$A-(2A-3B)=A-2A+3B$
$=-A+3B$

이 식에 $A=x^2-2xy+3y^2$, $B=3x^2-xy+2y^2$을 각각 대입하면

$-A+3B=-(x^2-2xy+3y^2)+3(3x^2-xy+2y^2)$
$=-x^2+2xy-3y^2+9x^2-3xy+6y^2$
$=8x^2-xy+3y^2$

184_ 답 $-x^2-3x-2$

$A-2(X-B)=2A$에서
$A-2X+2B=2A$
$2X=-A+2B$
따라서
$X=-\frac{1}{2}A+B$
$=-\frac{1}{2}(2x^3+6x-4)+(x^3-x^2-4)$
$=-x^3-3x+2+x^3-x^2-4$
$=-x^2-3x-2$

185_ 답 (1) x^3+3x^2+x+3 (2) $6a^2-2a^2b-7ab+ab^2+2b^2$

(1) $(x+3)(x^2+1)=x\times x^2+x\times 1+3\times x^2+3\times 1$
$=x^3+x+3x^2+3$
$=x^3+3x^2+x+3$

(2) $(2a-b)(3a-ab-2b)$
$=2a\times 3a+2a\times(-ab)+2a\times(-2b)+(-b)\times 3a$
$+(-b)\times(-ab)+(-b)\times(-2b)$
$=6a^2-2a^2b-4ab-3ab+ab^2+2b^2$
$=6a^2-2a^2b-7ab+ab^2+2b^2$

186_ 답 ②

$(2x^2+x-2)(x+1)(x-1)=(2x^2+x-2)(x^2-1)$
의 전개식에서 x^2항은
$2x^2\times(-1)+(-2)\times x^2=-2x^2-2x^2=-4x^2$
따라서 x^2의 계수는 -4이다.

187_ 답 ①

$(x^2+3x+a)(2x^3-x+7)$의 전개식에서 x^3항은
$x^2\times(-x)+a\times 2x^3=-x^3+2ax^3=(2a-1)x^3$
x^3의 계수가 5이므로
$2a-1=5$
따라서 $a=3$

188_ 답 (1) $a^2+b^2+4c^2-2ab-4bc+4ca$
(2) $a^3+6a^2b+12ab^2+8b^3$
(3) x^3+1 (4) x^3-1

(1) $(a-b+2c)^2$
$=\{a+(-b)+2c\}^2$
$=a^2+(-b)^2+(2c)^2+2\times a\times(-b)+2\times(-b)\times 2c$
$+2\times 2c\times a$
$=a^2+b^2+4c^2-2ab-4bc+4ca$

(2) $(a+2b)^3=a^3+3\times a^2\times 2b+3\times a\times(2b)^2+(2b)^3$
$=a^3+6a^2b+12ab^2+8b^3$

(3) $(x+1)(x^2-x+1)=x^3+1^3=x^3+1$

(4) $(x-1)(x^2+x+1)=x^3-1^3=x^3-1$

189_ 답 $-x^4-x^3+2$

$(1-x)(1+x+x^2)-(x-1)(x+1)(x^2+1)$
$=1-x^3-(x^2-1)(x^2+1)$
$=1-x^3-(x^4-1)$
$=1-x^3-x^4+1$
$=-x^4-x^3+2$

190_ 답 ⑤

① $(x+1)(x+2)(x+3)$
$=(x^2+3x+2)(x+3)$
$=x^2\times x+x^2\times 3+3x\times x+3x\times 3+2\times x+2\times 3$
$=x^3+3x^2+3x^2+9x+2x+6$
$=x^3+6x^2+11x+6$

② $(x-2y)^3=x^3-3\times x^2\times 2y+3\times x\times(2y)^2-(2y)^3$

$=x^3-6x^2y+12xy^2-8y^3$

③ $(x-y)(x+y)(x^2+y^2)(x^4+y^4)$

$=(x^2-y^2)(x^2+y^2)(x^4+y^4)$

$=(x^4-y^4)(x^4+y^4)$

$=x^8-y^8$

④ $(x-2)(x^2+2x+4)$

$=x^3-2^3=x^3-8$

⑤ $(x+y-z)^2$

$=\{x+y+(-z)\}^2$

$=x^2+y^2+(-z)^2+2\times x\times y+2\times y\times(-z)$

$+2\times(-z)\times x$

$=x^2+y^2+z^2+2xy-2yz-2zx$

191_ 답 (1) 36 (2) 56

(1) $(a+b)^2=(a-b)^2+4ab$

$=2^2+4\times 8=4+32=36$

(2) $a^3-b^3=(a-b)^3+3ab(a-b)$

$=2^3+3\times 8\times 2$

$=8+48=56$

192_ 답 5

$a^2+b^2+c^2=(a+b+c)^2-2(ab+bc+ca)$

$=3^2-2\times 2=9-4=5$

193_ 답 7

$a^2+\dfrac{1}{a^2}=\left(a+\dfrac{1}{a}\right)^2-2$

$=3^2-2=9-2=7$

194_ 답 ④

$x^3-y^3=(x-y)^3+3xy(x-y)$에서

$4=1^3+3xy\times 1$

따라서 $xy=1$이므로

$\dfrac{y}{x}+\dfrac{x}{y}=\dfrac{y^2+x^2}{xy}=\dfrac{(x-y)^2+2xy}{xy}$

$=\dfrac{1^2+2\times 1}{1}=3$

195_ 답 (1) 몫 : x^2-2, 나머지 : -1 (2) 몫 : $x-3$, 나머지 : $x-8$

(1)

$x^2 \quad -2$ ← 몫

$x+1\,\overline{)\,x^3+x^2-2x-3}$

x^3+x^2

$-2x-3$

$-2x-2$

-1 ← 나머지

(2)

$x-3$ ← 몫

$x^2-x-1\,\overline{)\,x^3-4x^2+3x-5}$

$x^3-\ x^2-\ x$

$-3x^2+4x-5$

$-3x^2+3x+3$

$x-8$ ← 나머지

196_ 답 x^2+2x-3

다항식 $2x^3+5x^2-4x-2$를 다항식 A로 나누었을 때의 몫이 $2x+1$, 나머지가 1이므로

$2x^3+5x^2-4x-2=A(2x+1)+1$

$A(2x+1)=2x^3+5x^2-4x-3$

x^2+2x-3

$2x+1\,\overline{)\,2x^3+5x^2-4x-3}$

$2x^3+x^2$

$4x^2-4x$

$4x^2+2x$

$-6x-3$

$-6x-3$

0

따라서

$A=(2x^3+5x^2-4x-3)\div(2x+1)$

$=x^2+2x-3$

197_ 답 x^3+1

다항식 A를 $x-1$로 나누었을 때의 몫이 x^2+x+1, 나머지가 2이므로

$A=(x-1)(x^2+x+1)+2$

$=x^3+x^2+x-x^2-x-1+2$

$=x^3+1$

198_ 답 (1) $a=-2,\ b=0,\ c=0$ (2) $a=0,\ b=2,\ c=1$ (3) $a=-2,\ b=3,\ c=-2$ (4) $a=4,\ b=-3,\ c=-6$

(1) $(a+2)x^2+bx+c=0$이 x에 대한 항등식이면

$a+2=0$, $b=0$, $c=0$이 성립하므로

$a=-2$, $b=0$, $c=0$

(2) $ax^2+(b-2)x+c-1=0$이 x에 대한 항등식이면
$a=0,\ b-2=0,\ c-1=0$이 성립하므로
$a=0,\ b=2,\ c=1$

(3) $(a+5)x^2+(b-1)x+c+3=3x^2+2x+1$이 x에 대한 항등식이면 $a+5=3,\ b-1=2,\ c+3=1$이 성립하므로
$a=-2,\ b=3,\ c=-2$

(4) $(a-2)x^2+(b+3)x+c+1=2x^2-5$가 x에 대한 항등식이면 $a-2=2,\ b+3=0,\ c+1=-5$가 성립하므로
$a=4,\ b=-3,\ c=-6$

199_ 답 $a=2,\ b=-6,\ c=-2$

$(x-2)(2x+c)=ax^2+bx+4$를 정리하면
$2x^2+(c-4)x-2c=ax^2+bx+4$
이 등식이 항등식이므로 $2=a,\ c-4=b,\ -2c=4$
따라서 $a=2,\ b=-6,\ c=-2$

200_ 답 (1) $a=2,\ b=2$ (2) $a=2,\ x=1$

(1) 주어진 등식의 좌변을 x에 대하여 정리하면
$(b-a)x+6a-b-10=0$
이 등식이 x에 대한 항등식이므로
$b-a=0,\ 6a-b-10=0$
두 식을 연립하여 풀면
$a=2,\ b=2$

(2) 주어진 등식의 좌변을 b에 대하여 정리하면
$(x-1)b-ax+6a-10=0$
이 등식이 b에 대한 항등식이므로
$x-1=0,\ -ax+6a-10=0$
두 식을 연립하여 풀면
$a=2,\ x=1$

201_ 답 (1) $a=6,\ b=2,\ c=6$ (2) $a=2,\ b=-1,\ c=-2$

(1) $(a-c)x^2+(b-2)x+(a-3b)=0$의 우변을
$(a-c)x^2+(b-2)x+(a-3b)=0\times x^2+0\times x+0$
으로 생각할 수 있으므로 동류항끼리 계수를 비교하면
$a-c=0,\ b-2=0,\ a-3b=0$
따라서 $a=6,\ b=2,\ c=6$

(2) $(\text{우변})=ax^2+2ax+a+bx+b+c$
$=ax^2+(2a+b)x+a+b+c$
양변의 계수를 비교하면
$2=a,\ 3=2a+b,\ -1=a+b+c$
세 식을 연립하여 풀면 $a=2,\ b=-1,\ c=-2$

202_ 답 (1) $a=2,\ b=2$ (2) $a=1,\ b=-3,\ c=3$

(1) $ax(x-1)+b(x-2)=2x^2-4$의 양변에
$x=1$을 대입하면
$-b=2-4=-2,\ b=2$
$x=2$를 대입하면
$2a=8-4=4,\ a=2$
따라서 $a=2,\ b=2$

(2) $a(x-1)^2+b(x-1)+c=x^2-5x+7$의 양변에
$x=1$을 대입하면 $c=1-5+7=3$
$x=0$을 대입하면 $a-b+c=7$ …… ㉠
$x=2$를 대입하면 $a+b+c=4-10+7=1$ …… ㉡
㉠, ㉡에 $c=3$을 대입하면
$a-b=4,\ a+b=-2$
두 식을 연립하여 풀면 $a=1,\ b=-3$
따라서 $a=1,\ b=-3,\ c=3$

203_ 답 ③

주어진 식의 좌변을 전개하여 x에 대하여 정리하면
$ax^2+(a+b)x+2a-b+c=x^2+6x$
양변의 계수를 비교하면
$a=1,\ a+b=6,\ 2a-b+c=0$
세 식을 연립하여 풀면 $a=1,\ b=5,\ c=3$
따라서 $a^2+b^2+c^2=1^2+5^2+3^2=1+25+9=35$

204_ 답 ⑤

주어진 식의 양변에
$x=0$을 대입하면 $-1=-c,\ c=1$
$x=1$을 대입하면 $4=2b,\ b=2$
$x=-1$을 대입하면 $-4=2a,\ a=-2$
따라서 $abc=(-2)\times2\times1=-4$

205_ 답 ④

주어진 등식을 $x,\ y$에 대하여 정리하면
$(a-b+2)x-(3a-2b+6)y=0$
이 식이 $x,\ y$에 대한 항등식이므로
$a-b+2=0,\ 3a-2b+6=0$
두 식을 연립하여 풀면 $a=-2,\ b=0$
따라서 $a+b=(-2)+0=-2$

206_ 답 (1) 256 (2) 0

$(1+x)^8=a_0+a_1x+a_2x^2+\cdots+a_8x^8$ ...... ㉠

은 x에 대한 항등식이다.

(1) ㉠의 양변에 $x=1$을 대입하면

$(1+1)^8=a_0+a_1+a_2+a_3+\cdots+a_7+a_8$

따라서 $a_0+a_1+a_2+a_3+\cdots+a_7+a_8=2^8=256$

(2) ㉠의 양변에 $x=-1$을 대입하면

$(1-1)^8=a_0-a_1+a_2-a_3+\cdots-a_7+a_8$

따라서 $a_0-a_1+a_2-a_3+\cdots-a_7+a_8=0$

207_ 답 (1) -2 (2) 10 (3) $-\frac{25}{8}$ (4) $-\frac{10}{27}$

$f(x)=x^3+3x^2-4x-2$를

(1) $x-1$로 나눈 나머지는

$f(1)=1^3+3\times1^2-4\times1-2=-2$

(2) $x-2$로 나눈 나머지는

$f(2)=2^3+3\times2^2-4\times2-2=10$

(3) $2x-1$로 나눈 나머지는

$f\left(\frac{1}{2}\right)=\left(\frac{1}{2}\right)^3+3\times\left(\frac{1}{2}\right)^2-4\times\frac{1}{2}-2=-\frac{25}{8}$

(4) $3x+1$로 나눈 나머지는

$f\left(-\frac{1}{3}\right)=\left(-\frac{1}{3}\right)^3+3\times\left(-\frac{1}{3}\right)^2-4\times\left(-\frac{1}{3}\right)-2=-\frac{10}{27}$

208_ 답 5

$f(x)=x^3+ax^2+9x+7$을 $x+2$로 나눈 나머지는

$f(-2)=(-2)^3+a\times(-2)^2+9\times(-2)+7$

$=4a-19$

나머지가 1이므로 $4a-19=1$, $4a=20$

따라서 $a=5$

209_ 답 ③

다항식 $f(x)$를 $x+3$으로 나눈 몫이 x^2+1, 나머지가 3이므로

$f(x)=(x+3)(x^2+1)+3$

$f(x)$를 $x-2$로 나눈 나머지는

$f(2)=(2+3)(2^2+1)+3=28$

210_ 답 ①

다항식 $f(x)$를 $(x-1)(x+3)$으로 나눈 몫을 $Q(x)$라 하면 나머지가 $2x-1$이므로

$f(x)=(x-1)(x+3)Q(x)+2x-1$

$f(x)$를 $x-1$로 나눈 나머지는

$a=f(1)=2\times1-1=1$

$f(x)$를 $x+3$으로 나눈 나머지는

$b=f(-3)=2\times(-3)-1=-7$

따라서 $a+b=1+(-7)=-6$

211_ 답 5

$f(x)$를 $x+2$, $x+3$으로 나눈 나머지가 각각 -3, -5이므로

$f(-2)=-3$, $f(-3)=-5$

$f(x)$를 x^2+5x+6으로 나눈 몫을 $Q(x)$, 나머지를

$R(x)=ax+b$ (a, b는 상수)라 하면

$f(x)=(x^2+5x+6)Q(x)+ax+b$

$=(x+2)(x+3)Q(x)+ax+b$

위의 식의 양변에 $x=-2$, $x=-3$을 각각 대입하면

$f(-2)=-2a+b$, $f(-3)=-3a+b$

에서 $-2a+b=-3$, $-3a+b=-5$

두 식을 연립하여 풀면 $a=2$, $b=1$

따라서 $R(x)=2x+1$이므로

$R(2)=2\times2+1=5$

212_ 답 ②

$f(x)$를 $(x-2)(x-3)$으로 나누면 몫이 $Q(x)$, 나머지가 $x+1$이므로

$f(x)=(x-2)(x-3)Q(x)+x+1$ ...... ㉠

$f(x)$를 $x-1$로 나눈 나머지가 6이므로

$f(1)=6$

$Q(x)$를 $x-1$로 나눈 나머지는 $Q(1)$이므로

㉠의 양변에 $x=1$을 대입하면

$f(1)=(1-2)(1-3)Q(1)+1+1$

$6=2Q(1)+2$

따라서 $Q(1)=2$

213_ 답 (1) 4 (2) 2 (3) $-\frac{5}{4}$ (4) $\frac{10}{3}$

$f(x)=3x^3-ax+1$로 놓으면

(1) $f(x)$가 $x-1$로 나누어떨어지므로 인수정리에 의해

$f(1)=0$, 즉

$f(1)=3\times1^3-a\times1+1=4-a=0$

따라서 $a=4$

(2) $f(x)$가 $x+1$로 나누어떨어지므로 인수정리에 의해

$f(-1)=0$, 즉

$f(-1)=3\times(-1)^3-a\times(-1)+1=-2+a=0$

따라서 $a=2$

(3) $f(x)$가 $2x+1$로 나누어떨어지므로 인수정리에 의해

$f\left(-\frac{1}{2}\right)=0$, 즉

$f\left(-\frac{1}{2}\right)=3\times\left(-\frac{1}{2}\right)^3-a\times\left(-\frac{1}{2}\right)+1=\frac{5}{8}+\frac{1}{2}a=0$

따라서 $a=-\frac{5}{4}$

(4) $f(x)$가 $3x-1$로 나누어떨어지므로 인수정리에 의해

$f\left(\frac{1}{3}\right)=0$, 즉

$f\left(\frac{1}{3}\right)=3\times\left(\frac{1}{3}\right)^3-a\times\frac{1}{3}+1=\frac{10}{9}-\frac{1}{3}a=0$

따라서 $a=\frac{10}{3}$

214_ 답 -3

$f(x)=2x^3+ax^2-4$로 놓으면 $f(x)$가 $x-2$를 인수로 갖는다는 것은 $x-2$로 나누어떨어진다는 것이므로

$f(2)=2\times2^3+a\times2^2-4=0$

$16+4a-4=0$

따라서 $a=-3$

215_ 답 ①

$f(x)=2x^3+ax^2+a^2x+4$로 놓으면 $f(x)$가 $x+1$을 인수로 가지므로 $f(-1)=0$

$-2+a-a^2+4=0$, $a^2-a-2=0$

$(a+1)(a-2)=0$

$a=-1$ 또는 $a=2$

따라서 모든 상수 a의 값의 합은 $-1+2=1$

216_ 답 1

다항식 $f(x)=x^3-ax^2+bx+2$가 $x-1$, $x-2$로 각각 나누어떨어지므로 인수정리에 의해

$f(1)=0$에서 $f(1)=1-a+b+2=0$

$a-b=3$ …… ㉠

$f(2)=0$에서 $f(2)=8-4a+2b+2=0$

$2a-b=5$ …… ㉡

㉠, ㉡을 연립하여 풀면 $a=2$, $b=-1$

따라서 $a+b=2+(-1)=1$

217_ 답 -30

다항식 $f(x)=2x^3-3x^2+ax+b$가 $(x-1)(2x+3)$을 인수로 가지는 것은 $f(x)$가 $x-1$, $2x+3$으로 각각 나누어떨어지는 것과 같으므로 인수정리에 의해

$f(1)=0$에서 $f(1)=2-3+a+b=0$

$a+b=1$ …… ㉠

$f\left(-\frac{3}{2}\right)=0$에서

$f\left(-\frac{3}{2}\right)=-\frac{27}{4}-\frac{27}{4}-\frac{3}{2}a+b=0$

$3a-2b=-27$ …… ㉡

㉠, ㉡을 연립하여 풀면 $a=-5$, $b=6$

따라서 $ab=(-5)\times6=-30$

218_ 답 $a=-1$, $b=-16$

$f(x)=x^3+ax^2+bx-20$으로 놓으면

$f(x)$가 $x+2$로 나누어떨어지므로 $f(-2)=0$

$-8+4a-2b-20=0$에서

$2a-b=14$ …… ㉠

$f(x)$를 $x+3$으로 나눈 나머지가 -8이므로 $f(-3)=-8$

$-27+9a-3b-20=-8$에서

$3a-b=13$ …… ㉡

㉠, ㉡을 연립하여 풀면 $a=-1$, $b=-16$

219_ 답 48

$f(x)=x^3+3x^2-x+a$가 $x+1$로 나누어떨어지므로

$f(-1)=0$

$-1+3+1+a=0$, $a=-3$

따라서 $f(x)$를 $x-3$으로 나눈 나머지는

$f(3)=27+27-3+a=51-3=48$

220_ 답 (1) -1 (2) 0, 7 (3) $\frac{1}{2}$, -1 (4) -3, -5

(1)

3	1	-2	-1	1
		3	3	6
	1	1	2	7

(2)

2	1	0	-2	3
		2	4	4
	1	2	2	7

(3)
$$\begin{array}{c|cccc} \boxed{\frac{1}{2}} & 2 & 1 & -3 & 5 \\ & & 1 & 1 & \boxed{-1} \\ \hline & 2 & 2 & -2 & \boxed{4} \end{array}$$

(4)
$$\begin{array}{c|cccc} -1 & 3 & -2 & 1 & -1 \\ & & \boxed{-3} & 5 & -6 \\ \hline & 3 & \boxed{-5} & 6 & \boxed{-7} \end{array}$$

221_ 답 (1) 몫 : $2x^2+x+3$, 나머지 : 11
(2) 몫 : $2x^2-x-1$, 나머지 : 0

(1)
$$\begin{array}{c|cccc} 2 & 2 & -3 & 1 & 5 \\ & & 4 & 2 & 6 \\ \hline & 2 & 1 & 3 & \boxed{11} \end{array}$$

몫 : $2x^2+x+3$, 나머지 : 11

(2) $2x^3-3x^2+1=2x^3-3x^2+0\times x+1$이므로

$$\begin{array}{c|cccc} 1 & 2 & -3 & 0 & 1 \\ & & 2 & -1 & -1 \\ \hline & 2 & -1 & -1 & \boxed{0} \end{array}$$

몫 : $2x^2-x-1$, 나머지 : 0

222_ 답 ③

몫과 나머지를 조립제법을 이용하여 구하면 다음과 같다.

$$\begin{array}{c|cccc} \boxed{2} & 2 & -3 & 0 & 2 \\ & & \boxed{4} & \boxed{2} & \boxed{4} \\ \hline & 2 & 1 & \boxed{2} & \boxed{6} \end{array}$$

따라서 $a=2$, $b=2$, $c=6$이므로
$a+b+c=2+2+6=10$

223_ 답 몫 : x^2+x-3, 나머지 : 4

$(2x^3+3x^2-5x+1)\div(2x+1)$을 조립제법으로 다음과 같이 나눗셈을 했을 때, 나머지는 맨 오른쪽 값인 4이다.

$$\begin{array}{c|cccc} -\frac{1}{2} & 2 & 3 & -5 & 1 \\ & & -1 & -1 & 3 \\ \hline & 2 & 2 & -6 & \boxed{4} \end{array}$$

$$2x^3+3x^2-5x+1=\left(x+\frac{1}{2}\right)(2x^2+2x-6)+4$$
$$=(2x+1)(x^2+x-3)+4$$

이므로 몫은 x^2+x-3, 나머지는 4이다.

224_ 답 (1) 몫 : x^2-x+2, 나머지 : 2
(2) 몫 : x^2+2x-2, 나머지 : 7

(1)
$$\begin{array}{c|cccc} \frac{3}{2} & 2 & -5 & 7 & -4 \\ & & 3 & -3 & 6 \\ \hline & 2 & -2 & 4 & \boxed{2} \end{array}$$

$$2x^3-5x^2+7x-4=\left(x-\frac{3}{2}\right)(2x^2-2x+4)+2$$
$$=(2x-3)(x^2-x+2)+2$$

이므로 몫은 x^2-x+2, 나머지는 2이다.

(2)
$$\begin{array}{c|cccc} -\frac{1}{3} & 3 & 7 & -4 & 5 \\ & & -1 & -2 & 2 \\ \hline & 3 & 6 & -6 & \boxed{7} \end{array}$$

$$3x^3+7x^2-4x+5=\left(x+\frac{1}{3}\right)(3x^2+6x-6)+7$$
$$=(3x+1)(x^2+2x-2)+7$$

이므로 몫은 x^2+2x-2, 나머지는 7이다.

225_ 답 (1) $(x+1)^3$ (2) $(x-3y)^3$
(3) $(x+1)(x^2-x+1)$
(4) $(2x-y)(4x^2+2xy+y^2)$
(5) $(x+y-z)^2$

(1) x^3+3x^2+3x+1
$=x^3+3\times x^2\times 1+3\times x\times 1^2+1^3$
$=(x+1)^3$

(2) $x^3-9x^2y+27xy^2-27y^3$
$=x^3-3\times x^2\times 3y+3\times x\times(3y)^2-(3y)^3$
$=(x-3y)^3$

(3) $x^3+1=x^3+1^3$
$=(x+1)(x^2-x\times 1+1^2)$
$=(x+1)(x^2-x+1)$

(4) $8x^3-y^3=(2x)^3-y^3$
$=(2x-y)\{(2x)^2+2x\times y+y^2\}$
$=(2x-y)(4x^2+2xy+y^2)$

(5) $x^2+y^2+z^2+2xy-2yz-2zx$
$=x^2+y^2+(-z)^2+2\times x\times y+2\times y\times(-z)$
$+2\times(-z)\times x$
$=\{x+y+(-z)\}^2$
$=(x+y-z)^2$

226_ 답 2

$x^2+4y^2+9z^2+4xy+12yz+6zx$
$=x^2+(2y)^2+(3z)^2+2\times x\times 2y+2\times 2y\times 3z+2\times 3z\times x$
$=(x+2y+3z)^2$
따라서 $a=1$, $b=2$, $c=3$이므로
$a-b+c=1-2+3=2$

227_ 답 ④

① $8a^3+12a^2b+6ab^2+b^3$
$=(2a)^3+3\times(2a)^2\times b+3\times 2a\times b^2+b^3$
$=(2a+b)^3$
② $27x^3-27x^2y+9xy^2-y^3$
$=(3x)^3-3\times(3x)^2\times y+3\times 3x\times y^2-y^3$
$=(3x-y)^3$
③ $x^3-1=x^3-1^3$
$=(x-1)(x^2+x+1)$
④ $x^3+125=x^3+5^3$
$=(x+5)(x^2-5x+5^2)$
$=(x+5)(x^2-5x+25)$
⑤ $x^2+4y^2+9z^2+4xy-12yz-6zx$
$=x^2+(2y)^2+(-3z)^2+2\times x\times 2y+2\times 2y\times(-3z)$
$+2\times(-3z)\times x$
$=(x+2y-3z)^2$

228_ 답 (1) $(x+y+5)(x+y-4)$ (2) $(x-4)(x-7)$ (3) $(x^2+x-3)(x^2+x+2)$ (4) $2x(x+1)(x^2+x+3)$

(1) $x+y=X$로 치환하면
$(x+y)^2+(x+y)-20=X^2+X-20$
$=(X+5)(X-4)$
$=(x+y+5)(x+y-4)$
(2) $x-3=X$로 치환하면
$(x-3)^2-5(x-3)+4=X^2-5X+4$
$=(X-1)(X-4)$
$=\{(x-3)-1\}\{(x-3)-4\}$
$=(x-4)(x-7)$
(3) $x^2+x=X$로 치환하면
$(x^2+x+1)(x^2+x-2)-4=(X+1)(X-2)-4$
$=X^2-X-6$
$=(X-3)(X+2)$
$=(x^2+x-3)(x^2+x+2)$
(4) $x^2+x+1=X$로 치환하면
$(x^2+x+1)^2+(x^2+x+2)^2-5$
$=X^2+(X+1)^2-5$
$=X^2+X^2+2X+1-5$
$=2X^2+2X-4=2(X^2+X-2)$
$=2(X-1)(X+2)$
$=2\{(x^2+x+1)-1\}\{(x^2+x+1)+2\}$
$=2(x^2+x)(x^2+x+3)$
$=2x(x+1)(x^2+x+3)$

229_ 답 ⑤

$a^2-a=X$로 놓으면
$(a^2-a-9)(a^2-a+1)+21$
$=(X-9)(X+1)+21$
$=X^2-8X+12=(X-2)(X-6)$
$=(a^2-a-2)(a^2-a-6)$
$=(a-2)(a+1)(a-3)(a+2)$

230_ 답 $(x^2+x-5)(x^2+x-9)$

$(x-1)(x-3)(x+2)(x+4)+21$
$=\{(x-1)(x+2)\}\{(x-3)(x+4)\}+21$
$=(x^2+x-2)(x^2+x-12)+21$
$x^2+x=X$로 놓으면
(주어진 식)$=(X-2)(X-12)+21$
$=X^2-14X+45=(X-5)(X-9)$
$=(x^2+x-5)(x^2+x-9)$

231_ 답 (1) $(x-1)(x+1)(x^2+2)$ (2) $(x^2+x+1)(x^2-x+1)$

(1) $x^2=X$로 치환하면
$x^4+x^2-2=X^2+X-2=(X-1)(X+2)$
$=(x^2-1)(x^2+2)$
$=(x-1)(x+1)(x^2+2)$
(2) x^4+2x^2+1이 완전제곱식임을 이용하여 $x^2=2x^2-x^2$으로 고쳐 A^2-B^2 꼴을 만든다. 즉,
$x^4+x^2+1=x^4+2x^2-x^2+1$
$=(x^4+2x^2+1)-x^2$
$=(x^2+1)^2-x^2$
$=(x^2+1+x)(x^2+1-x)$
$=(x^2+x+1)(x^2-x+1)$

232_ 답 ④

$x^2=X$로 놓으면

$$\begin{aligned} x^4+3x^2-4 &= X^2+3X-4 \\ &=(X-1)(X+4) \\ &=(x^2-1)(x^2+4) \\ &=(x+1)(x-1)(x^2+4) \end{aligned}$$

233_ 답 8

x^4+4x^2+4가 완전제곱식임을 이용하여 A^2-B^2 꼴을 만든다.

즉,

$$\begin{aligned} x^4+4 &= x^4+4x^2-4x^2+4 \\ &=(x^4+4x^2+4)-4x^2 \\ &=(x^2+2)^2-(2x)^2 \\ &=(x^2+2+2x)(x^2+2-2x) \\ &=(x^2+2x+2)(x^2-2x+2) \end{aligned}$$

따라서 $a=2$, $b=2$, $c=1$, $d=2$이므로

$abcd=2\times2\times1\times2=8$

234_ 답 (1) $(x+2)(xy-y+1)$ (2) $(x+3y-1)(x+y-2)$

(1) $x^2y+xy+x-2y+2$에서 문자 x의 최고차항은 2차이고, 문자 y의 최고차항은 1차이므로 y에 대하여 내림차순으로 정리하면 $(x^2+x-2)y+x+2$이다. 즉,

$$\begin{aligned} (x^2+x-2)y+x+2 &= (x+2)(x-1)y+(x+2) \\ &=(x+2)\{(x-1)y+1\} \\ &=(x+2)(xy-y+1) \end{aligned}$$

(2) $x^2+4xy+3y^2-3x-7y+2$에서 두 문자 x, y의 최고차항이 2차로 서로 같으므로 어느 문자에 대하여 정리해도 된다.

주어진 식을 x에 대하여 내림차순으로 정리하면

$x^2+4xy+3y^2-3x-7y+2$

$=x^2+(4y-3)x+3y^2-7y+2$

$=x^2+(4y-3)x+(3y-1)(y-2)$

$=(x+3y-1)(x+y-2)$

235_ 답 ①

주어진 식을 z에 대하여 내림차순으로 정리하면

$x^3-x^2z-xy^2+y^2z$

$=-(x^2-y^2)z+x(x^2-y^2)$

$=(x^2-y^2)(x-z)$

$=(x+y)(x-y)(x-z)$

236_ 답 ①

주어진 식을 x에 대하여 내림차순으로 정리하면

$x^2-3xy+2y^2-x+3y-2$

$=x^2-(3y+1)x+2y^2+3y-2$

$=x^2-(3y+1)x+(2y-1)(y+2)$

$=\{x-(2y-1)\}\{x-(y+2)\}$

$=(x-2y+1)(x-y-2)$

따라서 두 인수의 합은

$(x-2y+1)+(x-y-2)=2x-3y-1$

237_ 답 (1) $(x-1)^2(x+3)$ (2) $(x+2)(2x^2-4x+3)$

(1) $f(x)=x^3+x^2-5x+3$으로 놓으면 $f(1)=0$이므로 다항식 $f(x)$는 $x-1$을 인수로 갖는다.

따라서 다음과 같이 조립제법을 이용하여 인수분해하면

1	1	1	−5	3
		1	2	−3
	1	2	−3	0

따라서

$$\begin{aligned} x^3+x^2-5x+3 &= (x-1)(x^2+2x-3) \\ &=(x-1)(x-1)(x+3) \\ &=(x-1)^2(x+3) \end{aligned}$$

(2) $f(x)=2x^3-5x+6$으로 놓으면 $f(-2)=0$이므로 다항식 $f(x)$는 $x+2$를 인수로 갖는다.

따라서 다음과 같이 조립제법을 이용하여 인수분해하면

−2	2	0	−5	6
		−4	8	−6
	2	−4	3	0

따라서 $2x^3-5x+6=(x+2)(2x^2-4x+3)$

238_ 답 6

$f(x)=x^3+2x^2-x-2$로 놓으면 $f(1)=0$이므로

다항식 $f(x)$는 $x-1$을 인수로 갖는다.

따라서 다음과 같이 조립제법을 이용하여 인수분해하면

1	1	2	−1	−2
		1	3	2
	1	3	2	0

$$\begin{aligned} x^3+2x^2-x-2 &= (x-1)(x^2+3x+2) \\ &=(x-1)(x+1)(x+2) \end{aligned}$$

따라서 $a^2+b^2+c^2=(-1)^2+1^2+2^2=6$

239_ 답 ③, ⑤

$f(x)=3x^3+10x^2+9x+a$가 $x+2$로 나누어떨어지므로

$f(-2)=0$, 즉

$f(-2)=3\times(-2)^3+10\times(-2)^2+9\times(-2)+a=0$

$-24+40-18+a=0$, $a=2$

$f(x)=3x^3+10x^2+9x+2$이므로 다음과 같이 조립제법을 이용하여 인수분해하면

-2	3	10	9	2
		-6	-8	-2
	3	4	1	0

따라서

$f(x)=(x+2)(3x^2+4x+1)$

$=(x+2)(x+1)(3x+1)$

240_ 답 ①

$f(x)=2x^3+x^2-18x-9$라 하면 $f(3)=0$이므로 조립제법을 이용하여 인수분해하면

3	2	1	-18	-9
		6	21	9
	2	7	3	0

$2x^3+x^2-18x-9$

$=(x-3)(2x^2+7x+3)$

$=(x-3)(x+3)(2x+1)$

따라서 $a=3$, $b=-3$, $c=1$ 또는 $a=-3$, $b=3$, $c=1$이므로

$a+b+c=3+(-3)+1=1$

241_ 답 (1) $(x-1)(x+1)^2(x+2)$ (2) $(x+1)^2(x-3)^2$

(1) $f(x)=x^4+3x^3+x^2-3x-2$라 하면 $f(1)=0$, $f(-1)=0$이므로 조립제법을 이용하여 인수분해하면

1	1	3	1	-3	-2
		1	4	5	2
-1	1	4	5	2	0
		-1	-3	-2	
	1	3	2	0	

따라서

$x^4+3x^3+x^2-3x-2$

$=(x-1)(x+1)(x^2+3x+2)$

$=(x-1)(x+1)(x+1)(x+2)$

$=(x-1)(x+1)^2(x+2)$

(2) $f(x)=x^4-4x^3-2x^2+12x+9$라 하면 $f(-1)=0$이므로 조립제법을 이용하여 인수분해하면

-1	1	-4	-2	12	9
		-1	5	-3	-9
-1	1	-5	3	9	0
		-1	6	-9	
	1	-6	9	0	

따라서

$x^4-4x^3-2x^2+12x+9$

$=(x+1)^2(x^2-6x+9)$

$=(x+1)^2(x-3)^2$

242_ 답 ③

$f(x)=x^4+3x^3-5x^2-3x+4$라 하면

$f(1)=0$, $f(-1)=0$

이므로 조립제법을 이용하여 인수분해하면

1	1	3	-5	-3	4
		1	4	-1	-4
-1	1	4	-1	-4	0
		-1	-3	4	
	1	3	-4	0	

따라서

$x^4+3x^3-5x^2-3x+4$

$=(x-1)(x+1)(x^2+3x-4)$

$=(x-1)(x+1)(x-1)(x+4)$

$=(x-1)^2(x+1)(x+4)$

243_ 답 ①

$f(x)=x^4+x^3+x^2+3x-6$이라 하면

$f(1)=0$, $f(-2)=0$

이므로 조립제법을 이용하여 인수분해하면

1	1	1	1	3	-6
		1	2	3	6
-2	1	2	3	6	0
		-2	0	-6	
	1	0	3	0	

따라서 $x^4+x^3+x^2+3x-6=(x-1)(x+2)(x^2+3)$

본문 48~67쪽

THEME 02 복소수

001_ 답 양수 : $+4$, $+0.5$, 6, 음수 : -2, $-\frac{1}{3}$

양수는 양의 부호 $+$를 붙이거나 $+$부호를 생략하여 나타내므로 $+4$, $+0.5$, 6이다.

음수는 음의 부호 $-$를 붙여 나타내므로 -2와 $-\frac{1}{3}$이다.

0은 양수도 음수도 아니다.

002_ 답 (1) $+5$일 (2) $+500$원 (3) -7 ℃ (4) $+50$ m

(1) 출발 7일 전을 -7일이라 하면 출발 5일 후는 $+5$일로 나타낼 수 있다.
(2) 100원 손해를 -100원이라 하면 500원 이익은 $+500$원으로 나타낼 수 있다.
(3) 영상 10 ℃를 $+10$ ℃라 하면 영하 7 ℃는 -7 ℃로 나타낼 수 있다.
(4) 해저 30 m를 -30 m라 하면 해발 50 m는 $+50$ m로 나타낼 수 있다.

003_ 답 ③

양의 정수는 자연수에 양의 부호 $+$를 붙여 나타내거나 $+$부호를 생략하여 나타내므로 3은 양의 정수이고, $+2.4$는 양의 부호가 있는 양수이나 정수는 아니다.

004_ 답 6

음의 정수는 -2, $-\frac{6}{2}=-3$, $-3^2=-9$, -1의 4개이므로

$a=4$, 정수가 아닌 유리수는 $\frac{3}{5}$, 1.23의 2개이므로 $b=2$이다.

따라서 $a+b=4+2=6$

005_ 답 3

양의 정수는 3, $+5$이고,

음의 정수는 -12, $-\frac{18}{6}=-3$이므로

양의 정수도 음의 정수도 아닌 유리수는 $\frac{12}{5}$, $-\frac{1}{6}$, 0의 3개이다.

006_ 답 ④

$A\left(-\frac{4}{3}\right)$, $B(+1)$, $C\left(+\frac{5}{2}\right)$, $E(+3)$이다.

007_ 답 5

수직선에서 $\frac{9}{4}$에 가장 가까운 정수는 2이므로 $a=2$,

$-\frac{17}{5}$에 가장 가까운 정수는 -3이므로 $b=-3$이다.

따라서 $|a|=|2|=2$, $|b|=|-3|=3$이므로

$|a|+|b|=2+3=5$

008_ 답 ③

① 0의 절댓값은 0이다.
② 0의 절댓값은 0이므로 모든 수의 절댓값은 항상 0보다 크거나 같다.
③ $+3$과 -3의 절댓값은 모두 3이므로 서로 같다.
④ 절댓값이 양수 a가 되는 수는 $+a$, $-a$의 2개이지만 0의 절댓값은 0뿐이다.
⑤ 음수는 절댓값은 0보다 크다.

009_ 답 ⑤

① (음수)<0이므로 $-3<0$이다.
② $0<$(양수)이므로 $0<+2$이다.
③ (음수)$<$(양수)이므로 $-2<\frac{2}{3}$이다.
④ $\left|-\frac{1}{3}\right|=\frac{1}{3}$, $\left|-\frac{1}{5}\right|=\frac{1}{5}$이고 $\frac{1}{3}>\frac{1}{5}$이므로 $-\frac{1}{3}<-\frac{1}{5}$이다.

010_ 답 ③

$-\frac{7}{4}<x\le\frac{14}{3}$를 만족하는 정수 x는 -1, 0, 1, 2, 3, 4의 6개이다.

011_ 답 (1) $+9$ (2) $+5$ (3) -3 (4) -15

(1) $(+6)+(+3)=+(6+3)=+9$
(2) $(+9)+(-4)=+(9-4)=+5$
(3) $(+5)+(-8)=-(8-5)=-3$
(4) $(-11)+(-4)=-(11+4)=-15$

012_ 답 (1) $+8.1$ (2) $+3.7$ (3) $-\frac{5}{6}$ (4) $-\frac{13}{5}$

(1) $(+5.2)+(+2.9)=+(5.2+2.9)=+8.1$

(2) $(+4)+(-0.3)=+(4-0.3)=+3.7$

(3) $\left(+\frac{2}{3}\right)+\left(-\frac{3}{2}\right)=-\left(\frac{3}{2}-\frac{2}{3}\right)=-\left(\frac{9}{6}-\frac{4}{6}\right)=-\frac{5}{6}$

(4) $(-2)+\left(-\frac{3}{5}\right)=-\left(2+\frac{3}{5}\right)=-\left(\frac{10}{5}+\frac{3}{5}\right)=-\frac{13}{5}$

013_ 답 ③

① $(+11)+(-5)=+(11-5)=+6$

② $(-6)+(+6)=0$

③ $(-2.7)+(+1.9)=-(2.7-1.9)=-0.8$

④ $\left(+\frac{2}{5}\right)+(-1)=\left(+\frac{2}{5}\right)+\left(-\frac{5}{5}\right)$
$=-\left(\frac{5}{5}-\frac{2}{5}\right)=-\frac{3}{5}$

⑤ $\left(-\frac{1}{4}\right)+\left(-\frac{1}{3}\right)=\left(-\frac{3}{12}\right)+\left(-\frac{4}{12}\right)$
$=-\left(\frac{3}{12}+\frac{4}{12}\right)=-\frac{7}{12}$

014_ 답 ③

① $\left(-\frac{1}{3}\right)+\left(-\frac{2}{3}\right)=-\left(\frac{1}{3}+\frac{2}{3}\right)=-1$

② $\left(-\frac{3}{5}\right)+\left(+\frac{1}{2}\right)=\left(-\frac{6}{10}\right)+\left(+\frac{5}{10}\right)$
$=-\left(\frac{6}{10}-\frac{5}{10}\right)=-\frac{1}{10}$

③ $\left(+\frac{4}{3}\right)+(-1)=+\left(\frac{4}{3}-\frac{3}{3}\right)=+\frac{1}{3}$

④ $\left(+\frac{1}{2}\right)+\left(-\frac{4}{5}\right)=\left(+\frac{5}{10}\right)+\left(-\frac{8}{10}\right)$
$=-\left(\frac{8}{10}-\frac{5}{10}\right)=-\frac{3}{10}$

⑤ $\left(-\frac{1}{7}\right)+0=-\frac{1}{7}$

015_ 답 -8

$|+8|=|-8|=8$이므로 절댓값이 8인 수는 $+8$, -8이다.
큰 수 $A=+8$, 작은 수 $B=-8$이므로
$A+2B=(+8)+2\times(-8)$
$=(+8)+(-16)$
$=-(16-8)=-8$

016_ 답 ③

(ㄱ)은 덧셈의 교환법칙, (ㄴ)은 덧셈의 결합법칙이다.

017_ 답 (ㄱ) 덧셈의 교환법칙, (ㄴ) 덧셈의 결합법칙

018_ 답 -6

덧셈의 계산 법칙을 이용하여 계산하면
$(-7)+(+4)+(-3)=(-7)+(-3)+(+4)$
$=\{(-7)+(-3)\}+(+4)$
$=\{-(7+3)\}+(+4)$
$=(-10)+(+4)$
$=-(10-4)=-6$

019_ 답 0

덧셈의 계산 법칙을 이용하여 계산하면
$\left(-\frac{2}{5}\right)+\left(+\frac{1}{3}\right)+\left(-\frac{3}{5}\right)+\left(+\frac{2}{3}\right)$
$=\left(-\frac{2}{5}\right)+\left(-\frac{3}{5}\right)+\left(+\frac{1}{3}\right)+\left(+\frac{2}{3}\right)$
$=\left\{\left(-\frac{2}{5}\right)+\left(-\frac{3}{5}\right)\right\}+\left\{\left(+\frac{1}{3}\right)+\left(+\frac{2}{3}\right)\right\}$
$=\left\{-\left(\frac{2}{5}+\frac{3}{5}\right)\right\}+\left\{+\left(\frac{1}{3}+\frac{2}{3}\right)\right\}$
$=(-1)+(+1)=0$

020_ 답 ④

$\left(-\frac{1}{4}\right)+(+2)+\left(-\frac{2}{3}\right)+\left(-\frac{1}{2}\right)$
$=\left(-\frac{1}{4}\right)+\left(-\frac{2}{3}\right)+(+2)+\left(-\frac{1}{2}\right)$
$=\left\{\left(-\frac{1}{4}\right)+\left(-\frac{2}{3}\right)\right\}+\left\{(+2)+\left(-\frac{1}{2}\right)\right\}$
$=\left\{\left(-\frac{3}{12}\right)+\left(-\frac{8}{12}\right)\right\}+\left\{\left(+\frac{4}{2}\right)+\left(-\frac{1}{2}\right)\right\}$
$=\left(-\frac{11}{12}\right)+\left(+\frac{3}{2}\right)=\left(-\frac{11}{12}\right)+\left(+\frac{18}{12}\right)$
$=+\left(\frac{18}{12}-\frac{11}{12}\right)=+\frac{7}{12}$

021_ 답 ②

① $\left(+\frac{1}{4}\right)-\left(+\frac{1}{6}\right)=\left(+\frac{1}{4}\right)+\left(-\frac{1}{6}\right)=\left(+\frac{3}{12}\right)+\left(-\frac{2}{12}\right)$
$=+\left(\frac{3}{12}-\frac{2}{12}\right)=+\frac{1}{12}$

② $\left(+\frac{1}{2}\right)-\left(-\frac{1}{3}\right)=\left(+\frac{1}{2}\right)+\left(+\frac{1}{3}\right)=\left(+\frac{3}{6}\right)+\left(+\frac{2}{6}\right)$

$=+\left(\frac{3}{6}+\frac{2}{6}\right)=+\frac{5}{6}$

③ $\left(-\frac{1}{2}\right)-\left(+\frac{2}{3}\right)=\left(-\frac{1}{2}\right)+\left(-\frac{2}{3}\right)$

$=\left(-\frac{3}{6}\right)+\left(-\frac{4}{6}\right)$

$=-\left(\frac{3}{6}+\frac{4}{6}\right)=-\frac{7}{6}$

④ $\left(+\frac{1}{4}\right)-\left(-\frac{3}{5}\right)=\left(+\frac{1}{4}\right)+\left(+\frac{3}{5}\right)$

$=\left(+\frac{5}{20}\right)+\left(+\frac{12}{20}\right)$

$=+\left(\frac{5}{20}+\frac{12}{20}\right)=+\frac{17}{20}$

⑤ $\left(-\frac{2}{5}\right)-\left(-\frac{3}{2}\right)=\left(-\frac{2}{5}\right)+\left(+\frac{3}{2}\right)$

$=\left(-\frac{4}{10}\right)+\left(+\frac{15}{10}\right)$

$=+\left(\frac{15}{10}-\frac{4}{10}\right)=+\frac{11}{10}$

022_ 답 ③

$(-3)-(+6)-(-7)=(-3)+(-6)+(+7)$

$=\{(-3)+(-6)\}+(+7)$

$=\{-(3+6)\}+(+7)$

$=(-9)+(+7)$

$=-(9-7)$

$=-2$

023_ 답 ④

$\left(-\frac{1}{2}\right)-\left(+\frac{2}{3}\right)+(+2)-\left(-\frac{1}{6}\right)$

$=\left(-\frac{1}{2}\right)+\left(-\frac{2}{3}\right)+(+2)+\left(+\frac{1}{6}\right)$

$=\left\{\left(-\frac{3}{6}\right)+\left(-\frac{4}{6}\right)\right\}+\left\{\left(+\frac{12}{6}\right)+\left(+\frac{1}{6}\right)\right\}$

$=\left\{-\left(\frac{3}{6}+\frac{4}{6}\right)\right\}+\left\{+\left(\frac{12}{6}+\frac{1}{6}\right)\right\}$

$=\left(-\frac{7}{6}\right)+\left(+\frac{13}{6}\right)$

$=+\left(\frac{13}{6}-\frac{7}{6}\right)$

$=+\frac{6}{6}=+1$

024_ 답 ③

$(-5)+(+3)-(+4.6)-(-2.3)$

$=(-5)+(+3)+(-4.6)+(+2.3)$

$=\{-(5-3)\}+\{-(4.6-2.3)\}$

$=(-2)+(-2.3)$

$=-(2+2.3)$

$=-4.3$

025_ 답 $-\frac{1}{10}$

$1-\frac{2}{3}+\frac{2}{5}-\frac{5}{6}=(+1)-\left(+\frac{2}{3}\right)+\left(+\frac{2}{5}\right)-\left(+\frac{5}{6}\right)$

$=(+1)+\left(-\frac{2}{3}\right)+\left(+\frac{2}{5}\right)+\left(-\frac{5}{6}\right)$

$=(+1)+\left(+\frac{2}{5}\right)+\left(-\frac{2}{3}\right)+\left(-\frac{5}{6}\right)$

$=\left\{+\left(\frac{5}{5}+\frac{2}{5}\right)\right\}+\left\{-\left(\frac{4}{6}+\frac{5}{6}\right)\right\}$

$=\left(+\frac{7}{5}\right)+\left(-\frac{3}{2}\right)$

$=\left(+\frac{14}{10}\right)+\left(-\frac{15}{10}\right)$

$=-\left(\frac{15}{10}-\frac{14}{10}\right)$

$=-\frac{1}{10}$

026_ 답 ④

$-\frac{1}{2}+\frac{7}{4}-\frac{5}{2}+\frac{1}{6}$

$=\left(-\frac{1}{2}\right)+\left(+\frac{7}{4}\right)+\left(-\frac{5}{2}\right)+\left(+\frac{1}{6}\right)$

$=\left\{\left(-\frac{1}{2}\right)+\left(-\frac{5}{2}\right)\right\}+\left\{\left(+\frac{7}{4}\right)+\left(+\frac{1}{6}\right)\right\}$

$=\left\{\left(-\frac{1}{2}\right)+\left(-\frac{5}{2}\right)\right\}+\left\{\left(+\frac{21}{12}\right)+\left(+\frac{2}{12}\right)\right\}$

$=\left\{-\left(\frac{1}{2}+\frac{5}{2}\right)\right\}+\left\{+\left(\frac{21}{12}+\frac{2}{12}\right)\right\}$

$=(-3)+\left(+\frac{23}{12}\right)$

$=-\left(\frac{36}{12}-\frac{23}{12}\right)$

$=-\frac{13}{12}$

따라서 $a=13$, $b=12$(a, b는 서로소인 자연수)이므로

$a-b=13-12=1$

027_ 답 ④

① $\left(-\frac{15}{3}\right)\times\left(+\frac{6}{5}\right)=-\left(\frac{15}{3}\times\frac{6}{5}\right)=-6$

② $\left(+\frac{5}{3}\right)\times(-6)=-\left(\frac{5}{3}\times6\right)=-10$

③ $\left(+\frac{3}{2}\right)\times\left(+\frac{14}{21}\right)=+\left(\frac{3}{2}\times\frac{14}{21}\right)=+1$

④ $\left(-\frac{16}{5}\right)\times\left(-\frac{15}{4}\right)=+\left(\frac{16}{5}\times\frac{15}{4}\right)=+12$

⑤ $\left(-\frac{2}{3}\right)\times0=0$

028_ 답 ②

$$\frac{5}{16}\times(-2)^4\times\left(-\frac{1}{2}\right)^3=\frac{5}{16}\times16\times\left(-\frac{1}{8}\right)$$
$$=-\left(\frac{5}{16}\times16\times\frac{1}{8}\right)$$
$$=-\frac{5}{8}$$

029_ 답 ③

$$(-1)+(-1)^2+(-1)^3+\cdots+(-1)^{20}$$
$$=(-1)+(+1)+(-1)+\cdots+(+1)$$
$$=\{(-1)+(+1)\}+\{(-1)+(+1)\}+\cdots+\{(-1)+(+1)\}$$
$$=0$$

030_ 답 ①

$-\frac{27}{5}$과 $-\frac{5}{2}$ 사이에 있는 정수는 -5, -4, -3이므로 이들의 곱은

$(-5)\times(-4)\times(-3)=-(5\times4\times3)=-60$

031_ 답 ④

가장 큰 수 $a=+2$, 절댓값이 가장 큰 수는 $b=-\frac{13}{2}$, 절댓값이 가장 작은 수 $c=-\frac{1}{4}$이므로

$$a\times b\times c=(+2)\times\left(-\frac{13}{2}\right)\times\left(-\frac{1}{4}\right)$$
$$=+\left(2\times\frac{13}{2}\times\frac{1}{4}\right)$$
$$=+\frac{13}{4}$$

032_ 답 $-\frac{1}{100}$

$-$ 부호가 49개, 즉 홀수 개이므로 부호는 $-$이고

$$\frac{1}{2}\times\left(-\frac{2}{3}\right)\times\frac{3}{4}\times\left(-\frac{4}{5}\right)\times\cdots\times\left(-\frac{98}{99}\right)\times\frac{99}{100}$$
$$=-\left(\frac{1}{2}\times\frac{2}{3}\times\frac{3}{4}\times\cdots\times\frac{98}{99}\times\frac{99}{100}\right)$$
$$=-\frac{1}{100}$$

033_ 답 (ㄱ) 곱셈의 교환법칙

(ㄴ) 곱셈의 결합법칙

034_ 답 (ㄱ), (ㄷ) 곱셈의 교환법칙

(ㄴ), (ㄹ) 곱셈의 결합법칙

(ㅁ) $+\frac{3}{4}$ (ㅂ) $+\frac{1}{2}$

$$\left(+\frac{9}{14}\right)\times\left(-\frac{8}{15}\right)\times\left(+\frac{7}{6}\right)\times\left(-\frac{5}{4}\right)$$
$$=\left(+\frac{9}{14}\right)\times\left(-\frac{8}{15}\right)\times\left(-\frac{5}{4}\right)\times\left(+\frac{7}{6}\right)$$
곱셈의 교환법칙 (ㄱ)
$$=\left(+\frac{9}{14}\right)\times\left\{\left(-\frac{8}{15}\right)\times\left(-\frac{5}{4}\right)\right\}\times\left(+\frac{7}{6}\right)$$
곱셈의 결합법칙 (ㄴ)
$$=\left(+\frac{9}{14}\right)\times\left(+\frac{7}{6}\right)\times\left\{\left(-\frac{8}{15}\right)\times\left(-\frac{5}{4}\right)\right\}$$
곱셈의 교환법칙 (ㄷ)
$$=\left\{\left(+\frac{9}{14}\right)\times\left(+\frac{7}{6}\right)\right\}\times\left\{\left(-\frac{8}{15}\right)\times\left(-\frac{5}{4}\right)\right\}$$
곱셈의 결합법칙 (ㄹ)
$$=\boxed{\left(+\frac{3}{4}\right)}\times\left(+\frac{2}{3}\right)$$
$$=\boxed{+\frac{1}{2}}$$

035_ 답 ③

가장 큰 수가 되려면 양수가 되어야 하므로 가장 큰 양수 1개와 음수 2개를 뽑아 세 수를 곱한다.

이때 $\frac{2}{3}<\frac{5}{4}$이므로 세 수 $-\frac{3}{5}$, $-\frac{3}{2}$, $\frac{5}{4}$를 뽑아 이들을 곱하면

$$\left(-\frac{3}{5}\right)\times\left(-\frac{3}{2}\right)\times\frac{5}{4}=\left\{\left(-\frac{3}{5}\right)\times\left(-\frac{3}{2}\right)\right\}\times\frac{5}{4}$$
$$=\left(+\frac{9}{10}\right)\times\frac{5}{4}=+\left(\frac{9}{10}\times\frac{5}{4}\right)$$
$$=\frac{9}{8}$$

036_ 답 7

$$\left(+\frac{2}{5}\right)\times\left(-\frac{7}{6}\right)\times(-15)=\left(+\frac{2}{5}\right)\times(-15)\times\left(-\frac{7}{6}\right)$$
$$=\left\{\left(+\frac{2}{5}\right)\times(-15)\right\}\times\left(-\frac{7}{6}\right)$$
$$=\left\{-\left(\frac{2}{5}\times15\right)\right\}\times\left(-\frac{7}{6}\right)$$
$$=(-6)\times\left(-\frac{7}{6}\right)$$
$$=+\left(6\times\frac{7}{6}\right)=7$$

037_ 답 $\frac{1}{5}$

$$(-3)\times\left(-\frac{2}{7}\right)\times\frac{1}{12}\times\frac{14}{5}$$
$$=(-3)\times\frac{1}{12}\times\left(-\frac{2}{7}\right)\times\frac{14}{5}$$
$$=\left\{(-3)\times\frac{1}{12}\right\}\times\left\{\left(-\frac{2}{7}\right)\times\frac{14}{5}\right\}$$
$$=\left\{-\left(3\times\frac{1}{12}\right)\right\}\times\left\{-\left(\frac{2}{7}\times\frac{14}{5}\right)\right\}$$
$$=\left(-\frac{1}{4}\right)\times\left(-\frac{4}{5}\right)$$
$$=+\left(\frac{1}{4}\times\frac{4}{5}\right)=\frac{1}{5}$$

038_ 답 ②

$-\frac{3}{7}$의 역수를 a라 하면

$-\frac{3}{7}\times a=1$에서 $a=-\frac{7}{3}$

7의 역수를 b라 하면

$7\times b=1$에서 $b=\frac{1}{7}$

따라서 $a\times b=\left(-\frac{7}{3}\right)\times\frac{1}{7}=-\left(\frac{7}{3}\times\frac{1}{7}\right)=-\frac{1}{3}$

039_ 답 $-\frac{1}{5}$

$$\left(+\frac{2}{5}\right)\div(-2)=\left(+\frac{2}{5}\right)\times\left(-\frac{1}{2}\right)=-\left(\frac{2}{5}\times\frac{1}{2}\right)=-\frac{1}{5}$$

040_ 답 ③

③ $-1\frac{2}{5}=-\frac{7}{5}$이고 역수는 $-\frac{5}{7}$이다.

$-1\frac{5}{2}=-\frac{7}{2}$이고 역수는 $-\frac{2}{7}$이다.

041_ 답 ③

① $(-6)\div\left(-\frac{1}{2}\right)=(-6)\times(-2)$
$=+(6\times2)=12$

② $12\div(-3)=12\times\left(-\frac{1}{3}\right)$
$=-\left(12\times\frac{1}{3}\right)=-4$

③ $(-2)\div(-4)=(-2)\times\left(-\frac{1}{4}\right)$
$=+\left(2\times\frac{1}{4}\right)=\frac{1}{2}$

④ $\left(-\frac{1}{5}\right)\times\square=1$에서 $\square=-5$

$-\frac{1}{5}$의 역수는 -5이다.

⑤ $\left(-\frac{6}{7}\right)\div\frac{3}{7}=\left(-\frac{6}{7}\right)\times\frac{7}{3}=-\left(\frac{6}{7}\times\frac{7}{3}\right)=-2$

042_ 답 $-\frac{1}{12}$

$$\left(-\frac{1}{2}\right)\div\left(-\frac{4}{3}\right)\div\left(-\frac{9}{2}\right)=\left(-\frac{1}{2}\right)\times\left(-\frac{3}{4}\right)\times\left(-\frac{2}{9}\right)$$
$$=-\left(\frac{1}{2}\times\frac{3}{4}\times\frac{2}{9}\right)=-\frac{1}{12}$$

043_ 답 $\frac{5}{2}$

$\left(-\frac{5}{3}\right)\div a\div2=-\frac{1}{3}$에서

$\left(-\frac{5}{3}\right)\times\frac{1}{a}\times\frac{1}{2}=-\frac{1}{3}$

$\left\{\left(-\frac{5}{3}\right)\times\frac{1}{2}\right\}\times\frac{1}{a}=-\frac{1}{3}$

$\left(-\frac{5}{6}\right)\times\frac{1}{a}=-\frac{1}{3}$

$\frac{1}{a}=\left(-\frac{1}{3}\right)\div\left(-\frac{5}{6}\right)=\left(-\frac{1}{3}\right)\times\left(-\frac{6}{5}\right)=\frac{2}{5}$

따라서 $a=\frac{5}{2}$

044_ 답 ⑤

$$\frac{2}{3}\times\left(-\frac{3}{5}\right)\div\left(-\frac{2}{9}\right)\times5$$
$$=\frac{2}{3}\times\left(-\frac{3}{5}\right)\times\left(-\frac{9}{2}\right)\times5$$
$$=+\left(\frac{2}{3}\times\frac{3}{5}\times\frac{9}{2}\times5\right)=9$$

045_ 답 ④

$(-2)^3 \div (-2)^4 \times \left(-\frac{2}{3}\right)$

$=(-8) \div 16 \times \left(-\frac{2}{3}\right)$

$=(-8) \times \frac{1}{16} \times \left(-\frac{2}{3}\right)$

$=+\left(8 \times \frac{1}{16} \times \frac{2}{3}\right)=\frac{1}{3}$

046_ 답 $-\frac{18}{5}$

$\left(-\frac{2}{3}\right) \times \frac{1}{2} \div \left(-\frac{5}{6}\right) \div \frac{1}{12} \times \left(-\frac{3}{4}\right)$

$=\left(-\frac{2}{3}\right) \times \frac{1}{2} \times \left(-\frac{6}{5}\right) \times 12 \times \left(-\frac{3}{4}\right)$

$=-\left(\frac{2}{3} \times \frac{1}{2} \times \frac{6}{5} \times 12 \times \frac{3}{4}\right)$

$=-\frac{18}{5}$

047_ 답 (1) 215 (2) 2

(1) $2.15 \times 104 - 2.15 \times 4$

$=2.15 \times (104-4)=2.15 \times 100=215$

(2) $88 \times 0.02 + 12 \times 0.02$

$=(88+12) \times 0.02=100 \times 0.02=2$

048_ 답 ㉣ → ㉢ → ㉡ → ㉤ → ㉠

049_ 답 $\frac{4}{9}$

$\left[\left\{\frac{2}{(-3)^2}\right\}^2 \div \left\{\left(-\frac{1}{2}\right)^2 \div \left(1-\frac{3}{4}\right)\right\}\right] \times (-3)^2$

$=\left[\left(\frac{2}{9}\right)^2 \div \left\{\left(-\frac{1}{2}\right)^2 \div \frac{1}{4}\right\}\right] \times 9$

$=\left\{\frac{4}{81} \div \left(\frac{1}{4} \div \frac{1}{4}\right)\right\} \times 9$

$=\left\{\frac{4}{81} \div \left(\frac{1}{4} \times 4\right)\right\} \times 9$

$=\left(\frac{4}{81} \div 1\right) \times 9$

$=\frac{4}{81} \times 9$

$=\frac{4}{9}$

050_ 답 ③

③ 유리수가 아닌 무한소수가 있다. 예 $\pi=3.141592\cdots$

051_ 답 ①

② $2.3232\cdots=2.\dot{3}\dot{2}$

③ $0.1010\cdots=0.\dot{1}\dot{0}$

④ $3.052052\cdots=3.\dot{0}5\dot{2}$

⑤ $0.012012\cdots=0.\dot{0}1\dot{2}$

052_ 답 ㄱ, ㄹ, ㅁ, ㅂ

ㄱ. $\frac{9}{2 \times 3^2}=\frac{9}{2 \times 9}=\frac{1}{2}$

ㄴ. $\frac{21}{3^2 \times 5 \times 7}=\frac{1}{3 \times 5}$

2와 5 이외의 소인수 3이 있으므로 유한소수가 아니다.

ㄷ. $\frac{14}{2^2 \times 5 \times 11}=\frac{7}{2 \times 5 \times 11}$

2와 5 이외의 소인수 11이 있으므로 유한소수가 아니다.

ㄹ. $\frac{63}{3^2 \times 5^2 \times 7}=\frac{1}{5^2}$

ㅁ. $\frac{176}{2^3 \times 5^2 \times 11}=\frac{2}{5^2}$

ㅂ. $\frac{455}{7 \times 5^3 \times 13}=\frac{1}{5^2}$

따라서 유한소수로 나타낼 수 있는 것은 ㄱ, ㄹ, ㅁ, ㅂ이다.

053_ 답 ⑤

$\frac{a}{2^4 \times 5^3 \times 3^2 \times 7}$가 유한소수가 되기 위해서는 분모의 소인수가 2나 5뿐이어야 하므로 a는 3^2과 7의 공배수가 되어야 한다. 따라서 최소공배수 $3^2 \times 7=63$의 배수이어야 하므로 가장 작은 자연수 $a=63$이다.

054_ 답 ②

$0.3\dot{1}\dot{7}$을 x라 하면

$x=0.3171717\cdots$ ...... ㉠

$10x=\boxed{3.171717\cdots}$ ...... ㉡

$\boxed{1000x}=317.171717\cdots$ ...... ㉢

㉢－㉡을 하면 $990x=314$

따라서 $x=\frac{314}{990}=\frac{157}{495}$

055_ 답 ③

① $0.\dot{5}=\frac{5}{9}$ ② $0.\dot{1}2\dot{0}=\frac{120}{999}=\frac{40}{333}$

④ $0.2\dot{5}=\frac{23}{90}$ ⑤ $3.\dot{1}\dot{9}=\frac{316}{99}$

056_ 답 $\pm\sqrt{5}$, $\sqrt{5}$

5의 제곱근은 $\boxed{\pm\sqrt{5}}$이고, 제곱근 5는 $\boxed{\sqrt{5}}$이다.

057_ 답 ③

ㄱ. $5^2=25$, $(-5)^2=25$이므로 25의 제곱근은 ±5이다. (참)

ㄴ. $\sqrt{36}=6$의 음의 제곱근은 $-\sqrt{6}$이다. (거짓)

ㄷ. $\sqrt{(-5)^2}=\sqrt{25}=5$의 제곱근은 $\pm\sqrt{5}$이다. (참)

따라서 옳은 것은 ㄱ, ㄷ이다.

058_ 답 ⑤

① $\sqrt{1000}=\sqrt{10^3}$ ② $\sqrt{63}=\sqrt{3^2\times7}$

③ $\sqrt{\frac{3}{4}}=\frac{\sqrt{3}}{2}$ ④ $\sqrt{\frac{25}{8}}=\frac{5}{\sqrt{8}}$

⑤ $\sqrt{0.16}=\sqrt{(0.4)^2}=0.4$

059_ 답 ⑤

① $\sqrt{(-13)^2}=\sqrt{13^2}=13$

② $(-\sqrt{0.2})^2=0.2$

③ $\sqrt{9^2}=9$

④ $-\sqrt{\left(\frac{1}{3}\right)^2}=-\frac{1}{3}$

060_ 답 ④

① $\sqrt{4}=\sqrt{2^2}=2$ ② $\sqrt{(-2)^2}=2$

③ $(-\sqrt{2})^2=2$ ④ $\sqrt{(-4)^2}=4$

⑤ 4의 양의 제곱근은 $\sqrt{4}=2$이다.

061_ 답 $\pm\frac{1}{7}$

$\left(-\sqrt{\frac{1}{49}}\right)^2=\frac{1}{49}$에서 $\frac{1}{49}=\left(\frac{1}{7}\right)^2=\left(-\frac{1}{7}\right)^2$이므로

제곱근은 $\pm\frac{1}{7}$이다.

062_ 답 ⑤

① $\sqrt{(-5)^2}=5$

② $a<0$일 때, $\sqrt{a^2}=-a$

③ $0<a<3$일 때, $\sqrt{(a-3)^2}=-a+3$

④ $-1<a<1$일 때, $\sqrt{(1-a)^2}=1-a$

063_ 답 ④

$-2<a<0$일 때

$\sqrt{a^2}+\sqrt{(a+2)^2}=-a+(a+2)$

$=-a+a+2=2$

064_ 답 ③

$a>0$일 때

$\sqrt{(3a)^2}-\sqrt{(-a)^2}-(\sqrt{a})^2$

$=3a-\sqrt{a^2}-a$

$=3a-a-a=a$

065_ 답 $-a-b$

$a<b$, $ab<0$일 때, $a<0$, $b>0$이므로

$\sqrt{a^2}-\sqrt{b^2}=-a-b$

066_ 답 ②

$\sqrt{288a}=\sqrt{2^5\times3^2\times a}$이므로 $a=2\times n^2$ (n은 자연수)이어야 한다.

따라서 이 중 가장 작은 자연수는 $n=1$일 때의 값이므로

$a=2$이다.

067_ 답 ④

$\sqrt{\frac{168}{x}}=\sqrt{\frac{2^3\times3\times7}{x}}$이 자연수가 되는 x의 값은

$2\times3\times7=42$와 $2^3\times3\times7=168$이고,

이 중 가장 작은 자연수의 값은 42이다.

068_ 답 ④

$\sqrt{110+x}$가 자연수가 되려면 $110+x$의 값이 110보다 큰 자연수의 제곱인 수이어야 한다.

$110+x=121, 144, 169, \cdots$

$x=11, 34, 59, \cdots$

따라서 가장 작은 자연수 x의 값은 11이다.

069_ 답 6

$\sqrt{12+x}$가 자연수가 되려면 $12+x$의 값이 12보다 큰 자연수의 제곱인 수이어야 한다.
이때 12보다 큰 제곱수 중에서 가장 작은 수가 16이므로
$12+x=16$
$x=4$
$\sqrt{27-y}$가 자연수가 되려면 $27-y$의 값이 27보다 작은 자연수의 제곱인 수이어야 한다.
이때 27보다 작은 제곱수 중에서 가장 큰 수가 25이므로
$27-y=25$
$y=2$
따라서 $x+y=4+2=6$

070_ 답 ④

① $\sqrt{2}<\sqrt{4}$이므로 $\sqrt{2}<2$
② $-\sqrt{3}>-\sqrt{9}$이므로 $-\sqrt{3}>-3$
③ $\sqrt{6}<\sqrt{36}$이므로 $\sqrt{6}<6$
④ $0.1=\sqrt{(0.1)^2}=\sqrt{0.01}$이므로 $\sqrt{0.1}>0.1$
⑤ $\sqrt{9}<\sqrt{10}$이므로 $3<\sqrt{10}$

071_ 답 ②

(음수)$<0<$(양수)이므로 주어진 수 중 가장 작은 수는 음수이다. 따라서 -5, $-\sqrt{21}$, $-\left(-\sqrt{\frac{7}{2}}\right)^2$을 비교하면
$-5=-\sqrt{25}$, $-\left(-\sqrt{\frac{7}{2}}\right)^2=-\frac{7}{2}=-\sqrt{\frac{49}{4}}$이고
$\frac{49}{4}<21<25$이므로
$-\sqrt{25}<-\sqrt{21}<-\sqrt{\frac{49}{4}}$
즉, $-5<-\sqrt{21}<-\left(-\sqrt{\frac{7}{2}}\right)^2$
따라서 가장 작은 수는 ② -5이다.

072_ 답 4

$6<\sqrt{10n}<7$이므로
$36<10n<49$
$3.6<n<4.9$
따라서 자연수 n의 값은 4이다.

073_ 답 ①

$a>0$이므로
$a<1$의 양변에 a를 곱하면 $a^2<a$ …… ㉠
$a^2<a$의 양변에 근호를 씌우면 $a<\sqrt{a}$ …… ㉡
$a<1$의 양변에 근호를 씌우면 $\sqrt{a}<1$ …… ㉢
㉠, ㉡, ㉢에 의해 $a^2<a<\sqrt{a}<1$ …… ㉣
한편, $a<1$의 양변을 a로 나누면 $1<\frac{1}{a}$
$1<\frac{1}{a}$의 양변에 근호를 씌우면 $1<\sqrt{\frac{1}{a}}$ …… ㉤
$1<\frac{1}{a}$의 양변을 a로 나누면 $\frac{1}{a}<\frac{1}{a^2}$
$\frac{1}{a}<\frac{1}{a^2}$의 양변에 근호를 씌우면 $\sqrt{\frac{1}{a}}<\frac{1}{a}$ …… ㉥
㉤, ㉥에 의해 $1<\sqrt{\frac{1}{a}}<\frac{1}{a}$ …… ㉦
㉣, ㉦에 의해 $a^2<a<\sqrt{a}<\sqrt{\frac{1}{a}}<\frac{1}{a}$
따라서 가장 큰 수는 $\frac{1}{a}$, 가장 작은 수는 a^2이므로 두 수의 곱은
$\frac{1}{a}\times a^2=a$이다.

074_ 답 ②

① $\sqrt{9}=3$으로 무리수가 아니다.
② $-1+\sqrt{2}$로 무리수이다.
③ $\frac{\sqrt{16}}{4}=\frac{4}{4}=1$로 무리수가 아니다.
④ $\sqrt{144}-2=12-2=10$으로 무리수가 아니다.
⑤ 0.14243은 유한소수로 무리수가 아니다.

075_ 답 ⑤

① 유리수 2도 근호를 사용하여 $\sqrt{4}$와 같이 나타낼 수 있으므로 근호를 사용하여 나타낸 수라 하여 모두 무리수인 것은 아니다.
② $\sqrt{2}$는 무리수이므로 정수로 나타낼 수 없다.
③ 순환소수는 유리수이다.
④ 유리수는 유한소수 또는 순환소수로 나타낼 수 있다.

076_ 답 4

$\sqrt{18}=3\sqrt{2}$는 무리수이다.
$-\sqrt{9}=-3$은 유리수이다.
3π는 무리수이다.

$1.5\dot{4}$는 순환소수이므로 유리수이다.

$\sqrt{14.4}$는 무리수이다.

$\sqrt{\frac{1}{8}}=\frac{1}{2\sqrt{2}}$은 무리수이다.

따라서 무리수는 $\sqrt{18}$, 3π, $\sqrt{14.4}$, $\sqrt{\frac{1}{8}}$의 4개이다.

077_ 답 $5-\sqrt{2}$

한 변의 길이가 1인 정사각형에서 대각선의 길이를 x라 하자.
모든 정사각형은 마름모이므로 넓이를 구하면

$1\times1=\frac{1}{2}\times x\times x$

$\frac{1}{2}x^2=1$, $x^2=2$

$x=\pm\sqrt{2}$

이때 $x>0$이므로 $x=\sqrt{2}$

따라서 $\overline{AP}=\overline{AB}=\sqrt{2}$이므로 점 A에 대응하는 수는 $5-\sqrt{2}$이다.

078_ 답 ③

③ $3<\sqrt{10}<4$이므로 $\sqrt{10}$과 4 사이에는 정수가 없다.

079_ 답 ②

$2<\sqrt{7}<3$이므로 $4<2+\sqrt{7}<5$

따라서 $2+\sqrt{7}$에 대응하는 점이 존재하는 구간은 B이다.

080_ 답 ③

① $3-\sqrt{10}=\sqrt{9}-\sqrt{10}<0$이므로 $3<\sqrt{10}$

② $\sqrt{16}=4$, $\sqrt{(-4)^2}=4$이므로 $\sqrt{16}=\sqrt{(-4)^2}$

③ $-\sqrt{15}-(-4)=-\sqrt{15}+\sqrt{16}>0$이므로 $-\sqrt{15}>-4$

④ $\frac{5}{6}<\frac{7}{8}$이므로 $\sqrt{\frac{5}{6}}<\sqrt{\frac{7}{8}}$

⑤ $(3+\sqrt{5})-(\sqrt{5}+\sqrt{7})=3-\sqrt{7}=\sqrt{9}-\sqrt{7}>0$이므로
$3+\sqrt{5}>\sqrt{7}+\sqrt{5}$

081_ 답 ②, ③

① $-\sqrt{30}-(-\sqrt{14})=\sqrt{14}-\sqrt{30}$
$=3.742-5.477=-1.735$

② $\frac{-\sqrt{14}-\sqrt{30}}{2}$은 $-\sqrt{14}$와 $-\sqrt{30}$의 평균이므로 두 수 사이에 있는 수이다.

③ $-1-\sqrt{14}=-1-3.742=-4.742$이므로 $-\sqrt{14}$와 $-\sqrt{30}$ 사이에 있다.

④ $1-\sqrt{14}=1-3.742=-2.742$

⑤ $3-\sqrt{30}=3-5.477=-2.477$

082_ 답 ①

$2<\sqrt{6}<3$에서 $-3<\sqrt{6}-5<-2$

$3<\sqrt{11}<4$에서 $-4<-\sqrt{11}<-3$이므로

$4<8-\sqrt{11}<5$

따라서 $\sqrt{6}-5$와 $8-\sqrt{11}$ 사이에 있는 정수는 -2, -1, 0, 1, 2, 3, 4의 7개이다.

083_ 답 $4-\sqrt{13}$

$a-b=(3-\sqrt{11})-1=-\sqrt{11}+2$
$=-\sqrt{11}+\sqrt{4}<0$

이므로 $a<b$ …… ㉠

$a-c=(3-\sqrt{11})-(-\sqrt{13}+3)$
$=-\sqrt{11}+\sqrt{13}>0$

이므로 $a>c$ …… ㉡

㉠, ㉡에서 $c<a<b$

따라서 가장 큰 수는 $b=1$이고, 가장 작은 수는 $c=-\sqrt{13}+3$이므로 구하는 합은

$1+(-\sqrt{13}+3)=4-\sqrt{13}$

084_ 답 ②

$1<\sqrt{3}<2$이므로 정수 부분은 $a=1$이고

소수 부분은 $b=\sqrt{3}-1$

따라서 $2a+b=2\times1+(\sqrt{3}-1)=1+\sqrt{3}$

085_ 답 ⑤

⑤ $\sqrt{0.45}\times\sqrt{0.2}=\sqrt{0.45\times0.2}$
$=\sqrt{0.09}=0.3$

086_ 답 ③

$\sqrt{5}\times\sqrt{2a}\times\sqrt{10}\times\sqrt{a}=\sqrt{5\times2a\times10\times a}$
$=\sqrt{(10a)^2}=30$

즉, $10a=30$이므로 $a=3$

087_ 답 ⑤

$\sqrt{21}=\sqrt{3\times7}=\sqrt{3}\times\sqrt{7}=ab$

088_ 답 ③

① $-\sqrt{27}=-\sqrt{3\times3^2}=-3\sqrt{3}$

② $\sqrt{50}=\sqrt{2\times5^2}=5\sqrt{2}$

③ $\sqrt{75}=\sqrt{3\times5^2}=5\sqrt{3}$

④ $\sqrt{128}=\sqrt{2\times8^2}=8\sqrt{2}$

⑤ $-\sqrt{150}=-\sqrt{6\times5^2}=-5\sqrt{6}$

089_ 답 ①

$\sqrt{270}=\sqrt{2\times3^3\times5}=\sqrt{2}\times\sqrt{3^3}\times\sqrt{5}$

$=ab^3\sqrt{5}$

090_ 답 ④

$\sqrt{128}=\sqrt{8^2\times2}=8\sqrt{2}$에서 $a=8$

$\sqrt{250}=\sqrt{5^2\times10}=5\sqrt{10}$에서 $b=10$

따라서 $\sqrt{ab}=\sqrt{80}=\sqrt{4^2\times5}=4\sqrt{5}$

091_ 답 ③

$\sqrt{75}=\sqrt{5^2\times3}=5\sqrt{3}$에서 $a=5$

$2\sqrt{3}=\sqrt{2^2\times3}=\sqrt{12}$에서 $b=12$

따라서 $a-b=5-12=-7$

092_ 답 ④

$\frac{1}{\sqrt{48}}=\frac{1}{4\sqrt{3}}=\frac{\sqrt{3}}{4\sqrt{3}\sqrt{3}}=\frac{1}{12}\sqrt{3}$이므로

$a=\frac{1}{12}$

093_ 답 ②

$\frac{2\sqrt{3}}{\sqrt{2}}=\frac{2\sqrt{3}\sqrt{2}}{\sqrt{2}\sqrt{2}}=\frac{2\sqrt{6}}{2}=\sqrt{6}$에서 $a=6$

$\frac{20}{3\sqrt{5}}=\frac{20\sqrt{5}}{3\sqrt{5}\sqrt{5}}=\frac{20\sqrt{5}}{15}=\frac{4}{3}\sqrt{5}$에서 $b=\frac{4}{3}$

따라서 $ab=6\times\frac{4}{3}=8$

094_ 답 ②

$\frac{10-3\sqrt{5}}{\sqrt{5}}=\frac{(10-3\sqrt{5})\sqrt{5}}{\sqrt{5}\sqrt{5}}=\frac{10\sqrt{5}-15}{5}=-3+2\sqrt{5}$

따라서 $A=-3$, $B=-2$이므로

$A+B=(-3)+(-2)=-5$

095_ 답 ③

$\sqrt{18}\times\sqrt{48}\div4\sqrt{2}=\sqrt{3^2\times2}\times\sqrt{4^2\times3}\div4\sqrt{2}$

$=3\sqrt{2}\times4\sqrt{3}\div4\sqrt{2}$

$=12\sqrt{6}\div4\sqrt{2}$

$=12\sqrt{6}\times\frac{1}{4\sqrt{2}}=3\sqrt{3}$

096_ 답 ⑤

$\frac{\sqrt{24}}{\sqrt{15}}\div\frac{\sqrt{6}}{\sqrt{5}}\times\sqrt{\frac{8}{3}}=\frac{2\sqrt{6}}{\sqrt{15}}\times\frac{\sqrt{5}}{\sqrt{6}}\times\frac{2\sqrt{2}}{\sqrt{3}}=\frac{4\sqrt{2}}{3}$

097_ 답 ①

$\frac{\sqrt{3}}{4}\times\frac{3}{\sqrt{27}}\div\frac{\sqrt{3}}{8}=\frac{\sqrt{3}}{4}\times\frac{3}{3\sqrt{3}}\times\frac{8}{\sqrt{3}}$

$=\frac{2}{\sqrt{3}}=\frac{2\sqrt{3}}{\sqrt{3}\sqrt{3}}$

$=\frac{2\sqrt{3}}{3}$

따라서 $a=2$

098_ 답 ⑤

$\frac{\sqrt{18}}{3}+\frac{6}{\sqrt{2}}+\sqrt{50}=\frac{3\sqrt{2}}{3}+\frac{6\sqrt{2}}{\sqrt{2}\sqrt{2}}+5\sqrt{2}$

$=\sqrt{2}+3\sqrt{2}+5\sqrt{2}$

$=(1+3+5)\sqrt{2}$

$=9\sqrt{2}$

099_ 답 ③

$\sqrt{128}+\sqrt{5}-\sqrt{8}+\sqrt{180}-\sqrt{45}$

$=8\sqrt{2}+\sqrt{5}-2\sqrt{2}+6\sqrt{5}-3\sqrt{5}$

$=(8-2)\sqrt{2}+(1+6-3)\sqrt{5}$

$=6\sqrt{2}+4\sqrt{5}$

따라서 $a=6$, $b=4$이므로

$a+b=6+4=10$

100_ 답 ⑤

① $\frac{3}{\sqrt{5}}+\frac{a}{\sqrt{5}}=\frac{3\sqrt{5}}{5}+\frac{a\sqrt{5}}{5}=\left(\frac{3}{5}+\frac{a}{5}\right)\sqrt{5}$

$\left(\frac{3}{5}+\frac{a}{5}\right)\sqrt{5}=\sqrt{5}$이므로

$\frac{3}{5}+\frac{a}{5}=1$

$\frac{a}{5}=\frac{2}{5}$, $a=2$

② $\sqrt{12}\times\sqrt{6}=\sqrt{72}=\sqrt{6^2\times 2}=6\sqrt{2}$

이므로 $a=2$

③ $\sqrt{a}\times 2\sqrt{2}=4$에서

$\sqrt{a}=\frac{4\sqrt{2}}{2\sqrt{2}\sqrt{2}}=\frac{4\sqrt{2}}{4}=\sqrt{2}$, $a=2$

④ $\sqrt{3}\times\sqrt{10}\times\sqrt{15}=\sqrt{450}=15\sqrt{2}$

이므로 $a=2$

⑤ $4\sqrt{5}\div 2\sqrt{5}\div\sqrt{2}=4\sqrt{5}\times\frac{1}{2\sqrt{5}}\times\frac{1}{\sqrt{2}}=\frac{2}{\sqrt{2}}=\frac{2\sqrt{2}}{\sqrt{2}\sqrt{2}}=\sqrt{2}$

이므로 $a=\sqrt{2}$

101_ 답 ⑤

$$\begin{aligned}\sqrt{8}-\sqrt{3}(3\sqrt{6}-\sqrt{24})&=2\sqrt{2}-\sqrt{3}(3\sqrt{6}-2\sqrt{6})\\&=2\sqrt{2}-\sqrt{3}\times\sqrt{6}\\&=2\sqrt{2}-\sqrt{18}\\&=2\sqrt{2}-3\sqrt{2}\\&=-\sqrt{2}\end{aligned}$$

102_ 답 ⑤

$$\begin{aligned}\sqrt{32}(\sqrt{12}-\sqrt{2})-\frac{4\sqrt{3}}{\sqrt{2}}&=4\sqrt{2}(2\sqrt{3}-\sqrt{2})-\frac{4\sqrt{6}}{2}\\&=8\sqrt{6}-8-2\sqrt{6}\\&=6\sqrt{6}-8\end{aligned}$$

103_ 답 ③

$\sqrt{2}(\sqrt{20}+\sqrt{72})-(\sqrt{45}+\sqrt{50})\div\sqrt{5}$

$=\sqrt{2}(2\sqrt{5}+6\sqrt{2})-(3\sqrt{5}+5\sqrt{2})\div\sqrt{5}$

$=2\sqrt{10}+12-\left(3+\frac{5\sqrt{2}}{\sqrt{5}}\right)$

$=2\sqrt{10}+12-\left(3+\frac{5\sqrt{2}\sqrt{5}}{\sqrt{5}\sqrt{5}}\right)$

$=2\sqrt{10}+12-3-\sqrt{10}$

$=9+\sqrt{10}$

따라서 $a=9$, $b=1$이므로

$a-b=9-1=8$

104_ 답 (1) $\sqrt{2}i$ (2) $2i$ (3) $-\sqrt{5}i$ (4) $-3i$

(1) $\sqrt{-2}=\sqrt{2}i$

(2) $\sqrt{-4}=\sqrt{4}i=2i$

(3) $-\sqrt{-5}=-\sqrt{5}i$

(4) $-\sqrt{-9}=-\sqrt{9}i=-3i$

105_ 답 ㄱ, ㄴ, ㄹ

ㄱ. $\sqrt{-5}=\sqrt{5}i$이므로 허수이다.

ㄴ. $2-3i$는 허수이다.

ㄷ. -1은 실수이다.

ㄹ. i는 허수이다.

ㅁ. $i^2+2=-1+2=1$은 실수이다.

따라서 허수는 ㄱ, ㄴ, ㄹ이다.

106_ 답 -1

복소수가 서로 같을 조건을 이용하면

$x-2=0$, $2y-3=-9$

따라서 $x=2$, $y=-3$이므로

$x+y=2+(-3)=-1$

107_ 답 ⑤

$$\begin{aligned}(1+2i)+(3-4i)&=(1+3)+(2-4)i\\&=4-2i\end{aligned}$$

108_ 답 ④

$(2-i)(2+i)=2^2-i^2=4-(-1)=5$

109_ 답 $-6+4i$

$(1+i)^2=1^2+2i+i^2=1+2i-1=2i$이므로

$(1+i)^2+(1+i)^3+(1+i)^4$

$=2i+2i(1+i)+(2i)^2$

$=2i+2i-2-4$

$=-6+4i$

110_ 답 -6

$a^2=(1-3i)^2=1-6i-9=-8-6i$

$b^2=(1+3i)^2=1+6i-9=-8+6i$

$ab=(1+3i)(1-3i)=1+9=10$

따라서

$a^2+ab+b^2=(-8-6i)+10+(-8+6i)$

$=-6$

▌다른 풀이▐

$a+b=(1-3i)+(1+3i)=2$,

$ab=(1-3i)(1+3i)=1+9=10$이므로

$a^2+ab+b^2=(a+b)^2-ab$

$=2^2-10=4-10=-6$

111_ 답 (1) $-3-i$ (2) $-3i+2$ (3) $2-i$ (4) $-\sqrt{2}i$

112_ 답 ④

$z=2-i$에 대하여 $\overline{z}=2+i$이므로

$z+\overline{z}=(2-i)+(2+i)=4$

113_ 답 ③

$z=a+bi$ (a, b는 실수)라 하면 $\overline{z}=a-bi$이므로

$\alpha=z+\overline{z}=2a$

$\beta=z-\overline{z}=2bi$

$3\alpha-4\beta=6a-8bi=6-4i$이므로 $6a=6$, $-8b=-4$

즉, $a=1$, $b=\frac{1}{2}$이므로 $z=1+\frac{1}{2}i$, $\overline{z}=1-\frac{1}{2}i$

따라서

$z\overline{z}=\left(1+\frac{1}{2}i\right)\left(1-\frac{1}{2}i\right)$

$=1+\frac{1}{4}=\frac{5}{4}$

114_ 답 $1+i$ 또는 $1-i$

$z=a+bi$ (a, b는 실수)라 하면 $\overline{z}=a-bi$이므로

$z+\overline{z}=a+bi+a-bi=2a$

$z\overline{z}=(a+bi)(a-bi)=a^2+b^2$

따라서 $2a=2$, $a^2+b^2=2$에서

$a=1$이므로 $b^2=1$, $b=\pm1$

따라서 $z=1+i$ 또는 $z=1-i$

115_ 답 5

$\omega=\frac{(1+i)+1}{(1+i)-1}=\frac{2+i}{i}$

$=\frac{(2+i)i}{i\times i}=\frac{-1+2i}{-1}$

$=1-2i$

이므로 $\overline{\omega}=1+2i$

따라서 $\omega\overline{\omega}=(1-2i)(1+2i)=1+4=5$

116_ 답 i

$\alpha\cdot\overline{\alpha}=1$에서 $\overline{\alpha}=\frac{1}{\alpha}$

$\beta\cdot\overline{\beta}=1$에서 $\overline{\beta}=\frac{1}{\beta}$이므로

$\frac{1}{\alpha}+\frac{1}{\beta}=\overline{\alpha}+\overline{\beta}=\overline{\alpha+\beta}=\overline{-i}=i$

117_ 답 ③

$z=a+bi$ (a, b는 실수)라 하면 $\overline{z}=a-bi$이므로

$z-\overline{z}=2bi$, $z\overline{z}=a^2+b^2$

$2\times2bi+2(a^2+b^2)=2a^2+2b^2+4bi=34-4i$

에서 $2a^2+2b^2=34$, $4b=-4$

즉, $b=-1$, $a=\pm4$이므로

$z=4-i$, $\overline{z}=4+i$ 또는 $z=-4-i$, $\overline{z}=-4+i$

따라서 $z+\overline{z}=\pm8$

본문 68~89쪽

THEME 03 방정식

001_ 답 (1) $\square+13=25$ (2) $42-\square=14$

002_ 답 (1) 8 (2) 8 (3) 13 (4) 15

(1) $17+\square=25$에서
$25-17=\square$이므로 $\square=8$
(2) $\square+8=16$에서
$16-8=\square$이므로 $\square=8$
(3) $18-\square=5$에서
$18-5=\square$이므로 $\square=13$
(4) $\square-6=9$에서
$9+6=\square$이므로 $\square=15$

003_ 답 2

등식인 것은 ㄴ, ㄹ의 2개이다.

004_ 답 ②

어떤 수를 x라 하면
$x+6=2x+3$

005_ 답 ④

① $4x+x=5x$는 항등식이다.
② $x+3=3+x$는 항등식이다.
③ 미지수가 없으므로 방정식이 아니다.
⑤ 부등호를 사용한 식이다.

006_ 답 ②

①, ③, ④, ⑤는 방정식이다.

007_ 답 방정식 : ㄷ, ㄹ, 항등식 : ㄱ, ㅁ

ㄱ. $2x+3x=5x$는 항등식이다.
ㄴ. $2(x-3)\geq x-3$은 부등식이다.
ㄷ. $9+x\times3=15$는 방정식이다.
ㄹ. $3=2(1-x)$는 방정식이다.
ㅁ. $-3x+15=-3(x-5)$는 항등식이다.

008_ 답 ③

① $a+2=b+2$, $a-2=b-2$
② $3a=3b$, $-3a=-3b$
④ $2a-1=2b-1$, $2a+1=2b+1$
⑤ $\frac{a}{3}+3=\frac{b}{3}+3$, $3a+\frac{1}{3}=3b+\frac{1}{3}$

009_ 답 ③

③ $2a-3=4b-3$, $2a-6=4b-6$

010_ 답 ④

④ $\frac{1}{4}x=4$에서 $\frac{1}{4}x\underline{\times4}=4\underline{\times4}$
따라서 $x=16$

011_ 답 ④

① $2x\underline{-5}=1 \rightarrow 2x=1\underline{+5}$
② $\underline{3}-x=4 \rightarrow -x=4\underline{-3}$
③ $2x\underline{+7}=\underline{-x}-3 \rightarrow 2x\underline{+x}=-3\underline{-7}$
⑤ $\underline{4}-x=\underline{-3x} \rightarrow -x\underline{+3x}=\underline{-4}$

012_ 답 ㄴ, ㄹ

ㄱ. $3x-1=-1+3x$는 항등식이므로 일차방정식이 아니다.
ㄴ. 정리하면 $2x-4=0$이므로 일차방정식이다.
ㄷ. $2x^2-4=0$은 좌변의 차수가 2이므로 일차방정식이 아니다.
ㄹ. 정리하면 $-3x+1=0$이므로 일차방정식이다.
따라서 일차방정식인 것은 ㄴ, ㄹ이다.

013_ 답 ②

$2x-6=0$에서 $2x=6$, $x=3$
$-4x=-x+9$에서 $-3x=9$, $x=-3$
따라서 두 방정식의 해를 더한 값은
$3+(-3)=0$

014_ 답 ⑤

① $5=2-x$에서
$x=2-5$, $x=-3$
② $6x-2(x-3)=-6$에서
$6x-2x+6=-6$, $4x=-6-6$
$4x=-12$, $x=-3$

③ $4x+2=x-7$에서
$4x-x=-7-2$
$3x=-9$, $x=-3$
④ $0.4x-1.5=0.7x-0.6$의 양변에 10을 곱하면
$4x-15=7x-6$
$4x-7x=-6+15$
$-3x=9$, $x=-3$
⑤ $\frac{2}{3}x-1=\frac{1}{2}x$의 양변에 6을 곱하면
$4x-6=3x$
$4x-3x=6$, $x=6$

015_ 답 $x=-2$

$-\frac{x}{2}+\frac{x-4}{3}=x+1$의 양변에 6을 곱하면
$-3x+2x-8=6x+6$
$-3x+2x-6x=6+8$
$-7x=14$, $x=-2$

016_ 답 5

$0.1x-1.1=-0.2a$의 양변에 10을 곱하면
$x-11=-2a$
$x=-2a+11$
이때 $-2a+11$이 양의 정수가 되어야 하므로 $a=1, 2, 3, 4, 5$의 5개이다.

017_ 답 ④

$(x-2):3=(3x-1):4$에서
$4(x-2)=3(3x-1)$
$4x-8=9x-3$
$-5x=5$
따라서 $x=-1$

018_ 답 ③

연속하는 세 짝수 중 가운데 수를 x라 하면 연속하는 세 짝수는 각각 $x-2$, x, $x+2$이므로
$(x-2)+x+(x+2)=78$
$3x=78$, $x=26$
따라서 세 짝수 중 가장 큰 수는 $26+2=28$이고, 가장 작은 수는 $26-2=24$이므로 28과 24의 최대공약수는 4이다.

019_ 답 ③

십의 자리 숫자를 x라 하면 일의 자리 숫자가 6인 두 자리의 자연수는 $10x+6$이고, 각 자리 숫자의 합은 $x+6$이므로
$10x+6=3(x+6)+9$
$10x+6=3x+18+9$
$7x=21$
$x=3$
따라서 구하는 자연수는 36이다.

020_ 답 ③

처음 자연수의 일의 자리 숫자를 x라 하면 십의 자리 숫자는 $2x$이므로
$20x+x=10x+2x+27$
$21x=12x+27$
$9x=27$, $x=3$
따라서 처음 자연수는 63이다.

021_ 답 ⑤

두 지점 A, B 사이의 거리를 x km라 하면
$\frac{x}{40}+\frac{30}{60}=\frac{x}{30}$
양변에 분모의 최소공배수 120을 곱하면
$3x+60=4x$
$x=60$
따라서 두 지점 A, B 사이의 거리는 60 km이다.

022_ 답 80 m

열차의 길이를 x m라 하면 길이가 200 m인 터널을 완전히 통과하는 데 열차가 움직인 거리는 $(200+x)$ m이고, 길이가 620 m인 터널을 완전히 통과하는 데 열차가 움직인 거리는 $(620+x)$ m이다.
열차의 속력이 일정하므로
$\frac{200+x}{10}=\frac{620+x}{25}$
양변에 분모의 최소공배수 50을 곱하면
$5(200+x)=2(620+x)$
$1000+5x=1240+2x$
$3x=240$, $x=80$
따라서 열차의 길이는 80 m이다.

023_ 답 10

유정이와 보검이가 출발한 지 x분 후에 만났다면 두 사람이 x분 동안 걸은 거리의 차는 운동장의 둘레의 길이인 200 m이므로

$60x-40x=200$

$20x=200$

따라서 $x=10$

024_ 답 10

(처음 땅의 넓이) $=40\times30=1200(\text{m}^2)$

(길의 넓이) $=x\times40+5\times30-5\times x$

$=40x+150-5x$

$=35x+150(\text{m}^2)$

이때 길을 제외한 땅의 넓이가 700 m^2이므로

$1200-(35x+150)=700$

$-35x=-350$

따라서 $x=10$

025_ 답 4

처음 직사각형의 넓이는 $12\times6=72(\text{cm}^2)$

늘어난 직사각형의 넓이는 $(12+3)\times(6+x)(\text{cm}^2)$이므로

$15(6+x)=72+78$

$90+15x=150$

$15x=60$

따라서 $x=4$

026_ 답 ②

줄인 세로의 길이를 x cm라 하면 직사각형의 넓이는

$(9+2)\times(9-x)=99-11x$

이 넓이는 처음 정사각형의 넓이보다 4 cm^2 만큼 작으므로

$99-11x=9\times9-4$

$99-11x=81-4$

$-11x=-22$

$x=2$

따라서 줄인 세로의 길이는 2 cm이다.

027_ 답 ①

$x=-1$, $y=2$를 대입했을 때, 두 식 모두 성립하는 것은

① $\begin{cases}2x+y=0\\x+2y=3\end{cases}$이다.

028_ 답 $x=2$, $y=4$

$\begin{cases}x+2y=10 & \cdots\cdots ㉠\\3x+y=10 & \cdots\cdots ㉡\end{cases}$

㉠

x	2	4	6	8
y	4	3	2	1

㉡

x	1	2	3
y	7	4	1

따라서 주어진 연립방정식의 해는

$x=2$, $y=4$

029_ 답 2

해가 $x=1$, $y=2$이므로 주어진 연립방정식에 대입하면

$2a-2=2$에서 $a=2$

$1+4b=1$에서 $b=0$

따라서 $a+b=2+0=2$

030_ 답 ③

$\begin{cases}2x-y=6 & \cdots\cdots ㉠\\x+2y=3 & \cdots\cdots ㉡\end{cases}$

㉠$\times2+$㉡을 하면

$$\begin{array}{rl} & 4x-2y=12\\ +) & x+2y=3\\ \hline & 5x \quad\ \ =15\end{array}$$

에서 y가 소거된다.

031_ 답 ④

$\begin{cases}3x-2y=14 & \cdots\cdots ㉠\\2x+3y=5 & \cdots\cdots ㉡\end{cases}$

㉠$\times3+$㉡$\times2$를 하면

$$\begin{array}{rl} & 9x-6y=42\\ +) & 4x+6y=10\\ \hline & 13x \quad\ \ =52,\ x=4\end{array}$$

$x=4$를 ㉠에 대입하면

$12-2y=14$

$-2y=2$, $y=-1$

따라서 연립방정식의 해는

$x=4$, $y=-1$

032_ 답 $x=10,\ y=7$

$\begin{cases} 3x-4y=2 & \cdots\cdots ㉠ \\ 2x-3y=-1 & \cdots\cdots ㉡ \end{cases}$

㉠×2−㉡×3을 하면

$$\begin{array}{rr} & 6x-8y=4 \\ -) & 6x-9y=-3 \\ \hline & y=7 \end{array}$$

$y=7$을 ㉠에 대입하면

$3x-28=2,\ 3x=30,\ x=10$

따라서 연립방정식의 해는

$x=10,\ y=7$

033_ 답 ④

x를 소거하기 위하여 ㉠을 x에 관하여 풀면

$x=$ (가) $y+4$ ⋯⋯ ㉢

㉢을 ㉡에 대입하면

$2($(가) $y+4)-3y=5$

$y=$ (나) 3

$y=$ (다) 3을 ㉢에 대입하면 $x=$ (라) 7

따라서 연립방정식의 해는

$x=$ (라) 7, $y=$ (마) 3

034_ 답 (1) $x=2,\ y=0$ (2) $x=2,\ y=-1$

(1) $\begin{cases} 2x-3y=4 & \cdots\cdots ㉠ \\ x=y+2 & \cdots\cdots ㉡ \end{cases}$

에서 ㉡을 ㉠에 대입하면 $2(y+2)-3y=4$

$2y+4-3y=4$

$-y=0,\ y=0$

$y=0$을 ㉡에 대입하면 $x=2$

따라서 주어진 연립방정식의 해는

$x=2,\ y=0$

(2) 연립방정식 $\begin{cases} 3x-y=7 & \cdots\cdots ㉠ \\ y=-2x+3 & \cdots\cdots ㉡ \end{cases}$

에서 ㉡을 ㉠에 대입하면

$3x-(-2x+3)=7$

$5x=10,\ x=2$

$x=2$를 ㉡에 대입하면 $y=-4+3=-1$

따라서 주어진 연립방정식의 해는

$x=2,\ y=-1$

035_ 답 -5

$\begin{cases} \frac{x}{4}+\frac{y}{2}=1 \\ \frac{1}{2}x+\frac{2}{3}y=1 \end{cases}$ 에서 두 일차방정식의 양변에 각각 분모의 최소공배수 4와 6을 곱하고 정리하면

$\begin{cases} x+2y=4 & \cdots\cdots ㉠ \\ 3x+4y=6 & \cdots\cdots ㉡ \end{cases}$

㉠×3−㉡을 하면

$2y=6,\ y=3$

$y=3$을 ㉠에 대입하면

$x+6=4,\ x=-2$

따라서 $a=-2,\ b=3$이므로

$a-b=-2-3=-5$

036_ 답 3

$\begin{cases} 0.2x+0.4y=1 & \cdots\cdots ㉠ \\ 0.5x-\frac{1}{4}y=0 & \cdots\cdots ㉡ \end{cases}$

㉠×10을 하면 $2x+4y=10$ ⋯⋯ ㉢

㉡×4를 하면 $2x-y=0,\ y=2x$ ⋯⋯ ㉣

㉣을 ㉢에 대입하면

$10x=10,\ x=1$

$x=1$을 ㉣에 대입하면 $y=2$

따라서 $a=1,\ b=2$이므로

$a+b=1+2=3$

037_ 답 $x=-1,\ y=-1$

연립방정식의 괄호를 풀어 정리하면

$\begin{cases} -x-2y=3 & \cdots\cdots ㉠ \\ 6x-y=-5 & \cdots\cdots ㉡ \end{cases}$

㉠−㉡×2를 하면 $x=-1$

$x=-1$을 ㉡에 대입하면 $y=-1$

따라서 $x=-1,\ y=-1$

038_ 답 ④

$\begin{cases} \frac{x-y}{2}=1 \\ \frac{x+y}{3}=1 \end{cases}$ 에서 $\begin{cases} x-y=2 & \cdots\cdots ㉠ \\ x+y=3 & \cdots\cdots ㉡ \end{cases}$

㉠+㉡을 하면 $2x=5,\ x=\frac{5}{2}$

$x=\frac{5}{2}$를 ㉡에 대입하면

$\frac{5}{2}+y=3$, $y=\frac{1}{2}$

따라서 순서쌍으로 나타내면 $\left(\frac{5}{2}, \frac{1}{2}\right)$이다.

039_ 답 3

$\begin{cases} x+1=\frac{3x-y}{2} \\ x+1=\frac{6x+2y}{5} \end{cases}$에서 $\begin{cases} 2(x+1)=3x-y \\ 5(x+1)=6x+2y \end{cases}$

정리하면 $\begin{cases} x-y=2 & \cdots\cdots ㉠ \\ x+2y=5 & \cdots\cdots ㉡ \end{cases}$

㉡−㉠을 하면 $3y=3$, $y=1$

$y=1$을 ㉠에 대입하면 $x-1=2$, $x=3$

따라서 $x=3$, $y=1$이므로

$xy=3\times1=3$

040_ 답 3

세 방정식이 공통인 해를 가지면, 그중 두 방정식을 만족하는 해는 나머지 한 방정식의 해이다.

$\begin{cases} x-y=-3 & \cdots\cdots ㉠ \\ 5x-2y=-12 & \cdots\cdots ㉡ \end{cases}$

㉠×2−㉡을 하면

$-3x=6$, $x=-2$

$x=-2$를 ㉠에 대입하면

$-2-y=-3$, $y=1$

$x=-2$, $y=1$은 $2x+ay=-1$의 해이므로 각각을 대입하면

$-4+a=-1$

따라서 $a=3$

041_ 답 ④

개수의 관계에서

$x+y=7$ ⋯⋯ ㉠

가격의 관계에서

$1000x+200y=3000$ ⋯⋯ ㉡

㉠, ㉡을 정리하면

$\begin{cases} x+y=7 \\ 5x+y=15 \end{cases}$

042_ 답 48

십의 자리 숫자를 x, 일의 자리 숫자를 y라 하면

$\begin{cases} y=2x \\ x+y=12 \end{cases}$

연립방정식을 풀면 $x=4$, $y=8$

따라서 구하는 자연수는 48이다.

043_ 답 ③

사과 한 개의 값을 x원, 배 한 개의 값을 y원이라 하면

$\begin{cases} 3x+2y=6300 \\ y=3x \end{cases}$

연립방정식을 풀면 $x=700$, $y=2100$

따라서 사과 한 개의 값은 700원이다.

044_ 답 ④

아버지의 나이를 x살, 어머니의 나이를 y살이라 하면

$\begin{cases} x+y=87 \\ x=y+3 \end{cases}$

연립방정식을 풀면 $x=45$, $y=42$

따라서 어머니의 나이는 42살이다.

045_ 답 14마리

닭의 수를 x, 토끼의 수를 y라 하자.

닭의 다리의 수는 2, 토끼의 다리의 수는 4이므로

연립방정식을 세우면 $\begin{cases} x+y=16 \\ 2x+4y=36 \end{cases}$

연립방정식을 풀면 $x=14$, $y=2$

따라서 닭은 14마리이다.

046_ 답 ③

뛰어간 거리를 x km, 걸어간 거리를 y km라 하면

$\begin{cases} x+y=10 \\ \frac{x}{6}+\frac{y}{3}=2 \end{cases}$

이것을 정리하면 $\begin{cases} x+y=10 \\ x+2y=12 \end{cases}$

연립방정식을 풀면 $x=8$, $y=2$

따라서 뛰어간 거리는 8 km이다.

047_ 답 ③

기차의 길이를 x m, 기차의 속력을 초속 y m라 하면

$$\begin{cases} \dfrac{x+400}{y}=10 \\ \dfrac{x+600}{y}=14 \end{cases}$$

연립방정식을 풀면 $x=100$, $y=50$

따라서 기차의 속력은 초속 50 m이다.

048_ 답 ②

형과 동생이 걸은 시간을 각각 x시간, y시간이라 하면

$$\begin{cases} x=y-\dfrac{1}{2} \\ 4x=3y \end{cases}$$

연립방정식을 풀면 $x=\dfrac{3}{2}$, $y=2$

따라서 형이 집을 떠난 지 $\dfrac{3}{2}$시간, 즉 90분 후에 만난다.

049_ 답 ④

철수와 영희가 1분 동안 걸은 거리를 각각 x m, y m라 하면

$\begin{cases} x : y=300 : 200 \\ 24x+24y=2400 \end{cases}$에서 $\begin{cases} 2x=3y \\ x+y=100 \end{cases}$

연립방정식을 풀면 $x=60$, $y=40$

따라서 1분 동안 걸어간 거리는 철수는 60 m, 영희는 40 m이다.

050_ 답 2

ㄱ. $x^2-x=2$에서 $x^2-x-2=0$이므로 이차방정식이다.

ㄴ. $2x^2+x=2(x^2+x)+1$에서

$2x^2+x=2x^2+2x+1$

$-x-1=0$이므로 일차방정식이다.

ㄷ. $(2x)^2=x(x+1)^2$에서

$4x^2=x^3+2x^2+x$

$-x^3+2x^2-x=0$이므로 이차방정식이 아니다.

ㄹ. $-x^2+2=(x+1)^2$에서

$-x^2+2=x^2+2x+1$

$-2x^2-2x+1=0$이므로 이차방정식이다.

ㅁ. $(x-1)^2=x(x+1)$에서

$x^2-2x+1=x^2+x$

$-3x+1=0$이므로 일차방정식이다.

따라서 이차방정식은 ㄱ, ㄹ의 2개이다.

051_ 답 ①

$3x(ax-2)=1-2x^2$에서

$3ax^2-6x+2x^2-1=0$

$(3a+2)x^2-6x-1=0$

이 식이 이차방정식이 되려면 $3a+2\neq0$이어야 하므로

$a\neq-\dfrac{2}{3}$

052_ 답 ⑤

⑤ 주어진 방정식에 $x=-2$를 대입하면

$(-2+3)\times(-2-2)=-4\neq0$

053_ 답 ②

$6x^2-x-12=0$을 인수분해하면

$(2x-3)(3x+4)=0$

따라서 $x=\dfrac{3}{2}$ 또는 $x=-\dfrac{4}{3}$

054_ 답 10

$x^2-7x-18=0$을 인수분해하면

$(x+2)(x-9)=0$

$x=-2$ 또는 $x=9$

따라서 $-2<n<9$를 만족하는 정수 n은 -1, 0, 1, 2, 3, 4, 5, 6, 7, 8의 10개이다.

055_ 답 ③

$x^2+x-6=0$을 인수분해하면

$(x-2)(x+3)=0$에서 $x=2$ 또는 $x=-3$

$a>b$이므로 $a=2$, $b=-3$

$2x^2-5x-3=0$을 인수분해하면

$(x-3)(2x+1)=0$

따라서 $x=3$ 또는 $x=-\dfrac{1}{2}$

056_ 답 ㄱ, ㄷ, ㅁ, ㅂ

ㄱ. $x^2=0$, $x=0$ (중근)

ㄴ. $x^2=1$, $x=-1$ 또는 $x=1$

ㄷ. $x^2-6x+9=0$, $(x-3)^2=0$, $x=3$ (중근)

ㄹ. $x^2-x=0$, $x(x-1)=0$

$x=0$ 또는 $x=1$

ㅁ. $(x-4)^2=0$, $x=4$ (중근)

ㅂ. $x^2-6x+9=5-2x$

$x^2-4x+4=0$

$(x-2)^2=0$, $x=2$ (중근)

따라서 중근을 갖는 것은 ㄱ, ㄷ, ㅁ, ㅂ이다.

057_ 답 ⑤

$2x^2-12x+k-5=0$에서

양변을 x^2의 계수 2로 나누면

$x^2-6x+\frac{k-5}{2}=0$

이 방정식이 중근을 가지려면

$\frac{k-5}{2}=\left(-\frac{6}{2}\right)^2=9$

따라서 $k=23$

058_ 답 ③

$2(x+1)^2=k(k>0)$에서

$(x+1)^2=\frac{k}{2}$

$x+1=\pm\sqrt{\frac{k}{2}}$, $x=-1\pm\sqrt{\frac{k}{2}}$

따라서 두 근의 합은

$\left(-1+\sqrt{\frac{k}{2}}\right)+\left(-1-\sqrt{\frac{k}{2}}\right)=-2$

059_ 답 ③

① $(x+1)^2=4$이므로

$x+1=\pm2$

따라서 $x=1$ 또는 $x=-3$ (정수)

② $(x+1)^2=2$이므로

$x+1=\pm\sqrt{2}$

따라서 $x=-1\pm\sqrt{2}$ (무리수)

③ $(x+1)^2=\frac{1}{2}$이므로

$x+1=\pm\frac{\sqrt{2}}{2}$

따라서 $x=-1\pm\frac{\sqrt{2}}{2}$ (무리수)

④ $(x+1)^2=0$이므로 $x=-1$ (중근)

⑤ $(x+1)^2=-1<0$이므로 실수인 해는 없다.

060_ 답 ②

$x^2+6x+3=0$에서

$x^2+6x=-3$

$x^2+6x+9=-3+9$

$(x+3)^2=6$

따라서 $p=3$, $q=6$이므로

$p-q=3-6=-3$

061_ 답 ①, ③

$2x^2-8x+1=0$의 양변을 2로 나누면

$x^2-4x+\frac{1}{2}=0$

$x^2-4x=\boxed{-\frac{1}{2}}$

$x^2-4x+\boxed{4}=\boxed{-\frac{1}{2}}+\boxed{4}$

$(x-\boxed{2})^2=\boxed{\frac{7}{2}}$

$x-2=\pm\sqrt{\frac{7}{2}}$

따라서 $x=2\pm\frac{\sqrt{14}}{2}=\boxed{\frac{4\pm\sqrt{14}}{2}}$

062_ 답 ②

$x^2+10x+k=0$에서

$x^2+10x=-k$

$x^2+10x+25=-k+25$

$(x+5)^2=-k+25$

$x+5=\pm\sqrt{-k+25}$

$x=-5\pm\sqrt{-k+25}$에서

$-k+25=13$, $-5=m$

따라서 $k=12$, $m=-5$이므로

$k+m=12+(-5)=7$

063_ 답 $x=3\pm2\sqrt{3}$

이차방정식의 상수항을 우변으로 이항하면 $x^2-6x=3$

양변에 $\left(\frac{-6}{2}\right)^2$을 더하면 $x^2-6x+9=12$

좌변을 정리하면 $(x-3)^2=12$

제곱근을 이용하여 해를 구하면 $x=3\pm2\sqrt{3}$

064_ 답 ②

$3x^2-4x-1=0$에서

$x^2-\frac{4}{3}x-\frac{1}{3}=0$

$x^2-\frac{4}{3}x=\frac{1}{3}$

$x^2-\frac{4}{3}x+\frac{4}{9}=\frac{1}{3}+\frac{4}{9}=\frac{7}{9}$

$\left(x-\frac{2}{3}\right)^2=\frac{7}{9}$

따라서 $a=-\frac{2}{3}$, $b=\frac{7}{9}$이므로

$a+b=\left(-\frac{2}{3}\right)+\frac{7}{9}=\frac{1}{9}$

065_ 답 -3

$4x^2+2x+a=0$에서

$x=\frac{-2\pm\sqrt{2^2-4\times4\times a}}{2\times4}=\frac{-2\pm\sqrt{4-16a}}{8}$

$=\frac{-2\pm2\sqrt{1-4a}}{8}=\frac{-1\pm\sqrt{1-4a}}{4}$

즉, $x=\frac{-1\pm\sqrt{1-4a}}{4}=\frac{-1\pm\sqrt{13}}{4}$이므로

$1-4a=13$

$4a=-12$

따라서 $a=-3$

066_ 답 20

$x^2-bx-2=0$에서

$x=\frac{b\pm\sqrt{b^2+8}}{2}=\frac{-3\pm\sqrt{a}}{2}$

에서 $b=-3$, $b^2+8=a$

이므로 $a=9+8=17$

따라서 $a-b=17-(-3)=20$

067_ 답 ⑤

⑤ $4x^2-3x-2=0$에서

$x=\frac{-(-3)\pm\sqrt{(-3)^2-4\times4\times(-2)}}{2\times4}$

$=\frac{3\pm\sqrt{9+32}}{8}=\frac{3\pm\sqrt{41}}{8}$

068_ 답 ④

주어진 식의 양변에 10을 곱하여 정리하면

$5x^2-4x-4=0$

근의 공식을 이용하면

$x=\frac{-(-4)\pm\sqrt{(-4)^2-4\times5\times(-4)}}{2\times5}=\frac{4\pm\sqrt{96}}{10}$

$=\frac{4\pm4\sqrt{6}}{10}=\frac{2\pm2\sqrt{6}}{5}$

따라서 $A=2$, $B=6$이므로

$A+B=2+6=8$

069_ 답 $x=-2\pm3\sqrt{2}$

주어진 식의 양변에 6을 곱하면

$2(x-1)^2=3(x+2)(x-2)$

$2x^2-4x+2=3x^2-12$

$x^2+4x-14=0$

따라서 근의 공식을 이용하면

$x=\frac{-4\pm\sqrt{4^2-4\times1\times(-14)}}{2}=\frac{-4\pm6\sqrt{2}}{2}=-2\pm3\sqrt{2}$

070_ 답 $x=-\frac{8}{5}$ 또는 $x=2$

주어진 식의 양변에 15를 곱하면

$x-3(x+2)=5(2-x^2)$

$5x^2-2x-16=0$

$(5x+8)(x-2)=0$

따라서 $x=-\frac{8}{5}$ 또는 $x=2$

071_ 답 3

$2x^2-6x+7=(x-1)^2$에서

$2x^2-6x+7=x^2-2x+1$

$x^2-4x+6=0$

근의 공식을 이용하면

$x=\frac{-(-4)\pm\sqrt{(-4)^2-4\times1\times6}}{2}$

$=\frac{4\pm\sqrt{16-24}}{2}=\frac{4\pm2\sqrt{2}i}{2}$

$=2\pm\sqrt{2}i=\frac{2\pm\sqrt{A}i}{B}$

따라서 $A=2$, $B=1$이므로

$A+B=2+1=3$

072_ 답 ②

$|x|^2=x^2$이므로

$5|x|^2-6|x|+1=0$

$(5|x|-1)(|x|-1)=0$

$|x|=\frac{1}{5}$ 또는 $|x|=1$

따라서 $x=\pm\frac{1}{5}$ 또는 $x=\pm1$

073_ 답 ①

$x^2+5x+2a=0$에서 근의 공식을 이용하면

$x=\frac{-5\pm\sqrt{5^2-4\times1\times2a}}{2}=\frac{-5\pm\sqrt{25-8a}}{2}$

이 해가 허근이므로 $\sqrt{\ }$ 안의 값이 음수이어야 한다.

즉, $25-8a<0$에서 $a>\frac{25}{8}$

따라서 a가 될 수 있는 정수는 4 이상인 자연수이다.

074_ 답 ③

$x^2+2x+3k-1=0$이 서로 다른 두 실근을 가지므로

$D=2^2-4(3k-1)=4-12k+4=-12k+8>0$

따라서 $k<\frac{2}{3}$

075_ 답 3

이차방정식 $x^2+(k+2)x+2k+9=0$이 중근을 가지므로

$D=(k+2)^2-4(2k+9)=0$

$k^2-4k-32=0$, $(k-8)(k+4)=0$

$k>0$이므로 $k=8$

$k=8$을 이차방정식에 대입하면

$x^2+10x+25=0$

$(x+5)^2=0$, $x=-5$ (중근)

따라서 $k=8$, $a=-5$이므로 $k+a=8+(-5)=3$

076_ 답 ⑤

각 이차방정식의 판별식을 구하면 다음과 같다.

① $D=(-4)^2-4\times1\times1=12>0$

② $D=(-4)^2-4\times1\times2=8>0$

③ $D=(-4)^2-4\times1\times3=4>0$

④ $D=(-4)^2-4\times1\times4=0$

⑤ $D=(-4)^2-4\times1\times5=-4<0$

따라서 ①, ②, ③은 서로 다른 두 실근, ④는 중근, ⑤는 서로 다른 두 허근을 갖는다.

077_ 답 $\alpha+\beta=5$, $\alpha\beta=4$

$x^2-5x+4=0$의 두 근을 α, β이므로 근과 계수의 관계에 의해

$\alpha+\beta=-\frac{-5}{1}=5$, $\alpha\beta=\frac{4}{1}=4$

078_ 답 $\frac{25}{4}$

$2x^2-7x+3=0$의 두 근을 α, β이므로 근과 계수의 관계에 의해

$\alpha+\beta=-\frac{-7}{2}=\frac{7}{2}$, $\alpha\beta=\frac{3}{2}$

따라서

$(\alpha-\beta)^2=\alpha^2-2\alpha\beta+\beta^2$

$=\alpha^2+2\alpha\beta+\beta^2-4\alpha\beta$

$=(\alpha+\beta)^2-4\alpha\beta$

$=\left(\frac{7}{2}\right)^2-4\times\frac{3}{2}$

$=\frac{49}{4}-6=\frac{25}{4}$

079_ 답 ④

$2x^2-4x-1=0$의 두 근이 α, β이므로

근과 계수의 관계에 의해

$\alpha+\beta=2$, $\alpha\beta=-\frac{1}{2}$

따라서

$\alpha^3+\beta^3=(\alpha+\beta)^3-3\alpha\beta(\alpha+\beta)$

$=2^3-3\times\left(-\frac{1}{2}\right)\times2$

$=8+3=11$

080_ 답 6

$x^2-(a+6)x+a=0$의 두 근이 α, β이므로

근과 계수의 관계에 의해

$\alpha+\beta=a+6$, $\alpha\beta=a$

조건에서 $\frac{1}{\alpha}+\frac{1}{\beta}=\frac{\alpha+\beta}{\alpha\beta}=\frac{a+6}{a}$

$\frac{a+6}{a}=2$에서 $a+6=2a$

따라서 $a=6$

081_ 답 ③

$x^2+3x+4=0$의 두 근이 α, β이므로
근과 계수의 관계에 의해
$\alpha+\beta=-3$, $\alpha\beta=4$
$x^2+px-12=0$의 두 근이 $\alpha+\beta$, $\alpha\beta$이므로
근과 계수의 관계에 의해
$(\alpha+\beta)+\alpha\beta=-p$, $-3+4=-p$
따라서 $p=-1$

082_ 답 ②

$2x^2-x+b=0$의 두 근이 a, 1이므로 근과 계수의 관계에 의해
$a+1=\frac{1}{2}$, $a\times1=\frac{b}{2}$
에서 $a=-\frac{1}{2}$, $b=-1$
이때 $ax^2+bx+1=0$에서
$-\frac{1}{2}x^2-x+1=0$
$x^2+2x-2=0$
이 방정식의 두 근이 α, β이므로 근과 계수의 관계에 의해
$\alpha+\beta=-2$, $\alpha\beta=-2$
따라서
$$\alpha^2+\beta^2=(\alpha+\beta)^2-2\alpha\beta$$
$$=(-2)^2-2\times(-2)=8$$

083_ 답 ②

두 근이 -1, 4이고 이차항의 계수가 1인 이차방정식은
$(x+1)(x-4)=0$
따라서 $x^2-3x-4=0$

084_ 답 ③

$x^2+3x-2=0$의 두 근이 α, β이므로
근과 계수의 관계에 의해
$\alpha+\beta=-3$, $\alpha\beta=-2$
또, $\alpha+\beta$, $\alpha\beta$를 두 근으로 하고 이차항의 계수가 1인 이차방정식은
$(x+3)(x+2)=0$
$x^2+5x+6=0$

085_ 답 ④

$x^2-2x-2=0$의 두 근이 α, β이므로 근과 계수의 관계에 의해
$\alpha+\beta=2$, $\alpha\beta=-2$
$\frac{\alpha}{\beta}$, $\frac{\beta}{\alpha}$를 두 근으로 하고 x^2의 계수가 1인 이차방정식에서
$$(\text{두 근의 합})=\frac{\alpha}{\beta}+\frac{\beta}{\alpha}=\frac{\alpha^2+\beta^2}{\alpha\beta}$$
$$=\frac{(\alpha+\beta)^2-2\alpha\beta}{\alpha\beta}$$
$$=\frac{2^2-2\times(-2)}{-2}=-4$$
$$(\text{두 근의 곱})=\frac{\alpha}{\beta}\times\frac{\beta}{\alpha}=1$$
이므로 $x^2+4x+1=0$
따라서 $a=4$, $b=1$이므로
$ab=4\times1=4$

086_ 답 ②

근과 계수의 관계에 의해
$-2+3=-a$에서 $a=-1$
$(-2)\times3=b$에서 $b=-6$
a, b를 두 근으로 하고, x^2의 계수가 1인 이차방정식은
$(x+1)(x+6)=0$
따라서 $x^2+7x+6=0$

087_ 답 ③

$x^2+(p-2)x+2=0$의 두 근이 α, β이므로 근과 계수의 관계에 의해 $\alpha\beta=2$
$\alpha^2+(p-2)\alpha+2=0$에서 $\alpha^2+p\alpha+2=2\alpha$
$\beta^2+(p-2)\beta+2=0$에서 $\beta^2+p\beta+2=2\beta$
따라서
$$(2+p\alpha+\alpha^2)(2+p\beta+\beta^2)=2\alpha\times2\beta=4\alpha\beta$$
$$=4\times2=8$$

088_ 답 ③

a, b가 실수이므로 이차방정식 $x^2+ax+b=0$의 한 근이 $2+2i$이면 다른 한 근은 $2-2i$이다.
근과 계수의 관계에 의해
$(2+2i)+(2-2i)=-a$에서 $a=-4$
$(2+2i)(2-2i)=b$에서 $b=8$
이므로 $a+b=(-4)+8=4$

089_ 답 ③

a, b가 유리수이므로 이차방정식 $x^2+ax+b=0$의 한 근이 $2+\sqrt{3}$이면 다른 한 근은 $2-\sqrt{3}$이다.
근과 계수의 관계에 의해
$(2+\sqrt{3})+(2-\sqrt{3})=-a$에서 $a=-4$
$(2+\sqrt{3})(2-\sqrt{3})=b$에서 $b=1$
따라서 $a+b=(-4)+1=-3$

090_ 답 ③

a, b가 실수이므로 이차방정식 $x^2+ax+b=0$의 한 근이 $p-qi$이면 다른 한 근은 $p+qi$이다.
근과 계수의 관계에 의해
$2p=-a$, $p^2+q^2=b$ ...... ㉠
이차방정식 $x^2+bx+a=0$의 판별식을 구하면 ㉠에 의해
$D=b^2-4a=(p^2+q^2)^2+8p$
따라서 $p>0$이면 $D>0$이므로 이차방정식 $x^2+bx+a=0$은 서로 다른 두 실근을 갖는다.

091_ 답 ④

a, b가 유리수이므로 이차방정식 $x^2-ax+b=0$의 한 근이 $3+2\sqrt{2}$이면 다른 한 근은 $3-2\sqrt{2}$이다.
근과 계수의 관계에 의해
$(3+2\sqrt{2})+(3-2\sqrt{2})=a$
$(3+2\sqrt{2})(3-2\sqrt{2})=b$
따라서 $a=6$, $b=1$이므로
$ab=6\times1=6$

092_ 답 ⑤

$\dfrac{2i}{1-i}=\dfrac{2i(1+i)}{(1-i)(1+i)}=\dfrac{-2+2i}{1+1}=-1+i$
이차항의 계수가 1이고 두 근이 $-1+i$, $-1-i$인 이차방정식에서 근과 계수의 관계에 의해
$(-1-i)+(-1+i)=-a$
$(-1-i)(-1+i)=b$
따라서 $a=2$, $b=2$이므로
$a+b=2+2=4$

093_ 답 ①

이차방정식 $2x^2-4x-a+5=0$의 두 근이 모두 양수가 되려면
$D=(-4)^2-4\times2\times(-a+5)$
$=16+8a-40$
$=8a-24\geq0$
에서 $a\geq3$ ...... ㉠
(두 근의 합)$=2>0$ ...... ㉡
(두 근의 곱)$=\dfrac{-a+5}{2}>0$에서
$a<5$ ...... ㉢
㉠, ㉡, ㉢에서 $3\leq a<5$
따라서 정수 a의 값은 3, 4이고 그 합은 7이다.

094_ 답 ②

이차방정식 $x^2+4x+a-1=0$의 두 근이 모두 음수가 되려면
$D=4^2-4(a-1)$
$=16-4a+4\geq0$
에서 $a\leq5$ ...... ㉠
(두 근의 합)$=-4<0$ ...... ㉡
(두 근의 곱)$=a-1>0$에서 $a>1$ ...... ㉢
따라서 ㉠, ㉡, ㉢에서 $1<a\leq5$

095_ 답 ②

이차방정식의 두 근이 서로 다른 부호를 가지려면
(두 근의 곱)$=\dfrac{k-1}{2}<0$이어야 한다.
따라서 $k<1$

096_ 답 ③

이차방정식 $x^2+(a^2-a-2)x+a=0$의 두 실근이 절댓값이 같고 부호가 서로 다르므로
(두 근의 합)$=-(a^2-a-2)$
$=-(a+1)(a-2)=0$
에서 $a=-1$ 또는 $a=2$ ...... ㉠
(두 근의 곱)$=a<0$ ...... ㉡
㉠, ㉡에서 $a=-1$

097_ 답 ②

이차방정식 $x^2+3ax+a-3=0$의 두 실근을 α, β라 하면 조건

에 의해 $\alpha\beta<0$이고, 음의 근의 절댓값이 양의 근보다 크므로

$\alpha+\beta<0$

(i) $\alpha+\beta=-3a<0$에서 $a>0$

(ii) $\alpha\beta=a-3<0$에서 $a<3$

(i), (ii)에서 $0<a<3$

따라서 정수 a는 1, 2의 2개이다.

098_ 답 ②

$x^3+2x^2-x-2=0$을 조립제법을 이용하여 인수분해를 하면

1	1	2	−1	−2
		1	3	2
	1	3	2	0

$(x-1)(x^2+3x+2)=0$

$(x-1)(x+1)(x+2)=0$

따라서 $x=-2$ 또는 $x=-1$ 또는 $x=1$

099_ 답 ②

$f(x)=x^4-4x^2+12x-9$라 하면

$f(1)=0$, $f(-3)=0$이므로 $f(x)$는 $x-1$, $x+3$을 인수로 갖는다.

조립제법을 이용하여 인수분해를 하면

1	1	0	−4	12	−9
		1	1	−3	9
−3	1	1	−3	9	0
		−3	6	−9	
	1	−2	3	0	

$f(x)=(x-1)(x+3)(x^2-2x+3)$이므로

주어진 방정식은 $(x-1)(x+3)(x^2-2x+3)=0$

따라서 $x=1$ 또는 $x=-3$ 또는 $x=1\pm\sqrt{2}i$

100_ 답 $a=1$, $b=-1$

$x^3-x^2-x+1=0$에서

$x^2(x-1)-(x-1)=0$

$(x-1)(x^2-1)=0$

$(x-1)^2(x+1)=0$

$x=1$ (중근) 또는 $x=-1$

따라서 $a=1$, $b=-1$

101_ 답 ④

삼차방정식 $x^3+x^2-2x-2=0$을 조립제법을 이용하여 인수분해를 하면

−1	1	1	−2	−2
		−1	0	2
	1	0	−2	0

$(x+1)(x^2-2)=0$

$(x+1)(x-\sqrt{2})(x+\sqrt{2})=0$

따라서 $x=-1$ 또는 $x=\pm\sqrt{2}$이므로 모든 실근의 합은 -1이다.

102_ 답 ⑤

$x^4-6x^2+5=0$에서 $x^2=X$라 하면

$X^2-6X+5=0$

$(X-1)(X-5)=0$

$X=1$ 또는 $X=5$

$x^2=1$ 또는 $x^2=5$

$x=\pm1$ 또는 $x=\pm\sqrt{5}$

따라서 양수인 모든 근의 합은 $1+\sqrt{5}$이다.

103_ 답 ③

나머지 한 근을 α라 하면 삼차방정식의 근과 계수의 관계에 의해

(세 근의 합)$=-1+2+\alpha=-2$

에서 $\alpha=-3$

또 $(-1)\times2+2\times(-3)+(-3)\times(-1)=a$,

$(-1)\times2\times(-3)=-b$이므로

나머지 한 근은 -3이고 $a=-5$, $b=-6$이다.

따라서 구하는 합은

$-3+(-5)+(-6)=-14$

104_ 답 ①

a, b가 실수이므로 $1+\sqrt{2}i$가 주어진 방정식의 한 근이면 $1-\sqrt{2}i$도 근이다. 나머지 한 근을 α라 하면 삼차방정식의 근과 계수의 관계에 의해

$(1+\sqrt{2}i)(1-\sqrt{2}i)\alpha=3$

$(1+2)\alpha=3$, $\alpha=1$

세 근이 $1+\sqrt{2}i$, $1-\sqrt{2}i$, 1이므로

$(1+\sqrt{2}i)+(1-\sqrt{2}i)+1=-a$

$(1+\sqrt{2}i)(1-\sqrt{2}i)+(1+\sqrt{2}i)+(1-\sqrt{2}i)=b$

따라서 $a=-3$, $b=5$이므로

$ab=(-3)\times 5=-15$

105_ 답 $a=4$, $b=4$, 나머지 두 근 : $-2i$, -1

a, b가 실수이므로 주어진 방정식의 한 근이 $2i$이면 다른 한 근은 $-2i$이다.

나머지 한 근을 α라 할 때

$2i+(-2i)+\alpha=-1$에서 $\alpha=-1$

$a=2i\times(-2i)+(-2i)\times(-1)+(-1)\times 2i=4$

$b=-\{2i\times(-2i)\times(-1)\}=4$

따라서 나머지 두 근은 $-2i$, -1이다.

106_ 답 ②

$x^3=1$에서 $x^3-1=0$

$(x-1)(x^2+x+1)=0$

ω가 주어진 방정식의 허근이므로 ω는 이차방정식 $x^2+x+1=0$의 한 근이다.

따라서 $\omega^2+\omega+1=0$이고, $\omega^3=1$이므로

$$\begin{aligned}\omega^{10}+\omega^5+1&=(\omega^3)^3\times\omega+\omega^3\times\omega^2+1\\&=\omega+\omega^2+1\\&=\omega^2+\omega+1=0\end{aligned}$$

107_ 답 ③

$x^3=1$에서 $x^3-1=0$

$(x-1)(x^2+x+1)=0$

한 허근이 ω이므로 $\omega^3=1$, $\overline{\omega}^3=1$

또 ω와 $\overline{\omega}$는 $x^2+x+1=0$의 두 근이므로

$\omega+\overline{\omega}=-1$, $\omega\overline{\omega}=1$

따라서

$$\begin{aligned}(2-\omega^4)(2-\overline{\omega}^4)&=(2-\omega^3\times\omega)(2-\overline{\omega}^3\times\overline{\omega})\\&=(2-\omega)(2-\overline{\omega})\\&=4-2(\omega+\overline{\omega})+\omega\overline{\omega}\\&=4+2+1=7\end{aligned}$$

108_ 답 ②

$\omega^3=1$, $\omega^2+\omega+1=0$이므로

$\omega^{15}=(\omega^3)^5=1$

$\omega^{20}=(\omega^3)^6\times\omega^2=\omega^2$

따라서 $\omega^{20}+\dfrac{1}{\omega^{15}}=\omega^2+1=-\omega$

109_ 답 ①

$$\begin{cases}2x+y+z=1 & \cdots\cdots ㉠\\ x+y+2z=5 & \cdots\cdots ㉡\\ 2x+3y+3z=11 & \cdots\cdots ㉢\end{cases}$$

㉡×2−㉠을 하면

$y+3z=9$ ······ ㉣

㉢−㉠을 하면

$2y+2z=10$ ······ ㉤

㉣과 ㉤을 연립하여 풀면 $y=3$, $z=2$

$y=3$, $z=2$를 ㉠에 대입하면 $x=-2$

따라서 $a=-2$, $b=3$, $c=2$이므로

$abc=(-2)\times 3\times 2=-12$

110_ 답 ④

$$\begin{cases}x+y+z=1 & \cdots\cdots ㉠\\ x+2y-5z=3 & \cdots\cdots ㉡\\ ax+3y-4z=-2 & \cdots\cdots ㉢\end{cases}$$

㉠×5+㉡을 하면

$6x+7y=8$ ······ ㉣

㉠×4+㉢을 하면

$(a+4)x+7y=2$ ······ ㉤

따라서 ㉣, ㉤의 해가 없으려면

$\dfrac{a+4}{6}=\dfrac{7}{7}\neq\dfrac{2}{8}$

$a+4=6$

따라서 $a=2$

111_ 답 해가 무수히 많다.

$$\begin{cases}x+2y-3z=4 & \cdots\cdots ㉠\\ x+y+z=3 & \cdots\cdots ㉡\\ x-2y+13z=0 & \cdots\cdots ㉢\end{cases}$$

㉠－㉡을 하면 $y-4z=1$

㉡－㉢을 하면 $3y-12z=3$, 즉 $y-4z=1$

이므로 이 두 방정식은 같은 방정식이다.

따라서 주어진 연립방정식의 해는 무수히 많다.

112_ 답 1

$$\begin{cases} x+y=-1 & \cdots\cdots ㉠ \\ y+z=8 & \cdots\cdots ㉡ \\ z+x=3 & \cdots\cdots ㉢ \end{cases}$$

㉠＋㉡＋㉢을 하면

$2(x+y+z)=10$

$x+y+z=5$ $\cdots\cdots$ ㉣

㉠을 ㉣에 대입하면 $z=6$

㉡을 ㉣에 대입하면 $x=-3$

㉢을 ㉣에 대입하면 $y=2$

따라서 $a=-3$, $b=2$, $c=6$이므로

$a-b+c=(-3)-2+6=1$

113_ 답 0

$$\begin{cases} x+2y=-1 & \cdots\cdots ㉠ \\ 2y+3z=4 & \cdots\cdots ㉡ \\ 3z+x=7 & \cdots\cdots ㉢ \end{cases}$$

㉠, ㉡, ㉢을 모두 변끼리 더하면

$2(x+2y+3z)=10$

$x+2y+3z=5$ $\cdots\cdots$ ㉣

㉣－㉠을 하면 $3z=6$, $z=2$

㉣－㉡을 하면 $x=1$

㉣－㉢을 하면 $2y=-2$, $y=-1$

따라서 $a=1$, $b=-1$, $c=2$이므로

$a-b-c=1-(-1)-2=0$

114_ 답 $x=2$, $y=3$, $z=1$

주어진 식에서

$$\begin{cases} 3x+2z=8 & \cdots\cdots ㉠ \\ 3y+z=10 & \cdots\cdots ㉡ \\ 5x+y-z=12 & \cdots\cdots ㉢ \end{cases}$$

㉠에서 $3x=8-2z$ $\cdots\cdots$ ㉣

㉡에서 $3y=10-z$ $\cdots\cdots$ ㉤

㉢×3을 하면

$15x+3y-3z=36$

㉣, ㉤을 위의 식에 대입하면

$5(8-2z)+(10-z)-3z=36$

$-14z+50=36$, $z=1$

$z=1$을 ㉣에 대입하면 $x=2$

$z=1$을 ㉤에 대입하면 $y=3$

따라서 $x=2$, $y=3$, $z=1$

115_ 답 $\begin{cases} x=4 \\ y=-2 \end{cases}$ 또는 $\begin{cases} x=-4 \\ y=2 \end{cases}$

$$\begin{cases} x+2y=0 & \cdots\cdots ㉠ \\ x^2-3y^2=4 & \cdots\cdots ㉡ \end{cases}$$

㉠에서 $x=-2y$를 ㉡에 대입하면

$y^2=4$, $y=\pm 2$

$y=-2$일 때, $x=4$

$y=2$일 때, $x=-4$

따라서 $\begin{cases} x=4 \\ y=-2 \end{cases}$ 또는 $\begin{cases} x=-4 \\ y=2 \end{cases}$

116_ 답 -3 또는 3

x, y는 이차방정식 $t^2-(x+y)t+xy=0$의 두 근이고,

$x+y=1$, $xy=-2$이므로 x, y는 $t^2-t-2=0$의 두 근이다.

$(t+1)(t-2)=0$

$t=-1$ 또는 $t=2$

$\begin{cases} x=-1 \\ y=2 \end{cases}$ 또는 $\begin{cases} x=2 \\ y=-1 \end{cases}$

따라서 $x-y$의 값은 -3 또는 3이다.

117_ 답 -1

$$\begin{cases} x^2-xy-2y^2=0 & \cdots\cdots ㉠ \\ x^2-5y^2+4=0 & \cdots\cdots ㉡ \end{cases}$$

㉠을 인수분해하면

$(x+y)(x-2y)=0$

$x=-y$ 또는 $x=2y$

(i) $x=-y$를 ㉡에 대입하여 정리하면

$y^2-5y^2+4=0$

$-4y^2=-4$

$y^2=1$, $y=\pm1$

$y=1$일 때, $x=-1$

$y=-1$일 때, $x=1$

(ii) $x=2y$를 ㉡에 대입하여 정리하면

$4y^2-5y^2+4=0$

$-y^2=-4$

$y^2=4$, $y=\pm2$

$y=2$일 때, $x=4$

$y=-2$일 때, $x=-4$

따라서 (i), (ii)에서

$\begin{cases} x=1 \\ y=-1 \end{cases}$ 또는 $\begin{cases} x=-1 \\ y=1 \end{cases}$ 또는 $\begin{cases} x=4 \\ y=2 \end{cases}$ 또는 $\begin{cases} x=-4 \\ y=-2 \end{cases}$

따라서 xy의 최솟값은 -1이다.

118_ 답 4

$xy-x-3y=2$에서

$x(y-1)-3(y-1)=2+3$

$(x-3)(y-1)=5$

$1\times5=5$에서

$x-3=1$, $y-1=5$이므로

$(x, y)=(4, 6)$

$5\times1=5$에서

$x-3=5$, $y-1=1$이므로

$(x, y)=(8, 2)$

$(-1)\times(-5)=5$에서

$x-3=-1$, $y-1=-5$이므로

$(x, y)=(2, -4)$

$(-5)\times(-1)=5$에서

$x-3=-5$, $y-1=-1$이므로

$(x, y)=(-2, 0)$

따라서 주어진 방정식을 만족하는 정수 x, y의 순서쌍 (x, y)는 4개이다.

119_ 답 0

$xy+2x+2y+3=0$에서

$(x+2)(y+2)=1$

x, y가 정수이므로

$x+2$	1	-1
$y+2$	1	-1

이때 x, y의 값은

x	-1	-3
y	-1	-3

따라서 $x-y=0$

120_ 답 -2

$x^2+y^2-4x+2y+5=0$에서

$x^2-4x+4+y^2+2y+1=0$

$(x-2)^2+(y+1)^2=0$

$x-2=0$이고 $y+1=0$

따라서 $x=2$, $y=-1$이므로

$xy=2\times(-1)=-2$

본문 90~99쪽

THEME 04
부등식

001_ 답 ③

①, ⑤ 등식
②, ④ 다항식

002_ 답 ⑤

⑤ 등식

003_ 답 3개

부등호가 있는 식은 ㄴ, ㅁ, ㅂ의 3개이다.
ㄱ은 일차식, ㄷ, ㄹ은 등호가 있으므로 등식이다.

004_ 답 ④

'크지 않다.'의 뜻은 '작거나 같다.'이므로
④ $3x-2\le5x$

005_ 답 (1) $5x>10000$ (2) $x+10\ge2x$
(3) $500x+700\ge4500$

006_ 답 ㄴ, ㄷ

ㄱ. $x=-1$일 때, $-1+3\ge4$, $2\ge4$ (거짓)
ㄴ. $x=-1$일 때, $3\times(-1)+2\le3$, $-1\le3$ (참)
ㄷ. $x=-1$일 때, $-2\times(-1)\ge1-(-1)$, $2\ge2$ (참)
ㄹ. $x=-1$일 때, $-1-5<-6$, $-6<-6$ (거짓)
따라서 $x=-1$일 때 참이 되는 부등식은 ㄴ, ㄷ이다.

007_ 답 ⑤

$4x-4\le-3$에
① $x=-2$를 대입하면 $4\times(-2)-4=-12\le-3$ (참)
② $x=-1$을 대입하면 $4\times(-1)-4=-8\le-3$ (참)
③ $x=0$을 대입하면 $4\times0-4=-4\le-3$ (참)
④ $x=\frac{1}{4}$을 대입하면 $4\times\frac{1}{4}-4=-3\le-3$ (참)
⑤ $x=1$을 대입하면 $4\times1-4=0\le-3$ (거짓)
따라서 부등식 $4x-4\le-3$의 해가 아닌 것은 ⑤이다.

008_ 답 ⑤

각각의 부등식에 [ ] 안의 수를 대입하면
① $1+3>1$ (참)
② $-3\times2\ge-6$ (참)
③ $-1-1<-1$ (참)
④ $4\times(-2)+3\le-3$ (참)
⑤ $\frac{3}{3}<-1$ (거짓)

009_ 답 (1) > (2) < (3) > (4) <

$a>b$에서
(1) $2a>2b$이므로 $2a+3>2b+3$
(2) $-3a<-3b$이므로 $-3a+4<-3b+4$
(3) $\frac{a}{4}>\frac{b}{4}$이므로 $\frac{a}{4}-3>\frac{b}{4}-3$
(4) $-a<-b$이므로 $2-a<2-b$, $\frac{2-a}{3}<\frac{2-b}{3}$

010_ 답 (1) < (2) ≥ (3) ≥ (4) <

(1) $a-3<b-3$에서 $a-3+3<b-3+3$, 즉 $a<b$
(2) $-2a\le-2b$에서 $\frac{-2a}{-2}\ge\frac{-2b}{-2}$, 즉 $a\ge b$
(3) $\frac{a}{7}\ge\frac{b}{7}$에서 $\frac{a}{7}\times7\ge\frac{b}{7}\times7$, 즉 $a\ge b$
(4) $4-\frac{5}{6}a>4-\frac{5}{6}b$에서 $4-\frac{5}{6}a-4>4-\frac{5}{6}b-4$
$-\frac{5}{6}a>-\frac{5}{6}b$, $-\frac{5}{6}a\times\left(-\frac{6}{5}\right)<-\frac{5}{6}b\times\left(-\frac{6}{5}\right)$
즉, $a<b$

011_ 답 ③

① $a<b$의 양변을 2로 나누면 $\frac{a}{2}<\frac{b}{2}$
② $a<b$의 양변에서 5를 빼면 $a-5<b-5$
③ $a<b$의 양변에 2를 곱하면 $2a<2b$
$2a<2b$의 양변에 1을 더하면 $2a+1<2b+1$
④ $a<b$의 양변에 -3을 곱하면 $-3a>-3b$
$-3a>-3b$의 양변에서 1을 빼면 $-3a-1>-3b-1$
⑤ $a<b$의 양변을 -2로 나누면 $-\frac{a}{2}>-\frac{b}{2}$
$-\frac{a}{2}>-\frac{b}{2}$의 양변에 5를 더하면 $-\frac{a}{2}+5>-\frac{b}{2}+5$

012_ 답 풀이 참조

(1)

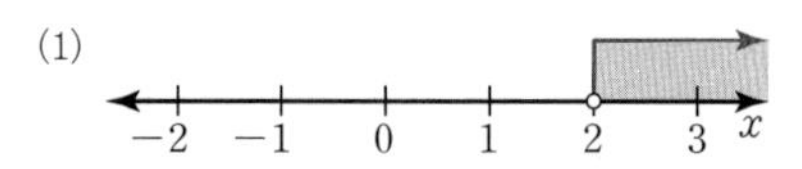

(2)

(3)

(4)

013_ 답 (1) $x>1$ (2) $x<2$ (3) $x\leq3$ (4) $x\geq-5$

014_ 답 ④

$-8-2x>2x+4$에서 $-2x-2x>4+8$

$-4x>12$, $x<-3$

015_ 답 ②

① $\frac{x}{4}>-1$에서 $x>-4$

② $-2x>-8$에서 $x<4$

③ $x+4>0$에서 $x>-4$

④ $3x>-12$에서 $x>-4$

⑤ $5x+20>0$에서 $5x>-20$, $x>-4$

016_ 답 ⑤

① $x-5\leq1$에서 $x\leq6$

② $-3x-4\leq8$에서 $-3x\leq12$, $x\geq-4$

③ $3x\geq-12$에서 $x\geq-4$

④ $2x-11\leq-3$에서 $2x\leq8$, $x\leq4$

⑤ $2-4x\geq18$에서 $-4x\geq16$, $x\leq-4$

017_ 답 ④

$4(x-3)+8\leq1-x$에서

$4x-12+8\leq1-x$

$5x\leq5$

따라서 $x\leq1$

018_ 답 ②

$1-(4+8x)\geq-2(x-1)+7$에서

$1-4-8x\geq-2x+2+7$

$-3-8x\geq-2x+9$

$-8x+2x\geq9+3$

$-6x\geq12$, $x\leq-2$

따라서 해를 수직선 위에 나타내면 다음 그림과 같다.

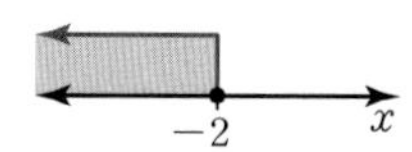

019_ 답 ⑤

$\frac{3}{4}x-\frac{1}{2}<\frac{2}{3}x$의 양변에 분모의 최소공배수 12를 곱하면

$9x-6<8x$, $9x-8x<6$

따라서 $x<6$

020_ 답 $x\geq-\frac{1}{2}$

$1.1x-0.7\geq0.5x-1$의 양변에 10을 곱하면

$11x-7\geq5x-10$

$11x-5x\geq-10+7$

$6x\geq-3$

따라서 $x\geq-\frac{1}{2}$

021_ 답 -8

$\frac{3}{5}x-0.3\geq0.7x+\frac{1}{2}$의 양변에 10을 곱하면

$6x-3\geq7x+5$

$6x-7x\geq5+3$

$-x\geq8$, $x\leq-8$

따라서 $a=-8$

022_ 답 ③

$\frac{x}{2}-0.4(x-1)<1$의 양변에 10을 곱하면

$5x-4(x-1)<10$

$5x-4x+4<10$

$x+4<10$, $x<6$

따라서 부등식을 만족하는 자연수 x는 1, 2, 3, 4, 5의 5개이다.

023_ 답 ①, ④

① $2x+4\leq x+1$에서 $x\leq -3$

② $3(x+1)\leq 2x-2$에서

$3x+3\leq 2x-2$

$x\leq -5$

③ $0.4x+0.6\geq 0.1x-0.3$의 양변에 10을 곱하면

$4x+6\geq x-3$

$3x\geq -9$

$x\geq -3$

④ $0.5x-0.6\geq x+0.9$의 양변에 10을 곱하면

$5x-6\geq 10x+9$

$-5x\geq 15$

$x\leq -3$

⑤ $-\frac{1}{2}x\geq \frac{1}{4}x+\frac{3}{2}$의 양변에 분모의 최소공배수 4를 곱하면

$-2x\geq x+6$

$-3x\geq 6$

$x\leq -2$

024_ 답 ②

어떤 정수를 x라 하면

$3x-2\geq 22$

$3x\geq 24$, $x\geq 8$

따라서 구하는 가장 작은 정수는 8이다.

025_ 답 15

연속하는 세 자연수를 x, $x+1$, $x+2$라 하면

$x+(x+1)+(x+2)>45$

$3x+3>45$, $3x>42$

$x>14$

따라서 합이 가장 작은 경우에 세 자연수 중 가장 작은 자연수는 15이다.

026_ 답 20 cm

삼각형의 높이를 x cm라 하면

$\frac{1}{2}\times 8\times x\geq 80$

$4x\geq 80$, $x\geq 20$

따라서 삼각형의 높이는 20 cm 이상이다.

027_ 답 ③

빵을 x개 산다고 하면 음료수는 $(10-x)$개 살 수 있으므로

$1500x+1200(10-x)\leq 15000$

$1500x+12000-1200x\leq 15000$

$300x\leq 3000$

$x\leq 10$

따라서 빵은 최대 10개까지 살 수 있다.

028_ 답 13명

x명이 입장한다고 하면

(x명의 입장료)>(15명의 단체 입장료)이므로

$1500x>1200\times 15$

$1500x>18000$

$x>12$

따라서 15명 미만인 단체는 13명 이상일 때 15명의 단체 입장권을 사는 것이 더 유리하다.

029_ 답 1 km

물건을 사는 데 20분, 즉 $\frac{1}{3}$시간이 걸리므로 버스 정류장에서 상점까지의 거리를 x km라 하면

$\frac{x}{3}+\frac{1}{3}+\frac{x}{3}\leq 1$

$x+1+x\leq 3$

$2x\leq 2$, $x\leq 1$

따라서 버스 정류장에서 1 km 이내에 있는 상점까지 다녀올 수 있다.

030_ 답 ④

$\begin{cases} 3x+8>2 & \cdots\cdots ㉠ \\ 2x-6\leq 0 & \cdots\cdots ㉡ \end{cases}$

㉠을 풀면 $3x>-6$, $x>-2$

㉡을 풀면 $2x\leq 6$, $x\leq 3$

따라서 연립부등식의 해는 다음 그림과 같다.

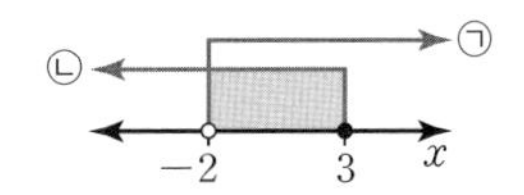

031_ 답 1

$\begin{cases} 7-3x>1 & \cdots\cdots ㉠ \\ 2x-3\geq -5 & \cdots\cdots ㉡ \end{cases}$

㉠을 풀면 $-3x>-6$, $x<2$

㉡을 풀면 $2x\geq -2$, $x\geq -1$

따라서 연립부등식의 해는 다음 그림과 같다.

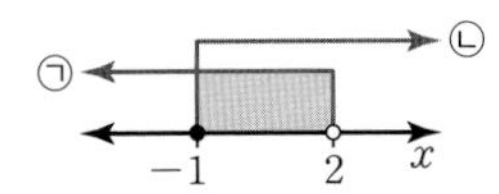

즉, $-1\leq x<2$에서 $a=-1$, $b=2$이므로

$a+b=(-1)+2=1$

032_ 답 ④

$\begin{cases} 3x+7\leq -x-5 & \cdots\cdots ㉠ \\ x-9<-2x-15 & \cdots\cdots ㉡ \end{cases}$

㉠을 풀면 $4x\leq -12$, $x\leq -3$

㉡을 풀면 $3x<-6$, $x<-2$

따라서 연립부등식의 해는 다음 그림과 같다.

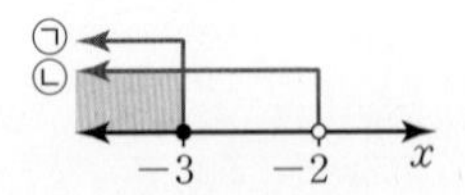

따라서 해는 $x\leq -3$

033_ 답 ②

$\begin{cases} 0.5x-3.5\leq -0.2x & \cdots\cdots ㉠ \\ 0.4x-0.1>0.3x+0.2 & \cdots\cdots ㉡ \end{cases}$

㉠×10을 하면

$5x-35\leq -2x$

$7x\leq 35$, $x\leq 5$

㉡×10을 하면

$4x-1>3x+2$

$x>3$

따라서 연립부등식의 해는 다음 그림과 같다.

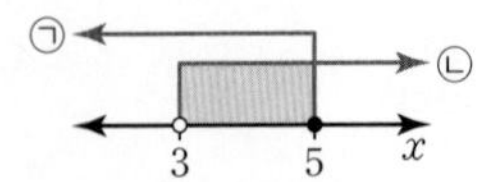

즉, $3<x\leq 5$이므로 연립부등식을 만족하는 자연수 x는 4, 5의 2개이다.

034_ 답 ①

$\begin{cases} 2x-3\geq 4x+7 & \cdots\cdots ㉠ \\ \dfrac{x+6}{3}\leq \dfrac{x-1}{2}-x & \cdots\cdots ㉡ \end{cases}$

㉠을 풀면 $-2x\geq 10$, $x\leq -5$

㉡×6을 하면

$2(x+6)\leq 3(x-1)-6x$

$2x+12\leq 3x-3-6x$

$5x\leq -15$, $x\leq -3$

따라서 연립부등식의 해는 다음 그림과 같다.

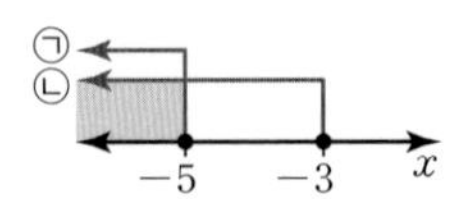

즉, 연립부등식의 해는 $x\leq -5$

따라서 연립부등식을 만족하는 x의 값이 될 수 있는 것은 ① -5이다.

035_ 답 17

$\begin{cases} \dfrac{x}{4}\leq \dfrac{x}{3}+1 & \cdots\cdots ㉠ \\ 0.5(x-4)\leq 0.1x & \cdots\cdots ㉡ \end{cases}$

㉠×12를 하면 $3x\leq 4x+12$

$-x\leq 12$, $x\geq -12$

㉡×10을 하면 $5(x-4)\leq x$

$5x-20\leq x$

$4x\leq 20$, $x\leq 5$

따라서 연립부등식의 해는 다음 그림과 같다.

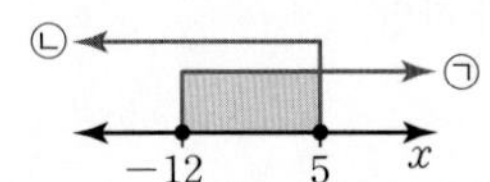

즉, $-12\leq x\leq 5$에서 $M=5$, $m=-12$이므로

$M-m=5-(-12)=17$

036_ 답 $-2<x\leq 2$

$\begin{cases} -3<2x+1 & \cdots\cdots ㉠ \\ 2x+1\leq 5 & \cdots\cdots ㉡ \end{cases}$

㉠을 풀면 $-2x<4$, $x>-2$

㉡을 풀면 $2x\leq 4$, $x\leq 2$

따라서 연립부등식의 해는 다음 그림과 같다.

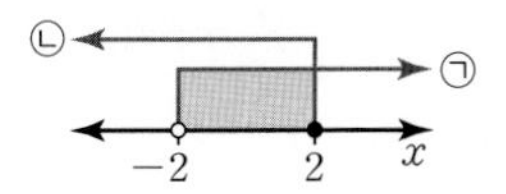

즉, 연립부등식의 해는 $-2<x\le 2$

037_ 답 ②

$$\begin{cases} 2-x<2x+3 & \cdots\cdots ㉠ \\ 2x+3<x+6 & \cdots\cdots ㉡ \end{cases}$$

㉠을 풀면 $-3x<1$

$x>-\frac{1}{3}$

㉡을 풀면 $x<3$

따라서 연립부등식의 해는 다음 그림과 같다.

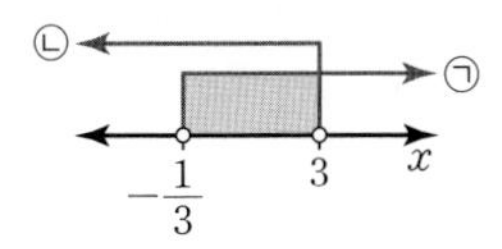

즉, $-\frac{1}{3}<x<3$에서 $a=-\frac{1}{3}$, $b=3$이므로

$ab=\left(-\frac{1}{3}\right)\times 3=-1$

038_ 답 25

$$\begin{cases} \frac{x-2}{2}<\frac{x+1}{3} & \cdots\cdots ㉠ \\ \frac{x+1}{3}<\frac{3x-2}{4} & \cdots\cdots ㉡ \end{cases}$$

㉠의 양변에 분모의 최소공배수인 6을 곱하면

$3(x-2)<2(x+1)$

$3x-6<2x+2$

$x<8$

㉡의 양변에 분모의 최소공배수인 12를 곱하면

$4(x+1)<3(3x-2)$

$4x+4<9x-6$

$-5x<-10$

$x>2$

따라서 연립부등식의 해는 다음 그림과 같다.

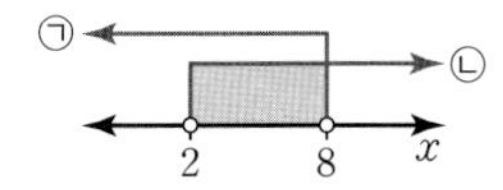

즉, $2<x<8$이므로 정수 x는 3, 4, 5, 6, 7이다.

따라서 모든 정수 x의 값의 합은

$3+4+5+6+7=25$

039_ 답 풀이 참조

(1) 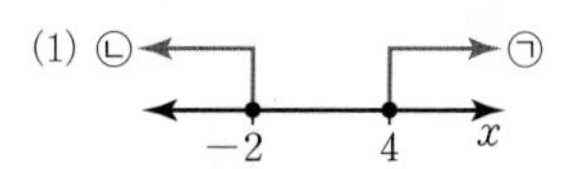

해 : 해가 없다.

(2) 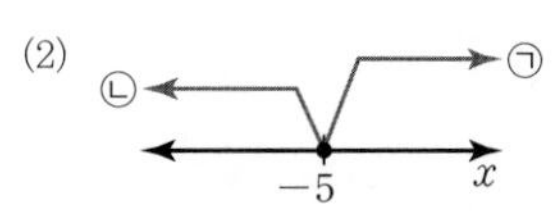

해 : $x=-5$

(3) 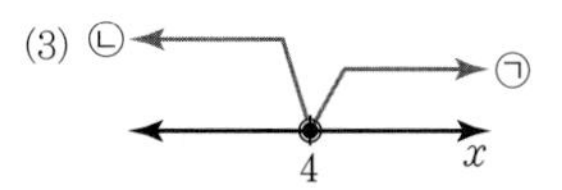

해 : 해가 없다.

040_ 답 (1) $x=2$ (2) 해가 없다.

(1) $$\begin{cases} 3x+4\le 2x+6 & \cdots\cdots ㉠ \\ 5x\ge 3x+4 & \cdots\cdots ㉡ \end{cases}$$

㉠을 풀면 $x\le 2$

㉡을 풀면 $2x\ge 4$, $x\ge 2$

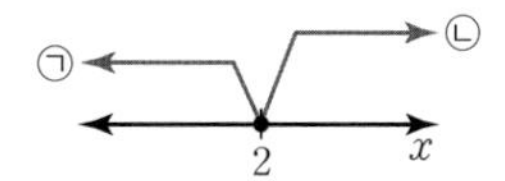

따라서 연립부등식의 해는 $x=2$

(2) $$\begin{cases} \frac{x-1}{3}>\frac{1-x}{2} & \cdots\cdots ㉠ \\ \frac{4-x}{3}\ge 1 & \cdots\cdots ㉡ \end{cases}$$

㉠의 양변에 분모의 최소공배수인 6을 곱하면

$2(x-1)>3(1-x)$

$2x-2>3-3x$

$5x>5$, $x>1$

㉡의 양변에 3을 곱하면

$4-x\ge 3$, $-x\ge -1$, $x\le 1$

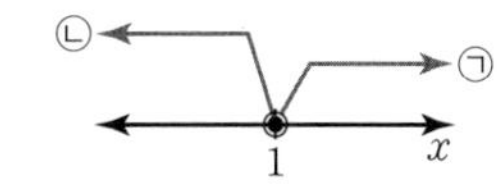

따라서 연립부등식의 해는 없다.

041_ 답 ③

어떤 정수를 x라 하면

$$\begin{cases} 3x-2>22 & \cdots\cdots ㉠ \\ 2(x+5)<30 & \cdots\cdots ㉡ \end{cases}$$

㉠을 풀면 $3x>24$, $x>8$

㉡을 풀면 $2x+10<30$, $2x<20$, $x<10$

따라서 $8<x<10$

x는 정수이므로 9이다.

042_ 답 ②

연속하는 세 홀수를 $x-2$, x, $x+2$라 하면

$30<(x-2)+x+(x+2)<36$

$30<3x<36$, $10<x<12$

이때 x는 자연수이므로 $x=11$

따라서 연속하는 세 홀수는 9, 11, 13이고, 이 중 가장 작은 수는 9이다.

043_ 답 5권

1000원짜리 공책을 x권 산다고 하면 800원짜리 공책은 $(15-x)$권 살 수 있으므로

$13000\le 1000x+800(15-x)<14000$

$13000\le 1000x+12000-800x<14000$

$1000\le 200x<2000$

$5\le x<10$

따라서 1000원짜리 공책은 최소 5권 살 수 있다.

044_ 답 5개 또는 6개

과자를 x개 산다고 하면 빵은 $(14-x)$개 살 수 있으므로

$\begin{cases} x<14-x & \cdots\cdots ㉠ \\ 500x+600(14-x)<8000 & \cdots\cdots ㉡ \end{cases}$

㉠을 풀면 $2x<14$, $x<7$

㉡을 풀면 $500x+8400-600x<8000$

$-100x<-400$, $x>4$

따라서 $4<x<7$

이때 자연수 x는 5, 6이므로 살 수 있는 과자의 수는 5개 또는 6개이다.

045_ 답 70 m 이상 100 m 미만

가로의 길이를 x m라 하면 세로의 길이는 $(x-20)$m이므로

$240\le 2\{x+(x-20)\}<360$

$240\le 4x-40<360$, $280\le 4x<400$

$70\le x<100$

따라서 가로의 길이의 범위는 70 m 이상 100 m 미만이다.

046_ 답 $\frac{24}{7}$ km 이상 $\frac{36}{7}$ km 이하

산에 올라갈 수 있는 거리를 x km라 하면

$2\le \frac{x}{4}+\frac{x}{3}\le 3$

$24\le 3x+4x\le 36$

$24\le 7x\le 36$

$\frac{24}{7}\le x\le \frac{36}{7}$

따라서 $\frac{24}{7}$ km 이상 $\frac{36}{7}$ km 이하의 거리를 올라갔다 내려올 수 있다.

047_ 답 풀이 참조

$a^2-ab+b^2=a^2-ab+\frac{b^2}{4}+\frac{3b^2}{4}$

$=\boxed{\left(a-\frac{b}{2}\right)^2}+\frac{3b^2}{4}$

이때 $\boxed{\left(a-\frac{b}{2}\right)^2}\ge 0$, $\frac{3b^2}{4}\ge 0$이므로

$a^2-ab+b^2\ge 0$

따라서 $a^2+b^2\ge ab$

(단, 등호는 $\boxed{a=b=0}$일 때 성립한다.)

048_ 답 $|ab|-ab$, $ab\ge 0$

$(|a|+|b|)^2-|a+b|^2$

$=(|a|^2+2|a||b|+|b|^2)-(a+b)^2$

$=(a^2+2|ab|+b^2)-(a^2+2ab+b^2)$

$=2(\boxed{|ab|-ab})\ge 0$

따라서 $(|a|+|b|)^2\ge |a+b|^2$

그런데 $|a|+|b|\ge 0$, $|a+b|\ge 0$이므로

$|a|+|b|\ge |a+b|$

(단, 등호는 $|ab|=ab$, 즉 $\boxed{ab\ge 0}$일 때 성립한다.)

049_ 답 (1) 6 (2) $\frac{2}{3}$

(1) $x>0$, $\frac{9}{x}>0$이므로 산술평균과 기하평균의 관계에서

$x+\frac{9}{x}\ge 2\sqrt{x\times\frac{9}{x}}=2\times 3=6$

즉, $x+\frac{9}{x}\ge 6$에서 $x+\frac{9}{x}$의 최솟값은 6이다.

$\left(\text{단, 등호는 } x=\frac{9}{x}\text{, 즉 } x=3\text{일 때 성립한다.}\right)$

(2) $x>0$, $\frac{1}{9x}>0$이므로 산술평균과 기하평균의 관계에서

$x+\frac{1}{9x}\ge 2\sqrt{x\times\frac{1}{9x}}=2\times\frac{1}{3}=\frac{2}{3}$

즉, $x+\frac{1}{9x}\ge\frac{2}{3}$에서 $x+\frac{1}{9x}$의 최솟값은 $\frac{2}{3}$이다.

$\left(\text{단, 등호는 } x=\frac{1}{9x}\text{, 즉 } x=\frac{1}{3}\text{일 때 성립한다.}\right)$

050_ 답 2

$x>0$, $y>0$이므로 산술평균과 기하평균의 관계에서

$\frac{y}{x}+\frac{x}{y}\ge 2\sqrt{\frac{y}{x}\times\frac{x}{y}}=2\times 1=2$

즉, $\frac{y}{x}+\frac{x}{y}\ge 2$에서 $\frac{y}{x}+\frac{x}{y}$의 최솟값은 2이다.

$\left(\text{단, 등호는 } \frac{y}{x}=\frac{x}{y}\text{, 즉 } x=y\text{일 때 성립한다.}\right)$

051_ 답 (1) 4 (2) 24

(1) $\left(x+\frac{1}{y}\right)\left(y+\frac{1}{x}\right)=xy+1+1+\frac{1}{xy}$

$=xy+\frac{1}{xy}+2$

이때 $xy>0$, $\frac{1}{xy}>0$이므로 산술평균과 기하평균의 관계에서

$xy+\frac{1}{xy}+2\ge 2\sqrt{xy\times\frac{1}{xy}}+2=2+2=4$

따라서 $\left(x+\frac{1}{y}\right)\left(y+\frac{1}{x}\right)$의 최솟값은 4

$\left(\text{단, 등호는 } xy=\frac{1}{xy}\text{, 즉 } xy=1\text{일 때 성립한다.}\right)$

(2) $\left(3x+\frac{2}{y}\right)\left(\frac{2}{x}+3y\right)=6+9xy+\frac{4}{xy}+6$

$=9xy+\frac{4}{xy}+12$

이때 $9xy>0$, $\frac{4}{xy}>0$이므로 산술평균과 기하평균의 관계에서

$9xy+\frac{4}{xy}+12\ge 2\sqrt{9xy\times\frac{4}{xy}}+12$

$=2\times 6+12=24$

따라서 $\left(3x+\frac{2}{y}\right)\left(\frac{2}{x}+3y\right)$의 최솟값은 24이다.

$\left(\text{단, 등호는 } 9xy=\frac{4}{xy}\text{, 즉 } xy=\frac{2}{3}\text{일 때 성립한다.}\right)$

052_ 답 $2\sqrt{6}+5$

$\left(a+\frac{2}{b}\right)\left(b+\frac{3}{a}\right)=ab+3+2+\frac{6}{ab}$

$=ab+\frac{6}{ab}+5$

이때 $ab>0$, $\frac{6}{ab}>0$이므로 산술평균과 기하평균의 관계에서

$ab+\frac{6}{ab}+5\ge 2\sqrt{ab\times\frac{6}{ab}}+5$

$=2\sqrt{6}+5$

따라서 $\left(a+\frac{2}{b}\right)\left(b+\frac{3}{a}\right)$의 최솟값은 $2\sqrt{6}+5$이다.

$\left(\text{단, 등호는 } ab=\frac{6}{ab}\text{, 즉 } ab=\sqrt{6}\text{일 때 성립한다.}\right)$

053_ 답 $8\sqrt{2}$

$x>0$, $y>0$이므로 산술평균과 기하평균의 관계에서

$2x+4y\ge 2\sqrt{2x\times 4y}=2\sqrt{8xy}$

(단, 등호는 $2x=4y$, 즉 $x=2y$일 때 성립한다.)

그런데 $xy=4$이므로

$2x+4y\ge 2\times\sqrt{8\times 4}=8\sqrt{2}$

따라서 $2x+4y$의 최솟값은 $8\sqrt{2}$이다.

054_ 답 $\frac{1}{2}$

$a+2b=16$이므로

$\frac{2}{a}+\frac{1}{b}=\frac{a+2b}{ab}=\frac{16}{ab}$ …… ㉠

$a>0$, $b>0$이므로 산술평균과 기하평균의 관계에서

$a+2b\ge 2\sqrt{2ab}$ (단, 등호는 $a=2b$일 때 성립한다.)

그런데 $a+2b=16$이므로

$16\ge 2\sqrt{2ab}$

$8\ge\sqrt{2ab}$

양변을 제곱하면

$64\ge 2ab$

$ab\le 32$

즉, $\frac{1}{ab}\ge\frac{1}{32}$이므로

$\frac{16}{ab}\ge\frac{1}{2}$

따라서 ㉠에서 $\frac{2}{a}+\frac{1}{b}$의 최솟값은 $\frac{1}{2}$이다.

055_ 답 ⑤

$x+\frac{4}{x-1}=x-1+\frac{4}{x-1}+1$ ...... ㉠

$x>1$이므로 ㉠에서 산술평균과 기하평균의 관계에서

$x-1+\frac{4}{x-1}+1\geq 2\sqrt{(x-1)\times\frac{4}{x-1}}+1$

$=2\times 2+1=5$

$\left(\text{단, 등호는 } x-1=\frac{4}{x-1}\text{, 즉 } x=3\text{일 때 성립한다.}\right)$

따라서 $x+\frac{4}{x-1}$의 최솟값은 5이다.

056_ 답 (1) 12 (2) −14

(1) a, b, x, y가 실수이므로 코시−슈바르츠 부등식에 의하여

$(a^2+b^2)(x^2+y^2)\geq(ax+by)^2$

$a^2+b^2=3$이고 $x^2+y^2=48$이므로

$(ax+by)^2\leq 3\times 48=144$

$-12\leq ax+by\leq 12$ (단, 등호는 $bx=ay$일 때 성립한다.)

따라서 구하는 최댓값은 12이다.

(2) a, b, x, y가 실수이므로 코시−슈바르츠 부등식에 의하여

$(a^2+b^2)(x^2+y^2)\geq(ax+by)^2$

$a^2+b^2=28$이고 $x^2+y^2=7$이므로

$(ax+by)^2\leq 28\times 7=196$

$-14\leq ax+by\leq 14$ (단, 등호는 $bx=ay$일 때 성립한다.)

따라서 구하는 최솟값은 −14이다.

057_ 답 (1) 10 (2) −5

(1) x, y가 실수이므로 코시−슈바르츠 부등식에 의하여

$(3x+4y)^2\leq(3^2+4^2)(x^2+y^2)$

$x^2+y^2=4$이므로

$(3x+4y)^2\leq 25\times 4=100$

$-10\leq 3x+4y\leq 10$ (단, 등호는 $4x=3y$일 때 성립한다.)

따라서 구하는 최댓값은 10이다.

(2) x, y가 실수이므로 코시−슈바르츠 부등식에 의하여

$(x+2y)^2\leq(1^2+2^2)(x^2+y^2)$

$x^2+y^2=5$이므로

$(x+2y)^2\leq 5\times 5=25$

$-5\leq x+2y\leq 5$ (단, 등호는 $2x=y$일 때 성립한다.)

따라서 구하는 최솟값은 −5이다.

058_ 답 16

x, y가 실수이므로 코시−슈바르츠 부등식에 의하여

$(4^2+3^2)(x^2+y^2)\geq(4x+3y)^2$

(단, 등호는 $3x=4y$일 때 성립한다.)

그런데 $4x+3y=20$이므로

$25(x^2+y^2)\geq 400$

$x^2+y^2\geq 16$

따라서 x^2+y^2의 최솟값은 16이다.

정승익의
수능 개념 잡는
대**박구문**

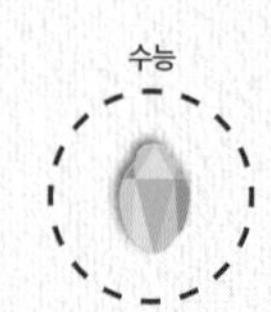

수능, 모의평가, 학력평가에서 뽑은

800개의 핵심 기출 문장으로

중학 영어에서 **수능 영어로**

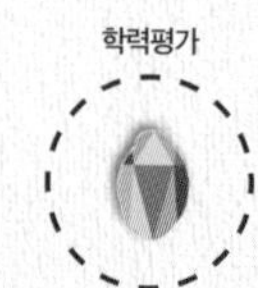

업그레이드!